普通高等学校"十五五"规划机械类专业精品教材

机械制造技术基础
（第三版）

主　编　疏　达　于　华　王安恒

副主编　贾文友　王建彬　赵　敏　吴路路

　　　　吴　敏　康红艳　李明扬　汪永明

　　　　赵海霞　苏建新　蒋克荣　张向慧

　　　　范素香

主　审　张福润

华中科技大学出版社

中国·武汉

内 容 简 介

本书是面向应用型大学机械类专业的立体化精品规划教材。为更好地顺应机械制造技术发展前沿与应用需求,在第二版的基础上,本次修订对部分章节内容进行了结构优化与调整,使知识体系逻辑更为严谨顺畅,全书包括机械制造概论、机械制造装备、金属切削过程及控制、机械加工精度、机械加工工艺规程设计、机械装配工艺基础及先进制造技术等内容;同时,对先进制造技术相关内容进行了系统性更新与前瞻性补充,以更紧密地契合现代制造业的发展趋势。

本书内容精要凝练、知识架构系统完整、教学重难点突出,既可作为普通高等院校机械类专业本科生主干技术基础课程的教材,也可供工业工程、管理工程、工业设计、材料加工工程等机械大类相关专业本科生参考,同时亦适合制造企业工程技术人员进行专业研修与案头参考。

图书在版编目(CIP)数据

机械制造技术基础 / 疏达,于华,王安恒主编. -- 3 版. -- 武汉 : 华中科技大学出版社,2025.7.
ISBN 978-7-5772-1979-0

Ⅰ. TH16

中国国家版本馆 CIP 数据核字第 2025XJ2994 号

机械制造技术基础(第三版)　　　　　　　　　　疏　达　于　华　王安恒　主编
Jixie Zhizao Jishu Jichu(Di-san Ban)

策划编辑:张少奇

责任编辑:刘　飞

封面设计:原色设计

责任监印:朱　玢

出版发行:华中科技大学出版社(中国·武汉)　　　电话:(027)81321913
　　　　　武汉市东湖新技术开发区华工科技园　　　邮编:430223

录　　排:武汉市洪山区佳年华文印部

印　　刷:武汉市洪林印务有限公司

开　　本:787mm×1092mm　1/16

印　　张:14.5

字　　数:371 千字

版　　次:2025 年 7 月第 3 版第 1 次印刷

定　　价:49.80 元

第三版前言

自第一版问世以来,本书凭借其内容体系的全面性、适用范围的广泛性以及难度设置的适宜性,赢得了众多高校的青睐。在"中国制造2025"战略深入实施与"工业4.0"技术革新浪潮交汇下,机械制造技术的内涵不断丰富,外延持续拓展。此番作为精品教材的再度升级,本书紧密贴合新时代制造业转型升级的迫切需求,重构了知识体系框架,注重理论与实践的深度融合,竭力为师生提供一本具有前瞻性、适应性的学习教材。

近年来,随着科技进步和生产发展的不断深入,编者紧密对标"四新"建设要求,同时充分汲取使用该教材的院校师生所提出的宝贵意见和建议,对原版教材的部分内容进行了精心合并,对部分章节内容进行了恰当的删减和必要的补充。特别结合现代加工技术的最新发展,增设了先进制造技术的内容,由吴路路、疏达、王安恒、王建彬、贾文友编写,可在第1章末的拓展阅读中通过微信扫描二维码获取,旨在更好地适应"中国制造"向"中国智造"升级的新趋势,满足行业发展的迫切需求。本书是在安徽工程大学讲授"机械制造技术基础"课程的基础上,结合多年教学与科研成果,经过持续补充、精心修改与不断完善后编纂而成。本书在第二版的基础上进行修订,由疏达、于华、王安恒任主编,感谢赵雪松老师的大力支持并提出宝贵的意见和建议,感谢李永昆、刘少辉、杨强、张彬、殷硕等研究生对本书图表等内容所做的编辑工作,全书由疏达统稿。本书配有PPT课件、教学大纲和拓展阅读,用微信扫描二维码即可浏览相应内容。

本书可作为高等院校机械类本科生和研究生的优选教材与重要参考书,同时,也适用于从事机械加工专业的工程技术人员,为其提供实践指导与专业参考。

由于时间紧促、水平有限,书中错误和缺点在所难免,敬请各位有识之士不吝赐教,批评指正。

编 者
2025年3月

PPT课件

教学大纲

二维码资源使用说明

 本书配套数字资源以二维码的形式在书中呈现,读者用智能手机在微信端扫码成功后提示微信登录,授权后进入注册页面,填写注册信息。按照提示输入手机号,获取验证码,在提示位置输入验证码,并按要求设置密码,点击"立即注册",注册成功(若手机已经注册,则在"注册"页面底部选择"已有账号? 马上登录",进入"用户登录"页面,然后输入手机号和密码,提示登录成功)。刮开教材封底的学习码防伪涂层,输入 13 位学习码(正版图书拥有的一次性使用学习码),输入正确后提示绑定成功,即可查看二维码数字资源。第一次用手机登录查看资源成功,以后便可直接在微信端扫码重复查看本书所有的数字资源。

目　　录

第 0 章　绪论 ··· （1）

　0.1　制造业在国民经济中的地位和作用 ································ （1）

　0.2　中国从"制造大国"向"制造强国"迈进的现状与挑战 ·········· （2）

　0.3　本课程的内容和学习要求 ·· （3）

　0.4　本课程的特点和学习方法 ·· （3）

第 1 章　机械制造概论 ··· （5）

　1.1　机械制造过程 ·· （5）

　1.2　机械加工表面的成形 ·· （11）

　思考题与习题 ··· （17）

第 2 章　机械制造装备 ··· （19）

　2.1　金属切削机床 ·· （19）

　2.2　机床夹具 ·· （44）

　2.3　金属切削刀具 ·· （75）

　思考题与习题 ··· （87）

第 3 章　金属切削过程及控制 ··· （91）

　3.1　切削过程及切屑类型 ·· （91）

　3.2　切削力 ··· （98）

　3.3　切削热与切削温度 ·· （109）

　3.4　刀具磨损及刀具耐用度 ·· （115）

　3.5　切削用量的合理选择 ·· （127）

　3.6　切削液 ··· （133）

　3.7　刀具角度的选用 ·· （136）

　思考题与习题 ··· （138）

第 4 章　机械加工精度 ··· （140）

　4.1　机械加工精度概述 ·· （140）

　4.2　工艺系统的几何误差 ·· （142）

　4.3　工艺系统受力变形引起的误差 ···································· （149）

　4.4　工艺系统受热变形引起的误差 ···································· （160）

　4.5　工件内应力引起的误差 ·· （167）

　思考题与习题 ··· （169）

第 5 章　机械加工工艺规程设计 ······································· （172）

　5.1　概述 ··· （172）

5.2　机械加工工艺规程设计 ………………………………………………（175）

思考题与习题…………………………………………………………………（204）

第6章　机械装配工艺基础………………………………………………………（207）

6.1　概述 ………………………………………………………………………（207）

6.2　保证装配精度的方法 ……………………………………………………（209）

6.3　装配工艺规程设计 ………………………………………………………（220）

思考题与习题…………………………………………………………………（222）

参考文献…………………………………………………………………………（225）

第0章 绪 论

制造业是对原材料进行加工或再加工，以及对零部件进行装配等行业的总称。制造业是国民经济的支柱产业，它一方面创造价值、生产物质财富和新的知识，另一方面为国民经济各个部门，包括国防工业和科学技术的进步与发展提供先进的手段和装备。在工业化国家，约有1/4 的人口从事各种形式的制造活动；而在非制造业部门工作的人员中，约有半数人的工作性质与制造业密切相关。对于大多数国家和地区的经济腾飞，制造业功不可没。

据估计，工业化国家 70%～80%的物质财富来自制造业，因此，很多国家特别是美国把制定制造业发展战略列为重中之重。美国认为制造业不仅是一个国家国民经济的支柱，而且对其经济和政治的领导地位也有着决定性影响。美国国防部的一份报告指出，要重振美国经济雄风，要在 21 世纪全球经济中继续保持美国经济霸主地位，必须重振制造业。制造业对一个国家的经济地位和政治地位具有至关重要的影响，在 21 世纪的工业生产中具有决定性的地位与作用。

0.1 制造业在国民经济中的地位和作用

1. 制造业是国民经济的支柱产业和经济增长的发动机

制造业是国家生产能力和国民经济的基础和支柱，体现社会生产力的发展水平。2001年，我国制造业的增加值为 3.76 万亿元，占国民生产总值的 39.21%，占工业生产总值的77.61%；上缴税金 4 398.17 亿元，占国家税收总额的 30%和财政收入的 27%。我国制造业工业增加值的年均增长率：1952—1980 年为 14.4%，1980—1998 年为12.65%；而同期我国国民生产总值的年均增长率：1952—1980 年为 6.2%，1980—1998 年为 9.94%。由此可知，我国制造业的增长率高出国民生产总值增长率 3%～8%。可见，制造业一直是带动我国经济高速增长的发动机。

2. 制造业是科学技术水平的集中表现和高新技术产业化的载体

纵观世界工业化的历史，众多的科学技术成果都孕育于制造业的发展之中，同时制造业也是科研手段的提供者，科学技术与制造业相伴成长。从处于技术领先地位的美国来看，制造业几乎涵盖了美国产业的全部研究和开发，提供了制造业所需的大部分技术创新，使美国长期经济增长的大部分先进技术都来源于制造业。因此，制造业是科学技术水平的集中表现。

20 世纪飞速发展的核技术、空间技术、计算机技术、信息技术、生命科学技术、生物医学技术、新材料技术等高新技术无一不是通过制造业转化为规模生产力的，并由此形成了制造业中的高新技术产业，使人类社会的生产方式、生活方式、企业与社会的组织结构和经营管理模式乃至人们的思维方式与传统文化都产生了深刻的影响。制造业，特别是装备制造业成为绝大多数高新技术得以发展的载体和转化为规模生产力的工具与桥梁。在国际竞争日趋激烈的今天，没有强大的制造业就不可能实现生产力的跨越式发展。制造业是实现现代化不可或缺的重要基石。

3. 制造业是吸纳劳动就业和扩大出口的主要产业

制造业提供了大量的就业机会,能够吸引不同层次的从业人员。2001 年,我国制造业全部从业人员为 8 083 万人,约占全国工业从业人员总数的 90.13%,约占全国各类从业人员总数的 11.1%。制造业同时也是扩大出口的主要产业,2001 年,我国制造业出口创汇 2 398 亿美元,占全国外贸出口总额的 90%,是我国出口创汇的主力军。

4. 制造业是国家安全的重要保障

当今世界,没有精良的装备,没有强大的装备制造业,国家不仅没有军事和政治上的安全,而且经济和文化上的安全也会受到巨大的威胁。现代战争已进入高技术时代,武器装备的较量相当意义上就是制造技术和高技术水平的较量。作为制造业的工作母机,精密数控机床已成为西方国家对华禁运的重点,这就充分说明制造业的高精尖加工技术和手段对于国家安全极其重要。可见,没有强大的制造业,一个国家将无法实现经济快速、健康、稳定的发展,国家的稳定和安全将受到威胁,信息化、现代化将失去坚实的基础;没有强大的制造业,国家的富强和经济的繁荣就无从谈起,现代化将难以实现。随着世界经济全球化的发展趋势和我国加入世贸组织,制造业的地位和作用也将越来越重要。

0.2　中国从"制造大国"向"制造强国"迈进的现状与挑战

经过数十年的快速发展,中国制造业已建立起全球最完整、规模最大的工业体系,成为支撑国民经济发展的中坚力量。制造业增加值长期占据中国 GDP 的重要份额(近年维持在 27% 左右,2023 年为 27.7%),成为名副其实的"第一支柱"。早在 2006 年,中国制造业便已展现出强劲的发展态势,其增加值成功突破万亿美元大关,达到 10 956 亿美元。这一里程碑式的成就使中国超越日本,跃居成为仅次于美国的全球第二大制造业国家。于此同时,多达 172 类产品的产量傲居世界首位,"世界工厂"地位愈发凸显,彰显出中国制造业在全球产业格局中的重要影响力。

根据国家统计局的统计数据,2006 年,中国营业额 500 万元以上的制造企业达到了 20 多万家。其中,大型制造企业(根据国家统计局规定,大型工业企业必须同时达到主营业务收入 3 亿元及以上,资产总额 4 亿元及以上,从业人员 2 000 人以上)达到了 2 387 家,这些企业的数量仅占全国规模以上制造企业的 0.9%,但主营业务收入、资产总额、利润总额均占 40% 以上。在大型制造企业中,国有控股企业和集体企业数量占 50% 以上,仍居主导地位。非公有制大型工业企业发展较快,其中,外国和港澳台投资企业中的大型工业企业增加到 627 家。

尽管中国制造业具备显著的规模优势,但必须清醒地认识到,推动中国制造业由大变强的征程中,正面临着核心挑战,这些挑战集中体现为"三个在外"的结构性矛盾。

1. 核心技术在外:自主创新能力亟待突破

关键核心技术方面的对外依存度仍处于较高水平,尤其在高端装备、核心基础零部件、先进基础工艺及关键基础材料等领域,短板问题很明显。例如,高端芯片、航空发动机、高端数控机床、精密仪器仪表、工业软件等大量依赖进口。

2. 核心资源在外:资源保障与成本压力巨大

中国是制造业大国,也是资源消费大国。许多战略性矿产资源(如高品质铁、铜、镍、钴、锂、铀等矿石)以及部分关键农品原料对外依存度极高。

3. 核心市场在外:外需依赖与内需培育的平衡难题

制造业市场在外包含两层意思,一是指海外市场在我国制造业的销售中占有很大比例,二是指我的海外市场主要来自外资企业和跨国公司。我国制造业对国际市场的依赖度较高,相当长时期内,出口始终是驱动中国制造业蓬勃增长的关键动力。当我国的出口市场相对萎缩后,产能过剩给制造业的压力格外沉重。

0.3　本课程的内容和学习要求

1. 本课程的主要内容

本课程主要介绍机械产品的生产过程及生产活动的组织,机械制造过程及其系统,内容包括机械制造概论、机械制造装备、金属切削过程及控制、机械加工精度、机械加工工艺规程设计和机械装配工艺基础等。

本课程是机械类本科相关专业一门主干技术基础课,涵盖了"金属切削原理与刀具"、"金属切削机床概论"、"机械制造工艺学"等课程的基本内容。本书将这些课程中最基本的概念和知识要点有机整合形成要点,在内容编排和体系结构上进行了调整,遵循学生认识机械制造技术的认知规律,首先介绍机械制造的基本概念,继而介绍机械制造中所用装备(机床、刀具和夹具),然后进一步深入介绍金属切削过程及控制,机械加工精度和机械加工工艺规程设计,最后介绍机械装配工艺基础的有关知识。

2. 本课程的学习要求

通过本课程的学习,要求学生能对整个机械制造活动有一个总体的了解与把握,初步掌握金属切削过程的基本规律和机械加工的基本知识。具体应达到如下几项要求。

(1) 认识制造业,特别是机械制造业在国民经济中的作用,了解机械制造技术的发展。

(2) 认识并掌握金属切削过程的基本规律,并能按具体工艺要求选择合理的加工条件。

(3) 了解机械加工所用装备(如机床、刀具、夹具等)的基本概念、结构,具有根据具体加工工艺要求选择机床、刀具和夹具的能力。

(4) 掌握机械加工过程中影响加工精度的因素,能针对具体的工艺问题进行分析。

(5) 掌握制定机械加工工艺规程和机器装配工艺规程的基本理论(包括定位和基准理论、工艺和装配尺寸链理论等),初步具备制定中等复杂零件机械加工工艺规程的能力。

0.4　本课程的特点和学习方法

"机械制造技术基础"是机械设计制造及其自动化专业的一门重要的专业基础课程,具有"综合性、实践性、灵活性"的特点。

1. 综合性

机械制造技术是一门综合性很强的技术,要用到多门学科的理论和方法,包括物理学、化学的基本原理,数学、力学的基本方法,以及机械学、材料科学、电子学、控制论、管理科学等多方面的知识。现代机械制造技术则更是有赖于计算机技术、信息技术和其他高新技术的发展,反过来,机械制造技术的发展又极大地促进了这些高新技术的发展。

2. 实践性

机械制造技术本身是机械制造生产实践的总结,因此具有极强的实践性。机械制造技术是一门工程技术,它所采用的基本方法是"综合"。机械制造技术要求对生产实践活动不断地进行综合,并将实际经验条理化和系统化,使其逐步上升为理论;同时又要及时地将其应用于生产实践之中,用生产实践检验其正确性和可行性;并用经检验过的理论与方法对生产实践活动进行指导和约束。

3. 灵活性

生产活动是极其丰富的,同时又是各异的和多变的。机械制造技术总结的是机械制造生产活动的一般规律和原理,将其应用于生产实际要充分考虑企业的具体情况,如生产规模的大小,技术力量的强弱,设备、资金、人员的状况等。对于不同的生产条件,所采用的生产方法和生产模式可能完全不同。而在基本相同的生产条件下,针对不同的市场需求和产品结构以及生产进行的实际情况,也可以采用不同的工艺方法和工艺路线。这充分体现了机械制造技术的灵活性。

针对上述特点,在学习本课程时,要特别注意紧密联系和综合应用以往所学过的知识,注意应用多门学科的理论、方法来分析和解决机械制造过程中的实际问题;同时要特别注意紧密联系生产实际,充分理解机械制造技术的基本概念。只有具备较丰富的实践知识,才能对理论知识理解得深入、透彻。因此,在学习本课程时,必须加强实践性环节,即通过生产实习、课程实验、课程设计、电化教学、现场教学及工厂调研等来更好地体会和加深理解所学内容,并在理论与实际的结合中培养分析和解决实际问题的能力。

第1章　机械制造概论

```
┌─────────────────┐
│  引 入 案 例    │
└─────────────────┘
```

　　机械产品的制造是把原材料通过加工变为产品的过程,即从原材料或半成品经加工和装配后形成最终产品的具体操作过程,包括毛坯制作、零件加工、检验、装配、包装、运输等过程。机器零件的加工过程是在金属切削机床上通过刀具与工件间的相对运动从毛坯上切除多余金属,从而获得所需的加工精度和表面质量的过程。生产如图1-1所示的零件,应采用何种制造过程和工艺过程? 采用何种生产类型和组织方式? 需要什么成形运动? 采用什么机械加工方法? 本章介绍机械制造过程中最基本的概念,主要包括生产过程与工艺过程、生产纲领与生产类型、成形运动、机械加工方法等内容。这些概念和内涵是本课程的基础和支柱。

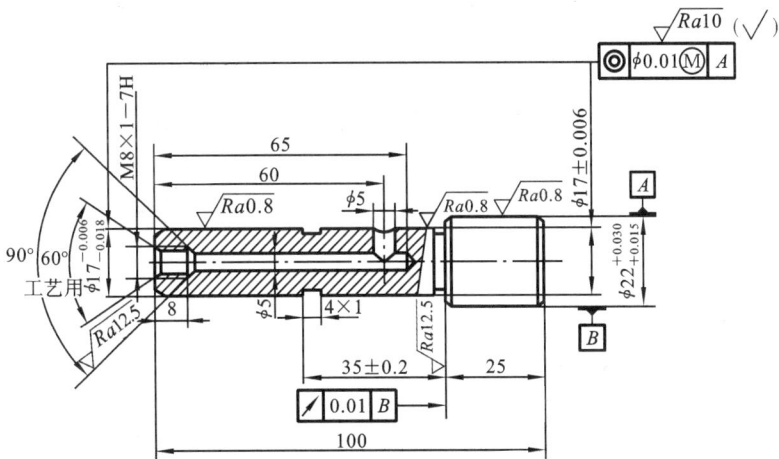

图 1-1　小轴零件图

1.1　机械制造过程

1.1.1　生产过程

　　机械产品的生产过程是指从原材料变为成品的劳动过程的总和。它包括以下工作:原材料的采购和保管;生产准备;毛坯制造;零件机械加工和热处理;产品的装配、调试、油封、包装、发运等。

　　根据机械产品复杂程度的不同,其生产过程可以由一个车间或一个工厂完成,也可以由多个车间或多个工厂联合完成。

需要说明的是,原材料和成品是一个相对概念。一个工厂(或车间)的成品可以是另一个工厂(或车间)的原材料或半成品。例如,铸造车间、锻造车间的成品——铸件、锻件就是机械加工车间的原材料,而机械加工车间的成品又是装配车间的原材料。这种生产上的分工,可以使生产趋于专业化、标准化、通用化、系列化,便于组织管理,利于保证质量,提高生产率,降低成本。

1.1.2　机械制造系统的概念

机械制造工厂作为一个生产单位,它的生产过程和生产活动十分复杂,包括从原材料到成品所经过的毛坯制造、机械加工、装配、涂漆、运输、仓储等所有的过程及开发设计、计划管理、经营决策等所有的活动,是一个有机的、集成的生产系统,如图 1-2 所示。图 1-2 中,双点画线框内表示生产系统,即由原材料进厂到产品出厂的整个生产、经营、管理过程;双点画线框外表示企业的外部环境(社会环境和市场环境)。

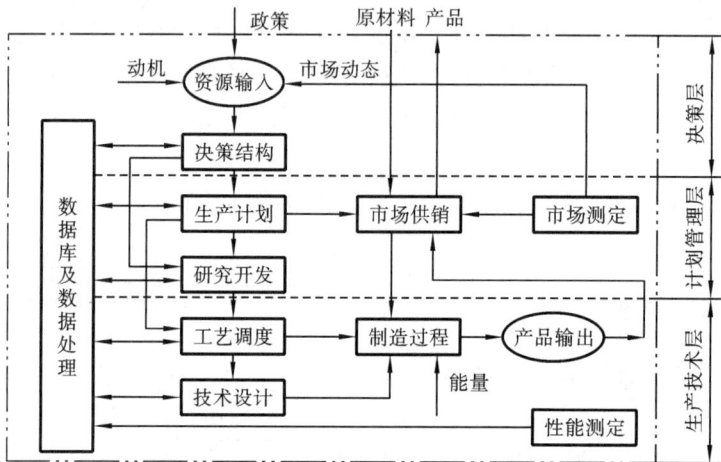

图 1-2　生产系统

整个生产系统由三个层次组成:决策层为企业的最高领导机构,它们根据国家的政策、市场信息和企业自身的条件进行分析研究,就产品的类型、产量及生产方式等作出决策;计划管理层根据企业的决策,结合市场信息和本部门实际情况进行产品开发研究,制订生产计划并进行经营管理;生产技术层是直接制造产品的部门,根据有关计划和图样进行生产,将原材料直接变成产品。制造系统是生产系统中的一个重要组成部分,即由原材料变为产品的整个生产过程,它包括毛坯制造、机械加工、装配、检验和物料的储存、运输等所有工作。在制造系统中,存在着以生产对象和工艺装备为主体的“物质流”,以生产管理和工艺指导等信息为主体的“信息流”,以及为了保证生产活动正常进行而必需的“能量流”,如图 1-3 所示。

在机械制造系统中,机械加工所使用的机床、刀具、夹具和工件组成了一个相对独立的系统,称为工艺系统。工艺系统各个环节之间互相关联、互相依赖、共同配合,实现预定的机械加工功能。

1.1.3　工艺过程及其组成

1. 工艺过程

在生产过程中,改变生产对象的形状、尺寸、相对位置和性质等,使之成为成品或半成品的

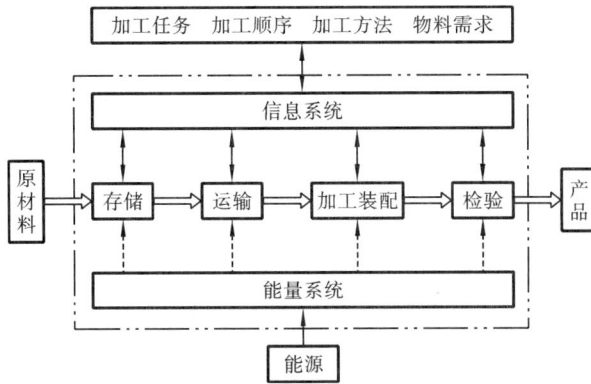

图 1-3 机械制造系统
------→ 能量流；⇒ 物质流；——→ 信息流

过程，称为工艺过程。它包括：毛坯制造，零件加工，部件或产品装配、检验、涂装和包装等。其中，采用机械加工的方法直接改变毛坯的形状、尺寸、表面质量和性能等，使其成为零件的过程，称为机械加工工艺过程。

2. 工艺过程的组成

机械加工工艺过程由若干个按顺序排列的工序组成，而工序又可依次细分为安装、工位、工步和走刀等几个层次。

1）工序

工序是指一个（或一组）工人在一台机床（或一个工作地点）上，对同一个（或同时对几个）工件所连续完成的那一部分工艺过程。工序是组成工艺过程的基本单元。划分工序的主要依据是工作地点是否变动、工作是否连续以及操作者和加工对象是否改变，共四个要素。在加工过程中，只要有其中一个要素发生变化，即换了一个工序。

如图 1-4 所示的阶梯轴，其工艺过程将包括下列加工内容：①车一端面；②打中心孔；③车另一端面；④打另一端中心孔；⑤车大外圆；⑥大外圆倒角；⑦车小外圆；⑧小外圆倒角；⑨铣键槽；⑩去毛刺。

随着车间加工条件和生产规模的不同，可采用不同的加工方案来完成这个工件的加工。表 1-1 和表 1-2 分别列出了在单件小批生产和大批大量生产时工序划分等情况。

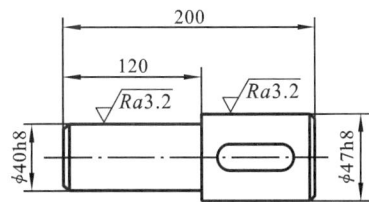

图 1-4 阶梯轴

表 1-1 阶梯轴单件小批生产的工艺过程

工序编号	工 序 内 容	设 备
1	车一端面、打中心孔，调头车另一端面、打中心孔	车床
2	车大外圆及倒角，调头车小外圆及倒角	车床
3	铣键槽，去毛刺	铣床

表 1-2 阶梯轴大批大量生产的工艺过程

工序编号	工序内容	设备
1	铣两端面、打中心孔	铣端面、打中心孔机床
2	车大外圆及倒角	车床
3	车小外圆及倒角	车床
4	铣键槽	键槽铣床
5	去毛刺	钳工台

工序既是工艺过程的基本组成部分,又是生产计划的基本单元。

2)安装

工件经一次装夹后所完成的那一部分工序称为安装。在工件加工前,先要将工件在机床上放置准确,并加以固定。使工件在机床上占据一个正确的工作位置的过程称为定位;工件定位后将其固定,使其在加工过程中不发生变动的操作称为夹紧。定位和夹紧的过程称为安装。在表 1-1 所示的工艺过程中,工序 1、2 都要调头一次,即都有两次安装。

3)工位

工件在一次装夹后,在机床上所占据的每一个工作位置称为工位。生产中为了减少装夹次数,常采用回转工作台、回转或移动夹具等,使工件在一次装夹中可以先后处于不同的位置进行加工。机床或夹具的工位有两个或两个以上的,称为多工位机床或多工位夹具。

4)工步

工步是在加工表面不变、加工工具不变、切削用量(机床转速和进给量)不变的条件下所连续完成的那一部分工序。一个工序可以包括一个或几个工步。构成工步"三个不变"的任一因素改变后即成为另一工步。如上述阶梯轴的加工,在单件小批生产的工序 1 中,包括四个工步;在大批大量生产的工序 1 中,由于采用两面同时加工的方法,故只有两个工步。

对于连续进行的几个相同的工步,例如在法兰上依次钻四个 $\phi18$ 的孔(见图 1-5(a)),习惯上算作一个工步,称为连续工步。如果同时用几把刀具(或复合刀具)加工不同的几个表面,这也可看作是一个工步,称为复合工步(见图 1-5(b))。

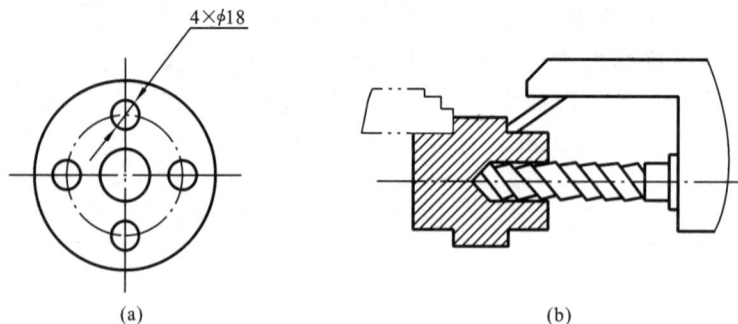

图 1-5 工步

(a)连续工步;(b)复合工步

5）走刀

在一个工步内,若需切去的材料层较厚,需要经几次切削才能完成,则每次切削所完成的工步内容称为走刀。切削刀具在加工表面上切削一次所完成的加工过程,称为一次走刀。一个工步可包括一次或数次走刀,而每一次切削就是一次走刀。如果需要切去的金属层很厚,不能在一次走刀下切完,则需分几次走刀进行切削,即为一个工步数次走刀,如图 1-6 所示。走刀是构成工艺过程的最小单元。

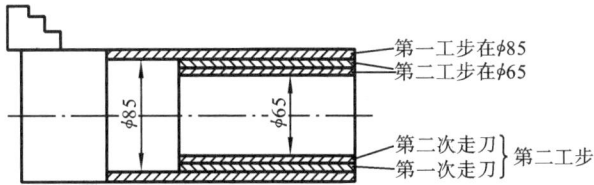

图 1-6　工步与走刀

1.1.4　生产纲领

生产纲领是指企业在计划期内应生产的产品产量和进度计划。企业应根据市场需求和自身的生产能力决定其生产计划,零件的生产纲领还包括一定的备品和废品数量。计划期为一年的生产纲领称为年生产纲领,其计算式为

$$N = Qn(1 + \alpha)(1 + \beta) \tag{1-1}$$

式中: N ——年生产纲领规定的零件数量;

Q ——产品年产量(台/年);

n ——每台产品中该零件数量(件/台);

α ——备品百分率(%);

β ——废品百分率(%)。

年生产纲领是设计或修改工艺规程的重要依据,是车间(或工段)设计的基本文件。

年生产纲领确定之后,还应根据车间(或工段)的具体情况,确定在计划期内一次投入或产出的同一产品(或零件)的数量,即生产批量。零件生产批量的计算公式为

$$n = \frac{NA}{F} \tag{1-2}$$

式中: n ——每批中的零件数量;

A ——零件应该储备的时间(天);

F ——一年中的工作时间(天)。

1.1.5　生产类型

生产类型是企业(或车间、工段、班组、工作地)生产专业化程度的分类。一般将其分为单件生产、成批生产和大量生产三种类型。

1. 单件生产

在单件生产中,产品的品种很多,同一产品的产量很少,工作地点经常变换,加工对象很少重复。例如,重型机械、专用设备的制造及新产品试制就是单件生产。

2. 成批生产

在成批生产中,各工作地点分批轮流制造几种不同的产品,加工对象周期性重复。一批零件加工完以后,调整加工设备和工艺装备再加工另一批零件。例如,机床、电机、汽轮机生产就是成批生产。

3. 大量生产

在大量生产中,产品的产量很大,大多数工作地点按照一定的生产节拍重复进行某种零件的某一个加工内容,设备专业化程度很高。例如,汽车、拖拉机、轴承、洗衣机等的生产就是大量生产。

根据生产批量大小和产品特征,成批生产又可分为小批生产、中批生产和大批生产三种。小批生产接近单件生产;大批生产接近大量生产;中批生产介于单件生产和大量生产之间。各种生产类型的划分依据如表 1-3 所示。

表 1-3　各种生产类型的划分依据

生产类型		生产纲领(单位为台/年或件/年)		
		重型(零件质量>30 kg)	中型(零件质量为4~30 kg)	轻型(零件质量<4 kg)
单件生产		≤5	≤10	≤100
成批生产	小批生产	>5~100	>10~150	>100~500
	中批生产	>100~300	>150~500	>500~5 000
	大批生产	>300~1 000	>500~5 000	>5 000~50 000
大量生产		>1 000	>5 000	>50 000

生产类型不同,则无论是生产组织、生产管理、车间机床布置,还是在选用毛坯制造方法、机床种类、工具、加工或装配方法以及工人技术要求等方面均有所不同。因此,在制订机器零件的机械加工工艺过程和机器产品的装配工艺过程时,都必须考虑不同生产类型的特点,以取得最大的经济效益。表 1-4 所示为各种生产类型的特点和要求。需要说明的是,随着科技的进步和市场需求的变化,生产类型的划分正在发生深刻的变化。传统的大批大量生产往往不能适应产品及时更新换代的需要,而单件小批生产的生产能力又跟不上市场的急需。因此,各种生产类型都朝着生产过程柔性化的方向发展,多品种中小(变)批量的生产方式已成为当今社会的主流。

表 1-4　各种生产类型的特点和要求

工艺特征	单件小批生产	成批生产	大批大量生产
毛坯的制造方法及加工余量	铸件用木模手工造型,锻件用自由锻。毛坯精度低,加工余量大	部分铸件用金属模造型,部分锻件用模锻。毛坯精度及加工余量中等	广泛采用金属模造型,锻件广泛采用模锻以及其他高效方法;毛坯精度高,加工余量小
机床设备及其布置	通用机床、数控机床。按机床类别采用机群式布置	部分通用机床、数控机床及高效机床。按工件类别分工段排列	广泛采用高效专用机床及自动机床。按流水线和自动线排列

续表

工艺特征	单件小批生产	成 批 生 产	大批大量生产
工艺装备	多采用通用夹具、刀具和量具。靠划线和试切法达到精度要求	广泛采用夹具,部分靠找正装夹达到精度要求,较多采用专用刀具和量具	广泛采用高效率的夹具、刀具和量具。用调整法达到精度要求
工人技术水平	需技术熟练的工人	需技术比较熟练的工人	对操作工人的技术要求较低,对调整工人的技术要求较高
工艺文件	有工艺过程卡,关键工序要有工序卡。数控加工工序要有详细工序卡和程序单等文件	有工艺过程卡,关键零件要有工序卡,数控加工工序要有详细的工序卡和程序单等文件	有工艺过程卡和工序卡,关键工序要有调整卡和检验卡
生产率	低	中	高
成　本	高	中	低

1.2 机械加工表面的成形

1.2.1 工件表面的成形方法

零件的形状是由各种表面组成的,因此零件的切削加工归根到底是表面成形问题。

1. 被加工工件的表面形状

图 1-7 是机器零件上常用的各种表面。可以看出,零件表面是由若干个表面元素组成的,如图 1-8 所示。这些表面元素有:平面(图(a))、成形表面(图(b))、圆柱面(图(c))、圆锥面(图

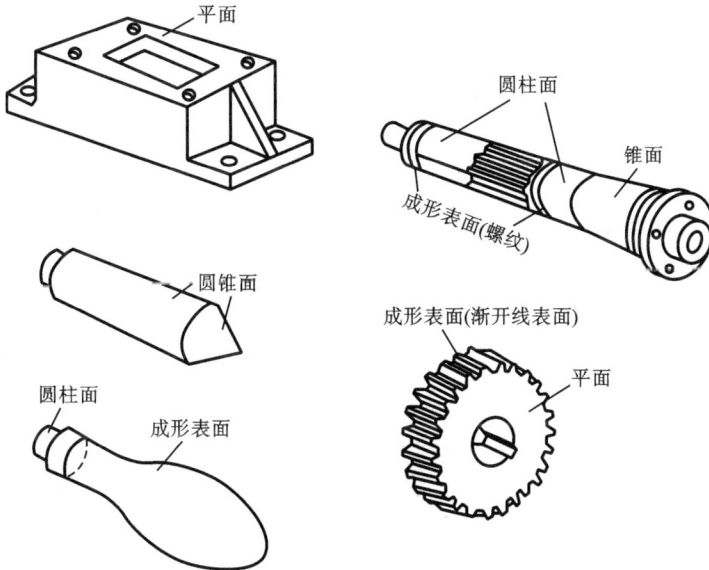

图 1-7　零件的各种表面形状

(d))、球面(图(e))、圆环面(图(f))、螺旋面(图(g))等。

2. 工件表面的形成方法

各种典型表面都可以看作是一条线(称为母线)沿着另一条线(称为导线)运动的轨迹。母线和导线统称为形成表面的发生线。为得到平面(见图1-8(a)),应使直线1(母线)沿着直线2(导线)移动,直线1和2就是形成平面的两条发生线。为得到直线成形表面(见图1-8(b)),应使直线1(母线)沿着曲线2(导线)移动,直线1和曲线2就是形成直线成形表面的两条发生线。为形成圆柱面(见图1-8(c)),应使直线1(母线)沿圆2(导线)运动,直线1和圆2就是它的两条发生线。其他表面的形成方法可依此同样分析。

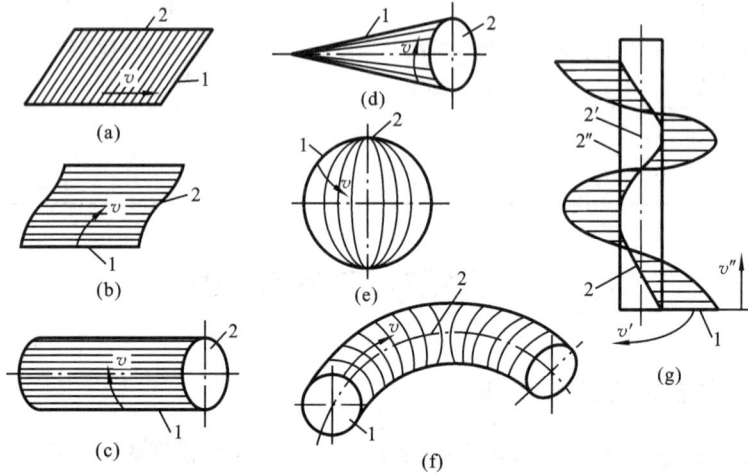

图1-8　组成工件轮廓的几种几何表面
(a) 平面;(b) 成形表面;(c) 圆柱面;(d) 圆锥面;(e) 球面;(f) 圆环面;(g) 螺旋面

需要注意的是,有些表面的两条发生线完全相同,只因母线的原始位置不同,也可形成不同的表面。如图1-9所示,母线均为直线1,导线均为圆2,轴心线均为OO',所需要的运动也相同。但由于母线相对于旋转轴线OO'的原始位置不同,所产生的表面也就不同,分别为圆柱面、圆锥面和双曲面。

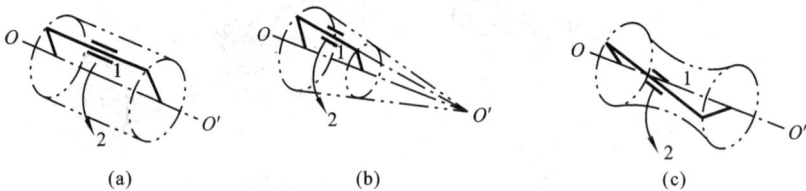

图1-9　母线原始位置变化时形成的表面
(a) 圆柱面;(b) 圆锥面;(c) 双曲面

3. 零件表面的形成方法及所需的成形运动

要研究零件表面的形成方法,应首先研究表面发生线的形成方法。表面发生线的形成方法可归纳为以下四种。

1) 轨迹法

轨迹法是利用刀具作一定规律的轨迹运动对工件进行加工的方法。用尖头车刀、刨刀等切削时,切削刃与被加工表面可看作点接触,因此切削刃可看作一个点,发生线为接触点的轨迹线。如图 1-10(a)所示,车刀切削点 1 按一定的规律作轨迹运动 3,形成所需的发生线 2。采用轨迹法形成发生线时,刀具需要一个独立的成形运动。

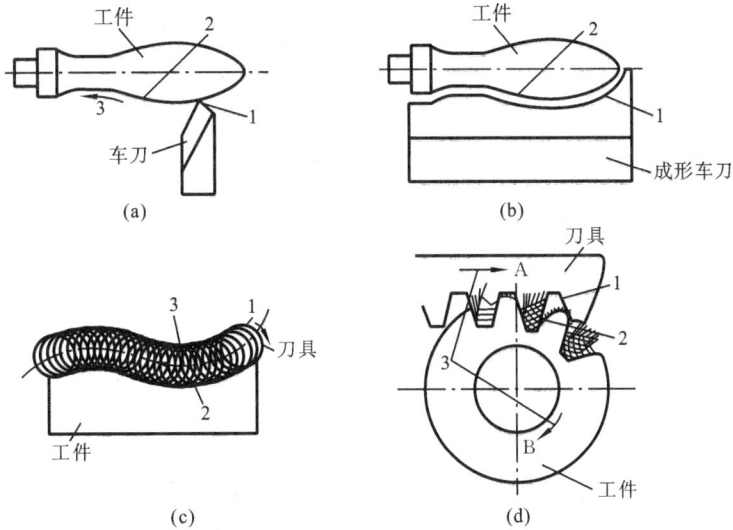

图 1-10　形成表面发生线的四种方法
(a)轨迹法;(b)成形法;(c)相切法;(d)展成法

2)成形法

成形法是利用成形刀具对工件进行加工的方法。如图 1-10(b)所示,刀具的切削刃 1 与所需要形成的发生线 2 完全吻合,曲线形的母线由切削刃直接形成。用成形法来形成发生线,刀具不需要专门的成形运动。

3)相切法

相切法是利用刀具边旋转边作轨迹运动来对工件进行加工的方法。采用铣刀、砂轮等旋转刀具加工时,如图 1-10(c)所示,在垂直于刀具旋转轴线的截面内,切削刃可看作点,当切削点 1 绕着刀具轴线作旋转运动 3,同时刀具轴线沿着发生线的等距线作轨迹运动时,切削点运动轨迹的包络线便是所需的发生线 2。采用相切法生成发生线时,需要两个相互独立的成形运动,即刀具的旋转运动和刀具中心按规律运动。

4)展成法

展成法是利用工件和刀具作展成切削运动进行加工的方法。切削加工时,刀具与工件按确定的运动关系作相对运动,切削刃与被加工表面相切,切削刃各瞬时位置的包络线便是所需的发生线。在图 1-10(d)中,刀具切削刃为切削线 1,它与需要形成的发生线 2 的形状不吻合。在形成发生线的过程中,切削线 1 与发生线 2 作无滑动的纯滚动(展成运动)。发生线 2 就是切削线 1 在切削过程中连续位置的包络线。用展成法生成发生线时,刀具与工件之间的相对运动通常由两个分运动组合而成,它们之间保持严格的运动关系,彼此不独立,共同组成一个运动,称为展成运动。例如上述工件的旋转运动 B 和直线运动 A 都是形成渐开线的展成运动。

1.2.2 表面成形运动和辅助运动

由上述可知,机床加工零件时,为获得所需表面,必须形成一定形状的母线和导线,即发生线。要形成发生线,需要刀具与工件之间作相对运动。这种形成发生线亦即形成被加工表面的运动,称为表面成形运动,简称成形运动。此外,机床还有多种辅助运动。

1. 表面成形运动

保证得到工件要求的表面形状的运动,称为表面成形运动,简称成形运动。成形运动按其组成情况不同,可分为简单成形运动和复合成形运动。

如果一个独立的成形运动是由单独的旋转运动或直线运动构成的,则此成形运动称为简单成形运动。例如,用外圆车刀车削外圆柱面时(见图1-11(a)),工件的旋转运动 B_1 和刀具的直线运动 A_1 就是两个简单成形运动。

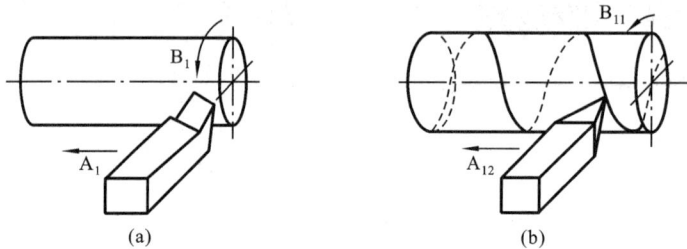

图 1-11 成形运动的组成

如果一个独立的成形运动是由两个或两个以上旋转运动或直线运动按照某种确定的运动关系组合而成的,则称此成形运动为复合成形运动。例如,车削螺纹时(见图1-11(b)),对于形成螺旋线所需的刀具和工件之间的相对运动,通常将其分解为工件的等速旋转运动 B_{11} 和刀具的等速直线移动 A_{12}。B_{11} 和 A_{12} 不能彼此独立,它们之间必须保持严格的运动关系,即工件每旋转一周时,刀具就均匀地移动一个螺旋线导程。复合运动标注符号的下标含义为:第一位数字表示成形运动的序号(第 1 个,第 2 个,…,第 n 个成形运动);第二位数字表示构成同一个复合运动的单独运动的序号。

按成形运动在切削加工中的作用,可分为主运动和进给运动,如图1-12所示。主运动是切下切屑的最基本运动,速度最高,消耗功率最大,同时主运动只有一个。进给运动是使金属层不断投入切削,从而获得完整表面的运动。与主运动相比,速度较低,消耗功率较少。进给运动可以有一个或几个,可以是连续的,也可以是间断的。进给运动与主运动配合即可完成所需表面几何形状的加工。

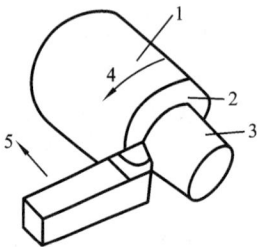

图 1-12 车削加工时的加工表面
1—待加工表面;2—过渡表面;3—已加工表面;
4—主运动;5—进给运动

2. 辅助运动

机床在加工过程中除了完成成形运动外,还需要一系列辅助运动,以实现机床的各种辅助动作,为表面成形创造条件。它的种类很多,一般包括切入运动、分度运动、调位运动(调整刀具和工件之间的相互位置)、操纵及控制运动以及其他各种空行程运动(如运动部件的快进和快退等)。

1.2.3 加工表面与切削要素

1. 加工表面

加工表面是切削加工时,工件上存在的待加工表面、已加工表面和过渡表面的统称,图1-12 所示为外圆车削时的三个加工表面。

(1) 待加工表面:工件上即将被切去切屑的表面。

(2) 已加工表面:工件上经刀具切削后形成的表面。

(3) 过渡表面:工件上被切削刃正在切削的表面。它总是处在待加工表面与已加工表面之间。

2. 切削要素

切削要素主要指切削过程的切削用量要素和在切削过程中由余量变成切屑的切削层参数,如图 1-13(a)、(b)所示。

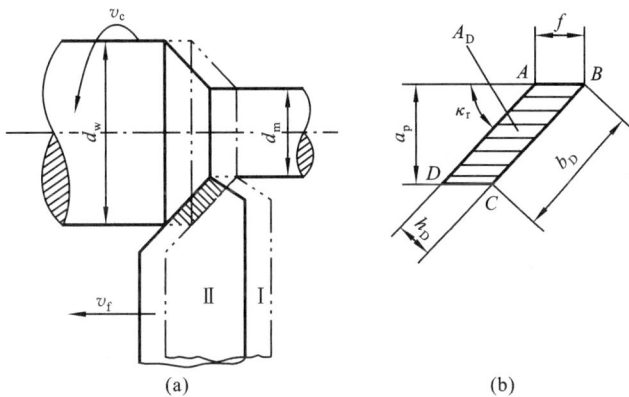

图 1-13 车削加工时的切削运动及切削层参数

1) 切削用量要素

切削用量是指切削速度、进给量和背吃刀量三者的总称。它们分别定义如下。

(1) 切削速度 v_c:切削加工时,切削刃上选定点相对于工件的主运动速度。切削刃上各点的切削速度可能是不同的。当主运动为旋转运动时,工件或刀具最大直径处的切削速度

$$v_c = \frac{\pi d_w n}{1000} \tag{1-3}$$

式中:v_c——切削速度(m/min);

d_w——工件待加工表面的直径(mm);

n——工件的转速(r/min)。

(2) 进给量 f:刀具在进给运动方向上相对工件的位移量。当主运动是回转运动(如车削)时,进给量指工件或刀具每回转一周,两者沿进给方向的相对位移量,单位为mm/r;当主运动是直线运动(如刨削)时,进给量指刀具或工件每往复直线运动一次,两者沿进给方向的相对

位移量,单位为 mm/双行程或 mm/单行程;对于多齿的旋转刀具(如铣刀、切齿刀),常用每齿进给量 f_z,单位为 mm/z 或 mm/齿,它与进给量 f 的关系为

$$f = zf_z \tag{1-4}$$

式中:z——铣刀刀齿齿数。

在切削加工中,也有用进给速度 v_f 来表示进给运动的。进给速度 v_f 是指切削刃上选定点相对于工件的进给运动速度,其单位为 mm/min。若进给运动为直线运动,则进给速度在切削刃上各点是相同的。在外圆车削中,进给速度为

$$v_f = fn \tag{1-5}$$

式中:v_f——进给速度(mm/min);

　　　f——进给量(mm/r);

　　　n——主运动转速(r/min)。

铣削时,进给速度为

$$v_f = fn = zf_z n \tag{1-6}$$

因此,合成切削速度 v_e 可表示为

$$\boldsymbol{v}_e = \boldsymbol{v}_c + \boldsymbol{v}_f \tag{1-7}$$

(3)背吃刀量 a_p:在基面上垂直于进给运动方向测量的切削层最大尺寸。由图 1-13(a)可知,外圆车削背吃刀量

$$a_p = \frac{1}{2}(d_w - d_m) \tag{1-8}$$

式中:a_p——背吃刀量(mm);

　　　d_w——工件加工前(待加工表面)直径(mm);

　　　d_m——工件加工后(已加工表面)直径(mm)。

上述要素 v_c、f、a_p 构成了普通外圆车削的切削用量三要素。在金属切削过程中,切削用量三要素选配的大小将影响切削效率的高低,通常用三要素的乘积作为衡量指标,称为材料切除率,用 Q_z 表示,单位为 mm³/min,即

$$Q_z = 1000 v_c f a_p \tag{1-9}$$

2)切削层参数

切削层是指在切削过程中,由刀具在切削部分的一个单一动作(或指切削部分切过工件的一个单程,或指只产生一圈过渡表面的动作)所切除的工件材料层。切削层参数是指在基面中测量的切削层厚度、宽度和面积,它们与切削用量 f、a_p 有关,如图 1-13(b)所示。

(1)切削层公称厚度 h_D:垂直于正在加工的表面(过渡表面)度量的切削层参数。

(2)切削层公称宽度 b_D:平行于正在加工的表面(过渡表面)度量的切削层参数。

(3)切削层公称横截面积 A_D:在切削层参数平面内度量的横截面面积。

切削用量要素与切削层参数的关系如下:

$$h_D = f \sin \kappa_r, \quad b_D = a_p / \sin \kappa_r, \quad A_D = h_D b_D = a_p f$$

从上述公式中可看出,h_D、b_D 均与主偏角 κ_r 有关,但切削层公称横截面积 A_D 只与 h_D、b_D 或 f、a_p 有关。

拓 展 阅 读

机械加工方法   先进制造技术

本章重点、难点和知识拓展

本章重点 工艺过程、生产纲领、生产类型;零件表面的成形方法;切削用量三要素。

本章难点 工艺过程及其组成。

知识拓展 选择加工方法主要考虑零件的表面形状、尺寸精度和位置精度要求、表面粗糙度要求、零件材料的可加工性、零件的结构形状和尺寸、生产类型及现有机床和刀具等资源情况、生产批量、生产率和经济技术分析等因素。例如平面的加工,如果平面是回转体的端面,则可选择车削方法;如果平面是要求不高的台阶面,则可以采用铣削方法;当加工精度高或对淬火钢终加工时,则选择平面磨床磨削方法。再如孔的加工,如果是回转体上的孔,并且其轴线与外圆轴线平行,则可在车床上钻孔、镗孔。如果是一般棱柱体上的孔,要求不高时可以钻、扩而成。若对孔的表面质量、尺寸精度要求较高,可以钻、扩、铰而成。如果该孔要求与某个表面或另外的孔有精确的位置关系,则选择镗床或加工中心进行加工。该零件如属大批大量生产,则可采用专用机床加工;如属多品种、中小批量生产,则适宜在加工中心或通用机床上加工。

思考题与习题

1-1 什么是机械制造的生产过程和工艺过程?

1-2 什么是工序、工位、工步、走刀和安装?试举例说明。

1-3 什么是生产纲领?如何确定企业的生产纲领?

1-4 什么是生产类型?如何划分生产类型?各生产类型各有什么工艺特点?

1-5 试为某车床厂丝杠生产线确定生产类型,生产条件如下。(1)加工零件,卧式车床丝杠(长为 1 617 mm,直径为 40 mm,丝杠精度等级为 8 级,材料为 Y40Mn);(2)年产量,5 000 台车床;(3)备品率,5%;(4)废品率,0.5%。

1-6 表面发生线的形成方法有哪几种?试简述其成形原理。

1-7 何谓简单运动?何谓复合运动?试举例说明。

1-8 以外圆车削来分析,v_c、f、a_p 各起什么作用?它们与切削层厚度和切削层宽度各有什么关系?

  1-9 车削加工都能成形哪些表面?

  1-10 何谓顺铣? 何谓逆铣? 画图说明。

  1-11 镗削与车削有哪些不同?

  1-12 试说明下列加工方法的主运动和进给运动:(1)车端面;(2)在车床上钻孔;(3)在车床上镗孔;(4)在钻床上钻孔;(5)在镗床上镗孔;(6)在牛头刨床上刨平面;(7)在铣床上铣平面;(8)在平面磨床上磨平面;(9)在内圆磨床上磨孔。

第 2 章 机械制造装备

机械制造装备包括加工装备、工艺装备、仓储输送装备和辅助装备这四种类型,而在这四种类型里又包括若干小类。比如,加工装备主要指机床,而机床又分为金属切削机床、特种加工机床和锻压机床等。零件制造过程中离不开这些装备,而零件制造质量的好坏很大程度上依赖于这些装备本身的精度,"工欲善其事,必先利其器"说的就是这个道理。对于图 1-1 所示零件,究竟应采用何种加工方法,选择何种设备和工艺装备,才能保证达到图样上所给定的要求(如尺寸精度、表面粗糙度等),为此应了解和掌握有关机械制造装备(如机床、刀具、夹具等)的基本知识。本章重点介绍加工装备中的金属切削机床,工艺装备中的金属切削刀具和机床夹具等内容。

2.1 金属切削机床

金属切削机床是机械制造业的基础装备,在机械加工过程中为刀具与工件提供实现工件表面成形所需的相对运动(表面成形运动和辅助运动),以及为加工过程提供动力。机床除应具备刚度、精度及运动特性等方面的基本功能外,还应符合经济性、人机工程、宜人性等方面的要求。本节主要介绍金属切削机床的一些基础理论、概念及常用车床、齿轮加工机床等的基本结构等内容。

2.1.1 机床基本构成、分类及型号编制

1. 机床的基本构成

根据机床的功能要求,其构成如图 2-1 所示,包括以下几部分。

(1) 定位部分,包括机床的基础部件、导向部件、工件与刀具的定位和夹紧部件等。如机床的底座、床身、立柱、摇臂、横梁、导轨、工作台等。定位部分的作用是建立刀具与工件的相对位置,并保证运动部件正确的运动轨迹,从而使刀具与工件可以按成形运动所要求的运动方式产生相对运动。

(2) 运动部分,包括机床的主运动传动系统和进给运动传动系统。如车床的主轴箱、进给箱、磨床的液压进给系统等。运动部分的作用是为加工过程提供一定的切削速度 v_c 和进给速度 v_f,并使之具有一定的调节范围,以适应工件的不同要求。运动部分提供的运动通过主轴、工作台等带动工件和刀具实现切削加工运动与辅助运动。

(3) 动力部分,包括为机床提供动力源的电动机、液压泵、气源等。它的作用是为加工过程克服加工阻力提供能量。

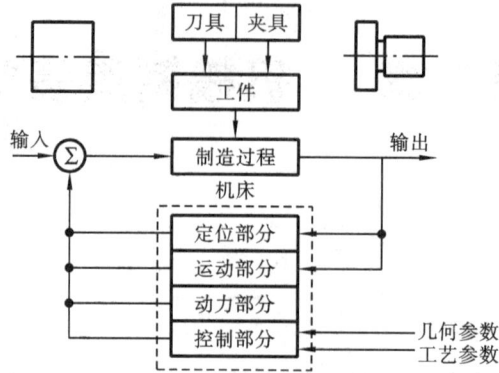

图 2-1　机械加工系统组成

(4) 控制部分,包括机床的各种操纵机构、电气电路、调整机构、检测装置、数控系统等。控制系统的作用是根据输入工艺系统的工艺参数、几何参数等信息,实现对加工过程中机床的定位部分、运动部分的有效控制,从而按预定的被加工零件的形状、尺寸、精度要求进行加工。

(5) 冷却、润滑系统,其作用是对加工工件、机床、刀具和某些发热部位进行冷却,以及对机床的运动副(如轴承、导轨等)进行润滑,以减小摩擦、磨损和发热。

(6) 其他装置,如排屑装置、自动测量装置等。

下面以车削加工系统中车床(见图 2-2)为例,介绍车床的结构,其中床腿、床身、导轨、尾座和主轴等构成了定位部分,保证了工件和车刀的正确位置,保证了加工过程中工件的回转运动轨迹和刀具的直线进给运动轨迹的正确性,从而保证了所需工件几何形状的实现。主轴箱、进给箱、溜板箱等构成了运动部分,保证了根据工艺参数所需的工件转速、刀具进给量的实现。通过主运动和进给运动变速机构,车床可以根据不同加工要求在一定范围内改变运动参数。电动机是动力部分,它为车床提供克服车削加工抗力和运动阻力所需的动力,为液压润滑系统工作提供能源。主运动和进给运动的变速机构、换向机构、启停机构、电气箱等构成了车床的控制部分,使车床可以实现启动、停止、变速、换向、运动方式转换等功能。

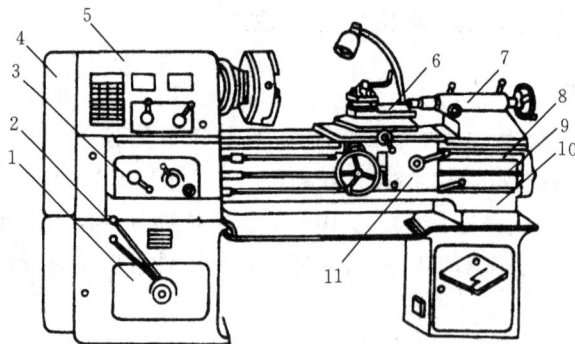

图 2-2　车床的组成

1—变速箱;2—变速手柄;3—进给箱;4—交换齿轮箱;5—主轴箱;
6—刀架;7—尾座;8—丝杠;9—光杠;10—床身;11—溜板箱

在不同的机床中,根据其功能、应用范围等的不同,机床组成部分可简可繁,实现功能要求的具体方式也不同,尤其是计算机数控技术的应用使机床的结构发生了很大变化,但定位、运动、动力、控制等部分在机床中是不可缺少的。这是分析、认识一台机床的思路。此外还必须注意到:附件是机床功能得以充分发挥和扩展的关键,如铣床功能的发挥在相当程度上依赖于回转工作台和分度头的使用。机床的许多功能都有赖于附件的支持,这是分析机床时需加以考虑的一个因素。

2. 机床的分类

金属切削机床的品种和规格繁多。为了便于区别、使用和管理,应对机床加以分类。

机床的传统分类方法,主要是按加工性质和所用的刀具对机床进行分类。根据我国制定的机床型号编制方法,目前将机床分为 12 大类:车床、钻床、镗床、磨床、齿轮加工机床、螺纹加工机床、铣床、刨插床、拉床、特种加工机床、锯床及其他机床。在每一类机床中,又按工艺范围、布局形式和结构等分为若干组,每一组又细分为若干系(系列)。

在上述基本分类方法的基础上,还可根据机床其他特征进一步区分。

同类型机床按应用范围(通用性程度)又可分为以下几种。

(1) 普通机床,可用于多种零件的不同工序,加工范围较广,通用性好,但结构比较复杂。这种机床主要适用于单件小批生产,例如卧式车床、万能升降台铣床等。

(2) 专门化机床,它的工艺范围较窄,专门用于某一类或几类零件的某一道(或几道)特定工序,如曲轴车床、凸轮轴车床等。

(3) 专用机床,它的工艺范围最窄,只能用于某一种零件的某一道特定工序,适用于大批量生产。如加工机床主轴箱的专用镗床、加工车床导轨的专用磨床等。各种组合机床也属于专用机床。

此外,同类型机床按工作精度又可分为普通精度机床、精密机床和高精度机床;按自动化程度分为手动、机动、半自动和自动的机床;按质量与尺寸分为仪表机床、中型机床(一般机床)、大型机床(质量大于 10 t)、重型机床(质量大于 30 t)和超重型机床(质量大于 100 t);按机床主轴或刀架数目,又可分为单轴机床、多轴机床或单刀机床、多刀机床等。

通常,机床多根据加工性质进行分类,然后再根据其某些特点进一步描述,如多刀半自动车床、高精度外圆磨床等。

随着机床的发展,其分类方法也将不断发展。现代机床正向数控化方向发展,数控机床的功能日趋多样化,工序更加集中。现在一台数控机床集中了越来越多的传统机床的功能。

例如,数控车床在卧式车床功能的基础上,集中了转塔车床、仿形车床、自动车床等多种车床的功能;车削中心出现以后,在数控车床功能的基础上,加入了钻、铣、镗等类机床的功能。又如,具有自动换刀功能的镗铣加工中心机床(习惯上称为"加工中心"),集中了钻、镗、铣等多种类型机床的功能;有的加工中心的主轴既能立式又能卧式,即集中了立式加工中心和卧式加工中心的功能。可见,机床数控化引起了机床传统分类方法的变化。这种变化主要体现为趋向综合,而不是机床品种的细分。

3. 机床型号的编制方法

机床型号是赋予每种机床的一个代号,用来简明地表示机床的类型、通用特性和结构特性以及主要技术参数等。《金属切削机床　型号编制方法》(GB/T 15375—2008)规定,我国的机床型号由汉语拼音字母和阿拉伯数字按一定规律组合而成。

1) 通用机床型号

通用机床型号用下列方式表示:

（△）○（○）△ △△（×△）（○）/（◎）（—◎）

- 分类代号
- 类别代号
- 通用特性和结构特性代号
- 组代号
- 系代号
- 主参数或设计顺序号
- 主轴数或第二主参数
- 重大改进顺序号
- 其他特性代号
- 企业代号

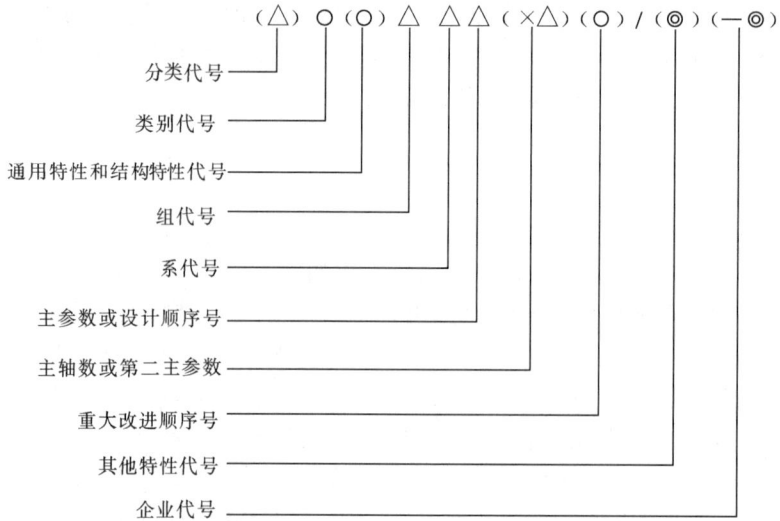

其中：△用数字表示；○用大写汉语拼音字母表示；"（ ）"内的选项表示可选项，无内容时不表示，有内容时不带括号；◎用大写汉语拼音字母或阿拉伯数字或两者兼而有之表示。

（1）机床的类别代号用大写汉语拼音字母表示。若每类有分类，在类别代号前用数字表示，但第一分类不予表示，例如磨床类分为 M、2M、3M 三个类别。机床的类别代号如表 2-1 所示。

表 2-1　机床的类别代号

类别	车床	钻床	镗床	磨　床			齿轮加工机床	螺纹加工机床	铣床	刨插床	拉床	特种加工机床	锯床	其他机床
代号	C	Z	T	M	2M	3M	Y	S	X	B	L	D	G	Q
读音	车	钻	镗	磨	2磨	3磨	牙	丝	铣	刨	拉	电	割	其

（2）机床的通用特性代号用大写汉语拼音字母表示。表 2-2 是常用的通用特性及其代号。当某种机床除普通型外，还有有关通用特性时，应在类别代号后用相应的代号表示。如 CM6132 型精密普通车床型号中的"M"表示"精密"。当某种机床仅有通用特性而无普通型时，则通用特性也可不表示。如 C1312 型单轴六角自动车床，由于这类自动车床中没有"非自动"型，所以不必表示出"Z"的通用特性。

表 2-2　通用特性代号

通用特性	高精度	精密	自动	半自动	数控	加工中心（自动换刀）	仿形	轻型	加重型	简式	柔性加工单元	数显	高速
代号	G	M	Z	B	K	H	F	Q	C	J	R	X	S
读音	高	密	自	半	控	换	仿	轻	重	简	柔	显	速

（3）结构特性代号无统一规定，也用大写汉语拼音字母表示，在不同的机床中含义也不相同，用于区别主参数相同而结构、性能不同的机床。例如，CA6140 型普通车床型号中的"A"，可理解为 CA6140 型普通车床在结构上区别于 C6140 型及 CY6140 型普通车床。结构特性代号是根据各类机床的情况分别规定的，在不同型号中的意义可以不一样。当机床有通用特性代号时，结构特性代号应排在通用特性代号之后。为避免混淆，通用特性代号已用的

字母(表 2-2 所列)及"I""O"都不能作为结构特性代号。

（4）机床的组别和系别代号用两位阿拉伯数字表示，位于类别代号或特性代号之后。每类机床按用途、性能、结构相近或有派生关系分为 10 组(见表 2-3)，每一组又分为若干个系(可

表 2-3　金属切削机床类、组划分表

类别 / 组别	0	1	2	3	4	5	6	7	8	9
车床(C)	仪表车床	单轴自动车床	多轴自动、半自动车床	回轮、转塔车床	曲轴及凸轮轴车床	立式车床	落地及卧式车床	仿形及多刀车床	轮、轴、辊、锭及铲齿轮车床	其他车床
钻床(Z)	—	坐标镗钻床	深孔钻床	摇臂钻床	台式钻床	立式钻床	卧式钻床	铣钻床	中心孔钻床	—
镗床(T)	—	—	深孔镗床	—	坐标镗床	立式镗床	卧式铣镗床	精镗床	汽车拖拉机修理用镗床	—
磨床 M	仪表磨床	外圆磨床	内圆磨床	砂轮机	—	导轨磨床	刀具刃磨床	平面及端面磨床	曲轴、凸轮轴、花键轴及轧辊磨床	工具磨床
磨床 2M	—	超精机	内、外圆珩磨机	平面、球面珩磨机	抛光机	砂带抛光及磨削机床	刀具刃磨及研磨机床	可转位刀片磨削机床	研磨机	其他磨床
磨床 3M	—	球轴承套沟磨床	滚子轴承套圈滚道磨床	轴承套圈超精机	滚子及钢球加工机床	叶片磨削机床	滚子超精及磨削机床	—	气门、活塞及活塞环磨削机床	汽车、拖拉机修磨机床
齿轮加工机床(Y)	仪表齿轮加工机	—	锥齿轮加工机	滚齿机	剃齿及珩齿机	插齿机	花键轴铣床	砂轮磨齿机	其他齿轮加工机	齿轮倒角及检查机
螺纹加工机床(S)	—	—	—	套螺纹机	攻螺纹机	—	螺纹铣床	螺纹磨床	螺纹车床	—
铣床(X)	仪表铣床	悬臂及滑枕铣床	龙门铣床	平面铣床	仿形铣床	立式升降台铣床	卧式升降台铣床	床身式铣床	工具铣床	其他铣床
刨插床(B)	—	悬臂刨床	龙门刨床	—	—	插床	牛头刨床	—	边缘及模具刨床	其他刨床
拉床(L)	—	—	侧拉床	卧式外拉床	连续拉床	立式内拉床	卧式内拉床	立式外拉床	键槽及螺纹拉床	其他拉床
特种加工机床(D)	—	超声波加工机	电解磨床	电解加工机	—	电火花磨床	电火花加工机	—	—	—
锯床(G)	—	—	砂轮片锯床	—	卧式带锯床	立式带锯床	圆锯床	弓锯床	锉锯床	—
其他机床(Q)	其他仪表机床	管子加工机床	木螺钉加工机	—	刻线机	切断机	—	—	—	—

参看《机床设计手册》)。系的划分原则是:主参数相同,并按一定公比排列,工件和刀具本身的和相对的运动特点基本相同,且主要结构及布局形式相同的机床划分为一个系。

(5)机床的主参数、设计顺序号、第二主参数都是用阿拉伯数字表示的。主参数表示机床的规格大小,是机床的最主要的技术参数,反映机床的加工能力,影响机床的其他参数和结构大小。通常以最大加工尺寸或机床工作台尺寸作为主参数。在机床代号中,用主参数的折算值(主参数乘以折算系数,如 1/10 等,参见标准 GB/T 15375—2008)表示。当无法用一个主参数表示时,则在型号中采用设计顺序号表示。第二主参数是为了更完整地表示机床的工作能力和加工范围,如主轴数、最大跨距、最大工件长度、工作台工作面长度等也用折算值表示,其表示方法参见标准 GB/T 15375—2008。

(6)机床重大改进序号用于表示机床的性能和结构上的重大改进,按其设计改进的次序分别用字母 A、B、C、D……表示,附在机床型号的末尾,以示区别。例如,Y7132A 表示最大工件直径为 320 mm 的 Y7132 型锥形砂轮磨齿机的第一次重大改进。

(7)其他特性代号主要用以反映各类机床的特性,如对于数控机床,可以用来反映不同的数控系统;对于一般机床,可以用来反映同一型号机床的变型等。其他特性代号用汉语拼音字母或阿拉伯数字或二者的组合表示。

(8)当生产单位为机床厂时,企业代号由机床厂所在城市名称的大写汉语拼音字母及该厂在城市建立的先后顺序号或机床厂名称的大写汉语拼音字母表示。生产单位为机床研究所时,由该所名称的大写汉语拼音字母表示。

例如,M1432A 型万能外圆磨床,型号中的代号及数字的含义如下:

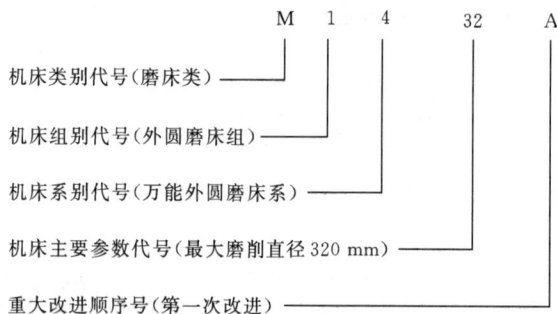

```
          M   1   4   32   A

机床类别代号(磨床类) ──────────┘    │    │    │   │
机床组别代号(外圆磨床组) ──────────────┘    │    │   │
机床系别代号(万能外圆磨床系) ──────────────────┘    │   │
机床主要参数代号(最大磨削直径320 mm) ───────────────────┘   │
重大改进顺序号(第一次改进) ──────────────────────────────────┘
```

2)专用机床型号

专用机床型号采用如下表示方法:

设计单位代号-设计顺序号

其中,设计单位代号包括机床厂和研究所代号,用厂名的首字母和该厂在当地建厂先后的顺序号表示;设计顺序号按各厂的设计顺序排列,由"001"开始。

例如:北京第一机床厂设计制造的第 100 种专用机床为专用铣床,则其代号为:B1-100。

3)组合机床及其自动线的型号

组合机床及其自动线的型号采用如下表示方法:

设计单位代号-分类代号　设计顺序号　(重大改进顺序号)

其中,设计单位代号及设计顺序号与专用机床型号的表示方法相同。重大改进顺序号选用的原则与通用机床选用的原则相同。组合机床及其自动线型号中的分类代号如表2-4所示。

表 2-4　组合机床及其自动线的分类代号

分　类	代　号	分　类	代　号
大型组合机床	U	大型组合机床自动线	UX
小型组合机床	H	小型组合机床自动线	HX
自动换刀数控组合机床	K	自动换刀数控组合机床自动线	KX

2.1.2　机床的传动原理及传动系统

机械加工中的各种运动都是由机床来实现的,机床的功能决定了所需的运动,反过来一台机床所具有的运动又决定了它的功能范围。机床的运动部分是一台机床的核心部分。

机床的运动部分必须包括三个基本部分:执行件、运动源和传动装置。执行件是机床运动的执行部件,其作用是带动工件和刀具,使之完成一定形式的运动并保持正确的轨迹,如机床主轴、刀架等;运动源是机床运动的来源,负责向运动部分提供动力,也是机床的动力部分,如交流电动机、伺服电动机、步进电动机等;传动装置是传递运动和动力的装置,它把运动源的运动和动力传给执行件,并完成运动形式、方向、速度的转换等工作,从而在运动源和执行件之间建立起运动联系,使执行件获得一定的运动。传动装置可以把运动源与执行件或执行件与执行件联系起来,使之保持某种确定的运动联系。传动装置可以有机械、电气、液压、气动等多种形式。机械传动装置由带传动、齿轮传动、链传动、蜗轮蜗杆传动、丝杠螺母传动等机械传动件组成。它包括两类传动机构,一类是传动比和传动方向固定不变的传动机构,如定比齿轮副、丝杠螺母机构、蜗轮蜗杆机构等,称为定比传动机构;另一类是可变换传动比和传动方向的传动机构,如挂轮变速机构、滑移齿轮变速机构、离合器换向机构等,称为换置机构。

2.1.3　车床

1. 车床的特征和分类

车床是机械制造业中使用很广泛的一类机床。车床类机床的共同工艺特征是:以车刀为主要切削工具,车削各种零件的外圆、内孔、端面及螺纹等。此外,在有些车床上还可以用孔加工刀具(如钻头、铰刀等)和螺纹刀具(如丝锥、板牙等)加工内孔和螺纹。

车床的主运动,通常是工件的旋转运动;车床的进给运动,通常是刀具的直线移动。

由于大多数机械零件都具有回转表面,并且车床的通用性强,使用的刀具简单,因此一般机械工厂中车床所占的比重最大,占金属切削机床总台数的20%~35%。

车床按其不同的用途、性能和结构,又可分为普通车床、落地车床、六角车床、立式车床、单轴自动车床、多轴自动及半自动车床、仿形及多刀车床、仪表车床等。此外,还有许多专门化车床和大批大量生产用的专用车床,例如高精度丝杠车床、铲齿车床、车轮车床、凸轮轴车床、曲轴车床等。

2. CA6140 型普通车床

1) 机床的精度

CA6140 型普通车床是普通精度级机床,根据普通车床的精度检验标准,新机床应达到的加工精度如下。

精车外圆的圆度:0.01 mm;

精车外圆的圆柱度:0.01 mm/100 mm;

精车端面的平面度:0.02 mm/300 mm;

精车螺纹的螺距精度:0.04 mm/100 mm,0.06 mm/300 mm;

精车的表面粗糙度(Ra):2.50～1.25 μm。

CA6140 型普通车床实质上是一种万能车床,它的加工范围较广,但结构较复杂且自动化程度低,所以适用于单件、小批生产及修配车间。

2)机床的运动

为了加工出各种回转表面,普通车床必须具备下列运动。

(1)工件的旋转运动,即车床的主运动,常以 n(r/min)表示。主运动是实现切削的最基本的运动。

(2)刀具的移动,刀具作平行于工件中心线的移动(车圆柱面)或垂直于工件中心线方向的运动(车端面),刀具也可沿与中心线成一定角度的方向运动或作曲线运动,这是车床的进给运动,常以 f(mm/r)表示。

此外,车床上还需要有使刀具切入工件毛坯的运动,称为切入运动(俗称进刀或吃刀)。普通车床上的切入运动的方向,通常和进给运动的方向垂直。例如纵向车削外圆时,切入运动是由刀具间歇地作横向运动来实现的。普通车床的切入运动通常是由工人横向或纵向用手移动刀架来实现的。

为了减轻工人的劳动强度和节省移动刀架所耗费的时间,CA6140 型普通车床还具有刀架纵向及横向的快速移动的功能。这种调整工件与刀具之间相对位置的运动(使刀具靠近或离开工件的运动),属于机床的辅助运动。机床中除了成形运动、切入运动和分度运动(后面将介绍)等直接影响加工表面形状和质量的运动外,其他为成形创造条件的运动和辅助动作,称为辅助运动。

3)机床的总布局

图 2-3 所示是 CA6140 型普通车床示意图。机床的主要组成部件如下。

(1)主轴箱(床头箱)1。它固定在床身 4 的左端。装在主轴箱中的主轴,通过夹盘等夹具装夹工件。主轴箱的功用是支承并传动主轴,使主轴带动工件按照规定的转速旋转,以实现主运动。

(2)刀架部件 2。它位于床身 4 的中部,并可沿床身上的刀架导轨作纵向移动。刀架部件由几层刀架组成,它的功用是装夹车刀,并使车刀作纵向、横向或斜向运动。

(3)尾架(尾座)3。它装在床身 4 的尾架导轨上,并可沿此导轨纵向调整位置。尾架的功用是用后顶尖支承工件。在尾架上还可以安装钻头等孔加工刀具,以进行孔加工。

(4)进给箱(走刀箱)10。它固定在床身 4 的左前侧。进给箱是进给运动传动链中主要的传动比变换装置(变速装置,变速机构),它的功用是改变被加工螺纹的螺距或机动进给的进给量。

(5)溜板箱 8。它固定在刀架部件 2 的底部,可带动刀架一起作纵向运动。溜板箱的功用是把进给箱传来的运动传递给刀架,使刀架实现纵向进给、横向进给、快速移动或车螺纹。在溜板箱上装有各种操纵手柄及按钮,工作时工人可以方便地操作机床。

(6)床身 4。床身固定在左床腿 9 和右床腿 5 上。床身是车床的基本支承件。床身上安

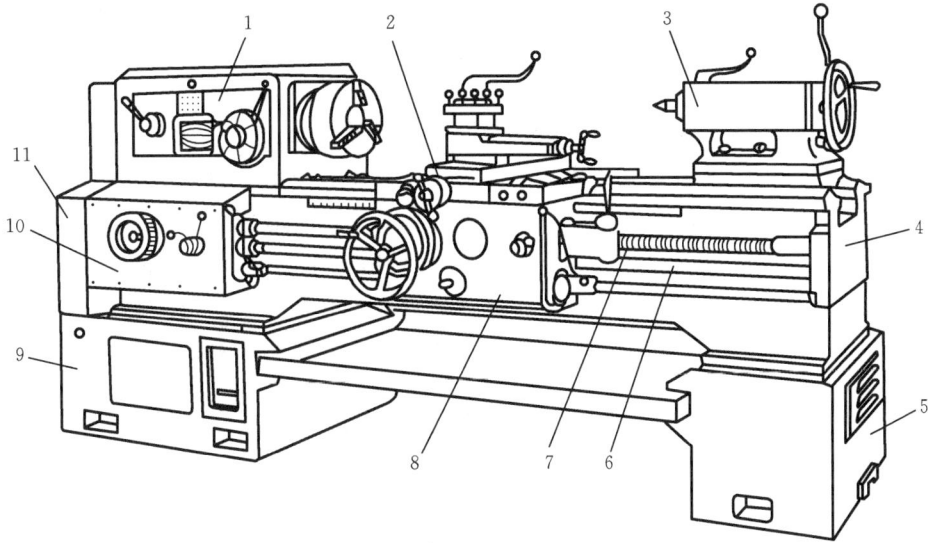

图 2-3　CA6140 型普通车床示意图
1—主轴箱;2—刀架部件;3—尾座;4—床身;5、9—床腿;
6—光杠;7—丝杠;8—溜板箱;10—进给箱;11—挂轮变速机构

装着车床的各个主要部件,床身使它们在工作时保持准确的相对位置。

4) 机床的主要技术性能

床身上最大工件回转直径:400 mm;

最大工件长度(4 种规格):750/1 000/1 500/2 000 mm;

最大车削长度(4 种规格):650/900/1 400/1 900 mm;

刀架上最大工件回转直径:210 mm;

主轴内孔直径:48 mm;

主轴转速:正转 24 级,10~1 400 r/min;反转 12 级,14~1 580 r/min;

进给量:纵向进给量(64 级),0.028~6.33 mm/r;横向进给量(64 级),0.014~3.16 mm/r;

溜板箱及刀架纵向快移速度:4 mm/min;

车削螺纹范围:

$\left\{\begin{array}{l}\end{array}\right.$ 米制螺纹(44 种),$S=1\sim192$ mm;

英制螺纹(20 种),$a=2\sim24$ 扣/英寸(1 in≈25.4 mm);

模数螺纹(39 种),$m=0.25\sim48$;

径节螺纹(37 种),$DP=1\sim96$ 牙/英寸(1 in≈25.4 mm);

主电动机(功率,转速):7.5 kW,1 450 r/min;

机床轮廓尺寸(对于最大工件长度为 1 000 mm 的机床,长×宽×高):2 668 mm×1 000 mm×1 190 mm;

机床净质量(对于最大工件长度为 1 000 mm 的机床):2 010 kg。

5) 机床的传动系统

为了便于了解和分析机床的传动情况,通常应用机床的传动系统图来论述。机床的传动系统图是表示机床全部运动传动关系的示意图,在图中用简单的规定符号代表各种传动元件,如表 2-5 所示。机床的传动系统图画在一个能反映机床外形和各主要部件相互位置的投影面上,并尽可能绘制在机床外形的轮廓线内。在图中,各传动元件是按照运动传递的先后顺序,以展开图的形式画出来的。要把一个立体的传动结构展开并绘制在一个平面图中,有时不得不把其中某一根轴绘成用折断线连接的两部分,或者弯曲成一定夹角的折线;有时,对于展开后失去联系的传动副,要用大括号或虚线连接起来以表示它们的传动联系。传动系统图只能表示传动关系,并不代表各元件的实际尺寸和空间位置。在图中,通常还必须注明齿轮及蜗轮的齿数(有时也注明其编号或模数)、带轮直径、丝杠的导程和头数、电动机的转速和功率、传动轴的编号等。传动轴的编号,通常从动力源(如电动机等)开始,按运动传递顺序,顺次地用罗马数字Ⅰ、Ⅱ、Ⅲ……表示。图 2-4 即为 CA6140 型普通车床的传动系统图。

表 2-5　传动系统中常用的符号

名　称	图　形	符　号	名　　称	图　形	符　号
轴			滑动轴承		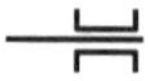
滚动轴承		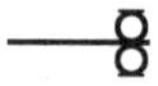	止推轴承		
双向摩擦离合器			双向滑动齿轮		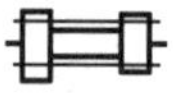
整体螺母传动			开合螺母传动		
平型带传动		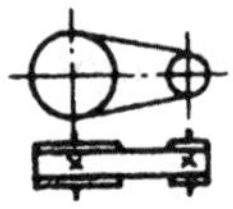	V 带传动		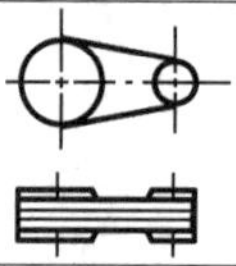
齿轮传动			蜗轮蜗杆传动		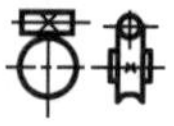
齿轮齿条传动		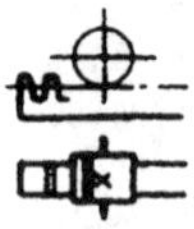	锥齿轮传动		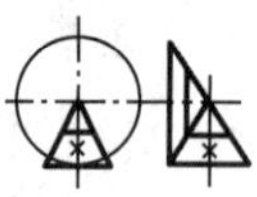

（1）主运动传动链。

主运动传动链的功用是将电动机的旋转运动及能量传递给主轴,使主轴以合适的速度带动工件旋转。普通车床的主轴应能变速及换向。

主运动的传动路线是:运动由电动机经 V 带传至主轴箱中的轴Ⅰ。在轴Ⅰ上装有双向多片式摩擦离合器 M_1,其作用是使主轴(轴Ⅵ)正转、反转或停止。离合器 M_1 左半部分接合时,主轴正转;右半部分接合时,主轴反转;左右都不接合时,轴Ⅰ空转,主轴停止转动。轴Ⅰ的运动经 M_1—轴Ⅱ—轴Ⅲ,然后分成两条路线传给主轴:当主轴Ⅵ上的滑移齿轮 Z_{50} 移至左边(图2-4 所示位置)时,运动从轴Ⅲ经齿轮副 $\frac{63}{50}$ 直接传给主轴Ⅵ,使主轴得到高转速;当滑移齿轮

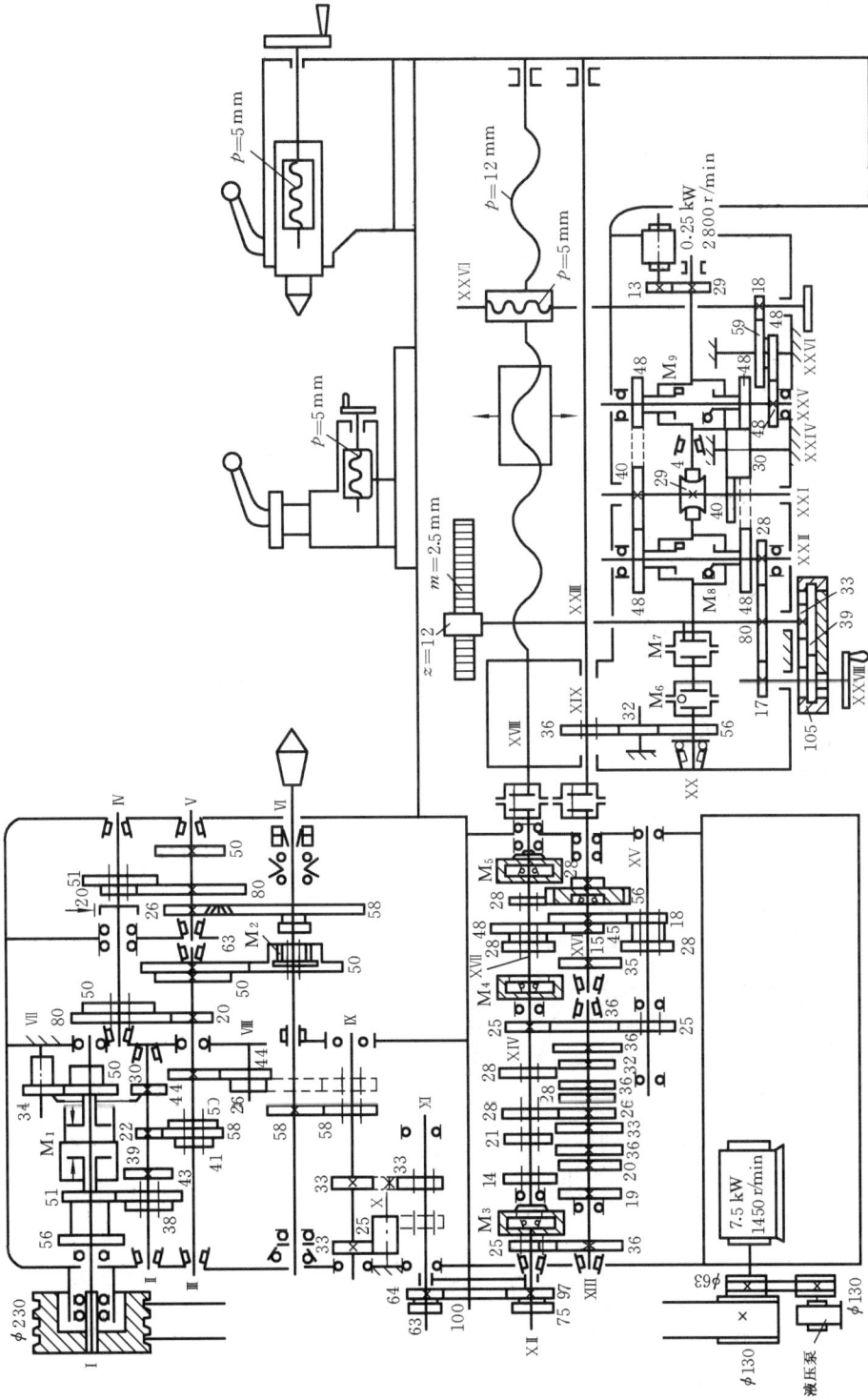

图 2-4　CA6140 型普通车床的传动系统图

Z_{50} 向右移,使齿型离合器 M_2 接合时,则运动经轴Ⅲ—Ⅳ—Ⅴ传给主轴Ⅵ,使主轴获得中、低转速。

主运动传动路线表达式如下:

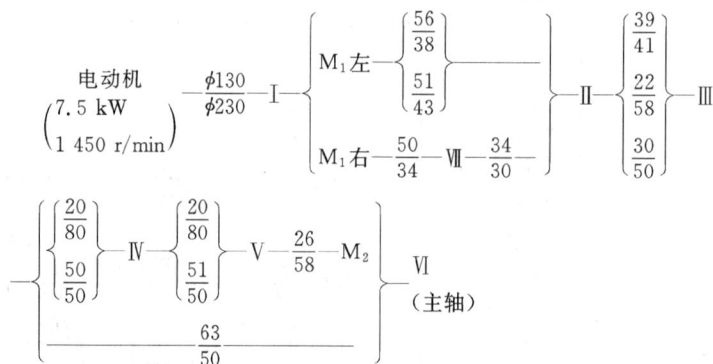

$$电动机 \begin{pmatrix} 7.5\ kW \\ 1\ 450\ r/min \end{pmatrix} - \frac{\phi130}{\phi230} - I \begin{cases} M_1左 \begin{cases} \frac{56}{38} \\ \frac{51}{43} \end{cases} \\ M_1右 - \frac{50}{34} - Ⅶ - \frac{34}{30} - \end{cases} Ⅱ \begin{cases} \frac{39}{41} \\ \frac{22}{58} \\ \frac{30}{50} \end{cases} Ⅲ$$

$$\begin{cases} \begin{cases} \frac{20}{80} \\ \frac{50}{50} \end{cases} Ⅳ \begin{cases} \frac{20}{80} \\ \frac{51}{50} \end{cases} V - \frac{26}{58} - M_2 \\ \frac{63}{50} \end{cases} \begin{matrix} Ⅵ \\ (主轴) \end{matrix}$$

看懂传动路线是认识和分析机床的基础。通常的方法是"抓两端,连中间"。也就是说,在了解某一条传动链的传动路线时,首先应搞清楚此传动链两端的末端件是什么("抓两端"),然后再找它们之间的传动联系("连中间"),这就可以很容易地找出传动路线。例如,要了解车床主运动传动链的传动路线时,首先应找出它的两个末端件——电动机和主轴,然后"连中间",即从两末端件出发,从两端向中间,找出它们之间的传动联系。

主轴的转速可应用下列运动平衡式进行计算,即

$$n_主 = n_电 \times \frac{D}{D'} \times (1-\varepsilon) \times \frac{z_{Ⅰ-Ⅱ}}{z'_{Ⅰ-Ⅱ}} \times \frac{z_{Ⅱ-Ⅲ}}{z'_{Ⅱ-Ⅲ}} \times \frac{z_{Ⅲ-Ⅳ}}{z'_{Ⅲ-Ⅳ}}$$

式中:$n_主$——主轴转速(r/min);

$\quad n_电$——电动机转速(r/min),$n_电 = 1\ 450\ r/min$;

$\quad D$——主动带轮直径(mm),$D = 130\ mm$;

$\quad D'$——从动带轮直径(mm),$D' = 230\ mm$;

$\quad \varepsilon$——V 带的滑动系数,可近似地取 $\varepsilon = 0.02$;

$\quad z_{Ⅰ-Ⅱ}$——由轴Ⅰ传动到轴Ⅱ的主动轮齿数;

$\quad z'_{Ⅰ-Ⅱ}$——由轴Ⅰ传动到轴Ⅱ的从动轮齿数;

$\quad z_{Ⅱ-Ⅲ}$——由轴Ⅱ传动到轴Ⅲ的主动轮齿数;

$\quad z'_{Ⅱ-Ⅲ}$——由轴Ⅱ传动到轴Ⅲ的从动轮齿数;

$\quad z_{Ⅲ-Ⅳ}$——由轴Ⅲ传动到轴Ⅳ的主动轮齿数;

$\quad z'_{Ⅲ-Ⅳ}$——由轴Ⅲ传动到轴Ⅳ的从动轮齿数。

应用上述运动平衡式可以计算出主轴的各级转速,例如:

主轴的最低转速

$$n_{主min} = 1\ 450 \times \frac{130}{230} \times 0.98 \times \frac{51}{43} \times \frac{22}{58} \times \frac{20}{80} \times \frac{20}{80} \times \frac{26}{58}\ r/min \approx 10\ r/min$$

主轴的最高转速

$$n_{主max} = 1\ 450 \times \frac{130}{230} \times 0.98 \times \frac{56}{38} \times \frac{39}{41} \times \frac{63}{50}\ r/min \approx 1\ 400\ r/min$$

主轴反转通常不是用于切削,而是为了车螺纹时退刀。这样就可以在不断开主轴和刀架

间的传动链的情况下退刀,以免在下一次走刀时发生"乱扣"现象。为了节省退刀时间,主轴反转的转速应比正转的转速高。

由传动系统图可以看出,主轴正转时,利用各滑动齿轮轴向位置的各种不同组合,共可得 $2 \times 3 \times (1+2 \times 2) = 30$ 种传动主轴的路线,但实际上主轴只能得到 $2 \times 3 \times (1+3) = 24$ 级不同的转速。这是因为,在轴Ⅲ到轴Ⅴ之间4条传动路线的传动比分别为

$$u_1 = \frac{20}{80} \times \frac{20}{80} = \frac{1}{16}, \quad u_2 = \frac{20}{80} \times \frac{51}{50} \approx \frac{1}{4}$$

$$u_3 = \frac{50}{50} \times \frac{20}{80} = \frac{1}{4}, \quad u_4 = \frac{50}{50} \times \frac{51}{50} \approx 1$$

其中,u_2 和 u_3 基本相等,所以实际上只有3种不同的传动比。因此,由低速路线传动时,主轴获得的有效的转速级数不是 $2 \times 3 \times 4 = 24$ 级,而是 $2 \times 3 \times (4-1) = 18$ 级。此外,主轴还可由高速路线传动获得6级转速,所以主轴共可得到24级转速。

同理,主轴反转的传动路线可以有 $3 \times (1+2 \times 2) = 15$ 条,但主轴反转的转速级数也只有 $3 \times [1+(2 \times 2-1)] = 12$ 级。

(2) 车螺纹进给传动链。

机床传动链按其工作性质不同可以分为两种,即外联系传动链和内联系传动链。外联系传动链是指联系动力源(如电动机)和机床执行件(如主轴、刀架、工作台等)间的传动链。而内联系传动链则是联系执行件(如主轴)和执行件(如刀架)的传动链。CA6140型车床的车螺纹进给传动链是内联系传动链,其末端件之间的传动比有严格的要求,即两末端件的运动有严格的比例关系。

CA6140型卧式车床的螺纹进给传动链保证机床可以加工出米制螺纹、英制螺纹、模数螺纹和径节螺纹。除此之外,还可以加工非标准螺纹和较精密螺纹。

车削米制螺纹时,运动从主轴Ⅵ经过传动轴Ⅸ与轴Ⅺ之间在左、右螺纹换向机构及挂轮 $\frac{63}{100} \times \frac{100}{75}$ 传到进给箱上的轴Ⅻ,进给箱中的离合器 M_5 接合,离合器 M_3 及离合器 M_4 均脱开。此时传动路线表达式为

$$主轴Ⅵ - \frac{58}{58} - Ⅸ - \left\{ \begin{array}{l} \frac{33}{33}(右旋螺纹) \\ \frac{33}{25} \times \frac{25}{33}(左旋螺纹) \end{array} \right\} - Ⅺ - \frac{63}{100} \times \frac{100}{75} - Ⅻ - \frac{25}{36} - Ⅷ - u_{Ⅷ\text{-}ⅩⅣ}$$

$$- ⅩⅣ - \frac{25}{36} \times \frac{36}{25} - ⅩⅤ - u_{ⅩⅤ\text{-}ⅩⅦ} - ⅩⅦ - M_5 - Ⅷ(丝杠) - 刀架$$

式中:$u_{Ⅷ\text{-}ⅩⅣ}$——轴Ⅷ至轴ⅩⅣ间的8种可供选择的传动比 $\left(\frac{26}{28}, \frac{28}{28}, \frac{32}{28}, \frac{36}{28}, \frac{19}{14}, \frac{20}{14}, \frac{33}{21}, \frac{36}{21} \right)$;

$u_{ⅩⅤ\text{-}ⅩⅦ}$——轴ⅩⅤ至轴ⅩⅦ间的4种可供选择的传动比 $\left(\frac{28}{35} \times \frac{35}{28}, \frac{18}{45} \times \frac{35}{28}, \frac{28}{35} \times \frac{15}{48}, \frac{18}{45} \times \frac{15}{48} \right)$。

车削米制螺纹时的运动平衡式(车床丝杠(轴Ⅷ)的导程为12 mm)为

$$1 \times \frac{58}{58} \times \frac{33}{33} \times \frac{63}{100} \times \frac{100}{75} \times \frac{25}{36} \times u_{Ⅷ\text{-}ⅩⅣ} \times \frac{25}{36} \times \frac{36}{25} \times u_{ⅩⅤ\text{-}ⅩⅦ} \times 12 = L = Kp$$

化简后得

$$L = 7u_{Ⅷ\text{-}ⅩⅣ} u_{ⅩⅤ\text{-}ⅩⅦ}$$

式中:L——导程;

　　K——螺纹头数;

　　p——螺纹螺距。

　　(3)纵、横向进给传动链。

　　CA6140型车床的纵向和横向进给传动链中,从主轴至进给箱 XVII 的传动路线与加工螺纹的传动路线相同,其后经过齿轮副$\frac{28}{56}$传至光杠 XIX,再由光杠经溜板箱中的传动元件分别传至齿轮齿条机构和横向进给丝杠 XXVII,使刀架实现纵向或横向进给,其传动路线表达式如下:

$$主轴(VI)\begin{bmatrix}米制螺纹传动路线\\英制螺纹传动路线\end{bmatrix}—XVII—\frac{28}{56}—XIX(光杠)—\frac{36}{32}\times\frac{32}{56}—M_6—M_7—XX—\frac{4}{29}—XXI$$

$$\begin{bmatrix}\frac{40}{48}—M_8\uparrow\\[4pt]\frac{40}{30}\times\frac{30}{48}—M_8\downarrow\end{bmatrix}—XXII—\frac{28}{80}—XXIII—Z_{12}—\underset{(m=2.5\ mm)}{齿条}—刀架(纵向进给)$$

$$\begin{bmatrix}\frac{40}{48}—M_9\uparrow\\[4pt]\frac{40}{30}\times\frac{30}{48}—M_9\downarrow\end{bmatrix}—XXV—\frac{48}{48}\times\frac{59}{18}—\underset{(丝杠)}{XXVII}—刀架(横向进给)$$

　　双向离合器 M_8 和 M_9 分别用于控制纵向进给和横向进给运动的方向。

　　CA6140型卧式车床的纵向进给和横向进给各有64种。纵向进给量的变换范围为0.028～6.33 mm/r,横向进给量为0.014～3.16 mm/r,这些进给量通过下面4条传动路线得到。

　　① 运动经由正常螺距的米制螺纹传动路线传动时,可得到0.08～1.22 mm/r 的 32 种进给量。

　　② 运动经由正常螺距的英制螺纹传动路线传动时,使用增倍组中$\frac{28}{35}\times\frac{35}{28}$传动路线可得到8 种较大的进给量(0.86～1.59 mm/r);而用增倍组中的其他传动路线时,得到的进给量较小,且与上述路线传动时的进给量重复。

　　③ 运动经由扩大螺距机构及英制螺纹传动路线传动,且主轴处于较低的 12 级转速时,可将进给量扩大 4 或 16 倍,得到大的纵向进给量。

　　④ 运动经由扩大螺距机构及米制螺纹传动路线传动,且主轴高速(450～1 400 r/min)运转时,增倍变速组使用$\frac{18}{45}\times\frac{15}{48}$传动路线,可得到0.028～0.054 mm/r 的 8 种进给量。

　　从传动路线表达式可以分析出,当主轴箱及进给箱中的传动路线相同时,所得到的横向进给量是纵向进给量的一半,横向进给量的级数则与纵向进给量的相同。

　　(4)刀架快速移动进给链。

　　在刀架作机动进给或退刀的过程中,如需要刀架作快速移动,则用按钮将溜板箱内的快速移动电动机(0.25 kW,2 800 r/min)接通,经齿轮 Z_{13}、Z_{29} 传至轴 XX,然后再经溜板箱内与机动工作进给相同的传动路线传至刀架,使其实现纵向和横向的快速移动。当快速电动机使传动轴 XX 快速旋转时,依靠齿轮 Z_{56} 与轴 XX 间的超越离合器 M_6 可避免与进给箱传来的低速工作进给运动发生干涉。

6) 机床的主要结构

(1) 主轴箱。

主轴箱用于支承主轴和传动机构,并使其实现旋转、启动、停止、变速和换向等功用。主轴箱通常包含主轴部件,传动机构,启动、停止及换向装置,制动装置,操纵机构和润滑装置等。

① 传动机构。主轴箱中的传动机构包括定比传动机构和变速机构两部分。定比传动机构仅用于传递运动和动力,一般采用齿轮传动副;变速机构一般采用滑移齿轮变速机构,其结构简单紧凑,传动效率高,传动比准确。但当变速齿轮为斜齿轮或尺寸较大时,则采用离合器变速。

② 主轴部件。主轴部件是主轴箱最重要的部件。图 2-5 是其主轴部件图。主轴前端可装卡盘,用于夹持工件,并由其带动旋转。主轴的旋转精度、刚度和抗振性等对工件的加工精度和表面粗糙度有直接影响,因此,对主轴部件要求较高。

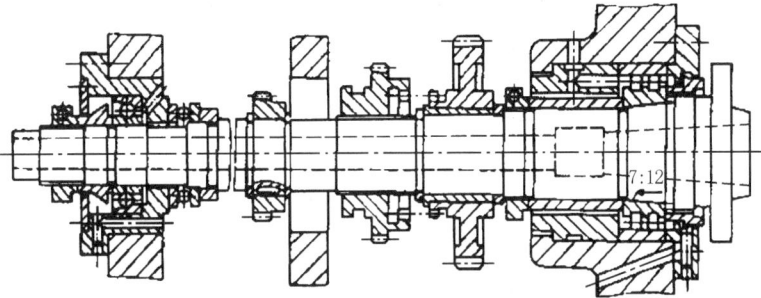

图 2-5　CA6140 型卧式车床主轴组件

CA6140 型卧式车床的主轴是空心阶梯轴,其内孔是为了通过长棒料及气动、液压或电气等夹紧装置的管道、导线,也用于穿入钢棒以卸下顶尖。主轴前端的锥孔为 6 号莫氏锥度,用于安装顶尖或心轴,利用锥孔配合的摩擦力直接带动顶尖或心轴转动。主轴前端部采用短锥法兰式结构,用于安装卡盘或拨盘,如图 2-6 所示。拨盘或卡盘座 4 以主轴 3 的短圆锥面定位,卡盘、拨盘等夹具通过卡盘座 4,用 4 个螺栓 5 固定在主轴上,由装在主轴轴肩端面上的圆柱形端面键传递扭矩。安装卡盘时,只需将预先拧紧在卡盘座上的螺栓 5 连同螺母 6 一起从主轴轴肩和锁紧盘 2 上的孔中穿过,然后将锁紧盘转过一个角度,使螺栓进入锁紧盘上宽度较窄的圆弧槽内,把螺母卡住(如图 2-6 中所示位置),接着再把螺母 6 拧紧,就可把卡盘等夹具紧固在主轴上。这种主轴轴端结构的定心精度高,连接刚度好,卡盘悬伸长度小,装卸卡盘也非常方便,因此得到了广泛的应用。

主轴支承轴承是主轴部件中的最重要的组件,其类型、精度、结构、配置方式、安装调整、润滑和冷却等状况,都直接影响主轴部件的工作性能。机床上常用的主轴轴承有滚动轴承、液体动压轴承、液体静压轴承、空气静压轴承等。主轴部件主支承常用的滚动轴承有角接触球轴承、双列短圆柱滚子轴承、圆锥滚子轴承、推力轴承、陶瓷滚动轴承等。

③ 启停和换向装置。启停装置用于控制主轴的启动和停止,换向装置用于改变主轴旋转方向。

CA6140 型卧式车床采用双向多片式摩擦离合器控制主轴的启停和换向,如图 2-7 所示。它由结构相同的左、右两部分组成,左离合器传动主轴正转,右离合器传动主轴反转。下面以

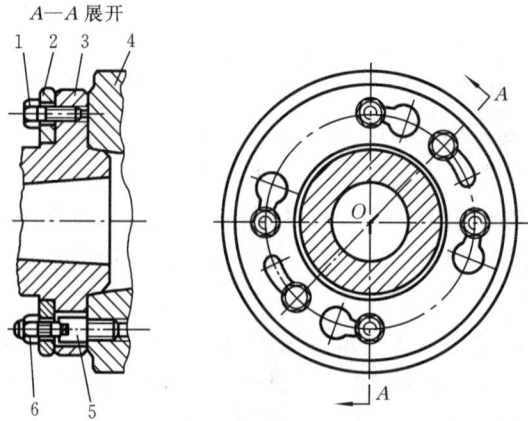

图 2-6　CA6140 型卧式车床主轴前端短锥法兰式结构
1—螺钉；2—锁紧盘；3—主轴；4—卡盘座；5—螺栓；6—螺母

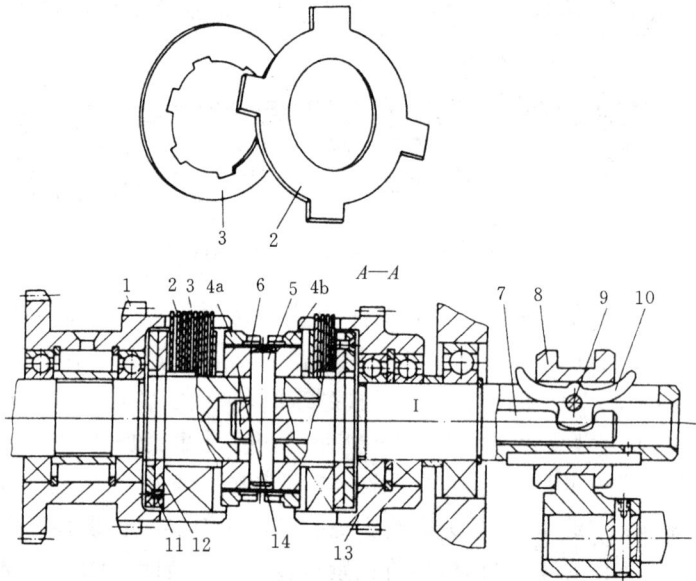

图 2-7　双向多片式摩擦离合器机构(CA6140)
1—双联齿轮；2—外摩擦片；3—内摩擦片；4a、4b—螺母；5—圆销；6—弹簧销；7—拉杆；
8—滑套；9—销轴；10—羊角形摆块；11、12—止推片；13—齿轮；14—压套

左离合器为例说明其结构原理。多个内摩擦片 3 和外摩擦片 2 相间安装，内摩擦片 3 以花键与轴Ⅰ相连接，外摩擦片 2 以其四个凸齿与空套双联齿轮 1 相连接。内、外摩擦片未被压紧时，彼此互不联系，轴Ⅰ不能带动双联齿轮转动。当用操纵机构拨动滑套 8 至右边位置时，滑套将羊角形摆块 10 的右角压下，使它绕销轴 9 顺时针摆动，其下端凸起部分推动拉杆 7 向左移，通过固定在拉杆左端的圆销 5，带动压套 14 和螺母 4a，将左离合器内、外摩擦片压紧在止推片 11 和 12 上，通过摩擦片间的摩擦力，轴Ⅰ和双联齿轮连接，于是主轴正向旋转。右离合器的结构和工作原理同左离合器的一样，只是内、外摩擦片数量少一些；当拨动滑套 8 至左边位置时，压套 14 右移，将右离合器的内、外摩擦片压紧，空套齿轮 13 与轴Ⅰ连接，主轴反转。

滑套 8 处于中间位置时,左、右两离合器的摩擦片都松开,主轴的传动断开,停止转动。

摩擦离合器除了靠摩擦力传递运动和扭矩外,还能起过载保护作用。当机床过载时,摩擦片打滑,可避免损坏机床。摩擦片间的压紧力是根据离合器应传递的额定扭矩来确定的。当摩擦片磨损以后,压紧力减小,这时可用拧在压套上的螺母 4a 和 4b 来调整。

④ 制动装置。制动装置的功用是在车床停车过程中克服主轴箱中各运动件的惯性,使主轴迅速停止转动,以缩短辅助时间。

图 2-8 所示为 CA6140 型车床上采用的闸带式制动器,它由制动轮 7、制动带 6 和杠杆 4 等组成。制动轮 7 是一个钢制圆盘,与传动轴 8(Ⅳ轴)用花键连接。制动带 6 绕在制动轮 7 上,一端通过调节螺钉 5 与主轴箱体 1 连接,另一端固定在杠杆 4 的上端。杠杆 4 可绕轴 3 摆动,当它的下端与齿条轴 2 上的圆弧形凹部 a 或 c 接触时,制动带处于放松状态,制动器不起作用;移动齿条轴 2,其上凸起部分 b 与杠杆 4 下端接触时,杠杆绕支承轴 3 逆时针摆动,使制动带抱紧制动轮,产生摩擦制动力矩,传动轴 8(Ⅳ轴)通过传动齿轮使主轴迅速停止转动。制动时制动带的拉紧程度,可用螺钉 5 进行调整。在调整合适的情况下,停车时主轴应能迅速停止,而开车时制动带应能完全松开。

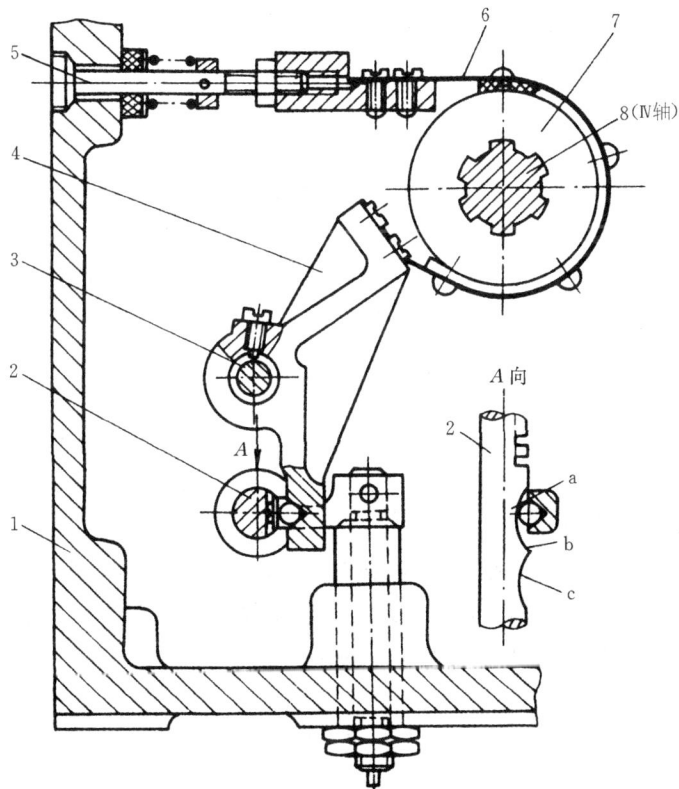

图 2-8 制动器(CA6140)

1—箱体;2—齿条轴;3—杠杆支承轴;4—杠杆;5—调节螺钉;6—制动带;7—制动轮;8—传动轴

⑤ 操纵机构。主轴箱中的操纵机构用于控制主轴启动、停止、制动、变速、换向,以及变换左、右螺纹等。为使操纵方便,常采用集中操纵方式,即用一个手柄操纵几个传动件(如滑移齿轮、离合器等),以控制几个动作。

图 2-9 所示为 CA6140 型车床主轴箱中的一种变速操纵机构,它用一个手柄同时操纵轴 Ⅱ、Ⅲ上的双联滑移齿轮和三联滑移齿轮,变换轴Ⅰ—Ⅲ间的六种传动比。转动变速手柄 9,通过链条 8 可使装在轴 7 上的曲柄 5 和盘形凸轮 6 转动,手柄轴和轴 7 的传动比为 1∶1。曲柄 5 上装有拨销 4,其伸出端上套有滚子,嵌入拨叉 3 的长槽中。曲柄 5 带着拨销 4 作偏心运动时,可带动拨叉 3 拨动轴Ⅲ上的三联滑移齿轮 2 沿轴Ⅲ左右移换位置。盘形凸轮 6 的端面上有一条封闭的曲线槽,它由不同半径的两段圆弧和过渡直线组成,每段圆弧的中心角稍大于120°。凸轮曲线槽经圆销 10 通过杠杆 11 和拨叉 12 可拨动轴Ⅱ上的双联滑移齿轮 1 移换位置。

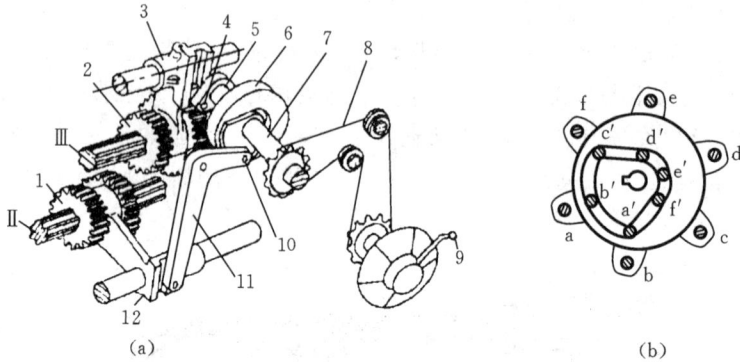

图 2-9　变速操纵结构示意图(CA6140)

1—双联滑移齿轮;2—三联滑移齿轮;3、12—拨叉;4—拨销;5—曲柄;6—盘形凸轮;
7—轴;8—链条;9—变速手柄;10—圆销;11—杠杆;Ⅱ、Ⅲ—传动轴

曲柄 5 和盘形凸轮 6 有六个变速位置(见图 2-9(b)),顺次转动变速手柄 9,每次转 60°,使曲柄 5 处于变速位置 a、b、c 时,三联滑移齿轮 2 相应地被拨至左、中、右位置;此时,杠杆 11 短臂上圆销 10 处于凸轮曲线槽大半径圆弧段中的 a'、b'、c' 处,双联滑移齿轮 1 在左端位置。这样,便得到了轴Ⅰ—Ⅲ间三种不同的变速齿轮组合情况。继续转动手柄 9,使曲柄 5 依次处于位置 d、e、f,则三联滑移齿轮 2 相应地被拨至右、中、左位置;此时,杠杆 11 上的圆销 10 进入凸轮曲线槽小半径圆弧段中的 d'、e'、f' 处,齿轮 1 被移换至右端位置,得到轴Ⅰ—Ⅲ间另外三种不同的变速齿轮组合情况,从而使轴得到了六种不同的转速。

滑移齿轮块移至规定的位置后,必须可靠地定位。该操纵机构采用钢球定位装置。

⑥ 润滑装置。为了保证机床正常工作并减少零件磨损,对主轴箱中的轴承、齿轮、摩擦离合器等必须进行良好的润滑。CA6140 型车床主轴箱采用油泵供油循环润滑的润滑系统。

(2) 进给箱。

进给箱的功用是变换被加工螺纹的种类和导程,以及获得所需的各种机动进给量。

(3) 溜板箱。

溜板箱的主要功用是将丝杠或光杠传来的旋转运动转变为直线运动并带动刀架进给,控制刀架运动的接通、断开和换向,机床过载时控制刀架自动停止进给,手动操纵刀架时实现快速移动等。溜板箱主要由以下几部分组成:纵、横向机动进给和快速移动的操纵机构,开合螺母及操纵机构,互锁机构,超越离合器和安全离合器等。

① 纵、横向机动进给操纵机构。图 2-10 所示为 CA6140 型车床的机动进给操纵机构。它利用一个手柄集中操纵纵向、横向机动进给运动的接通、断开和换向,且手柄扳动方向与刀架

运动方向一致,使用非常方便。向左或向右扳动手柄 1,使手柄座 3 绕着销轴 2 摆动时(销轴 2
装在轴向位置固定的轴 23 上),手柄座下端的开口槽通过球头销 4 拨动轴 5 轴向移动,再经杠杆
11 和连杆 12 使凸轮 13 转动,凸轮上的曲线槽又通过圆销 14 带动拨叉轴 15 以及固定在它上面
的拨叉 16 向前或向后移动,拨叉拨动离合器 M_8,使之与轴 XXII 上两个空套齿轮之一啮合,于是
纵向机动进给运动接通,刀架相应地向左或向右移动。

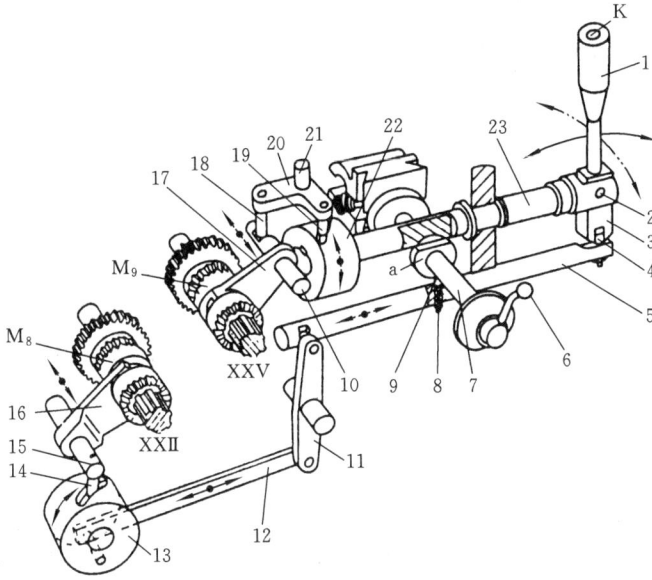

图 2-10　纵、横向机动进给操纵机构(CA6140)

1、6—手柄;2—销轴;3—手柄座;4—球头销;5、7、23—轴;

8—弹簧销;9—球头销;10、15—拨叉轴;11、20—杠杆;12—连杆;13、22—凸轮

14、18、19—圆销;16、17—拨叉;21—销轴

　　向后或向前扳动手柄 1,通过手柄座 3 使轴 23 以及固定在它左端的凸轮 22 转动时,凸轮
上曲线槽通过圆销 19 使杠杆 20 绕销轴 21 摆动,再经杠杆 20 上的另一圆销 18 带动轴 10 以
及固定在它上面的拨叉 17 向前或向后移动,拨叉拨动离合器 M_9,使之与轴 XXV 上两空套齿
轮之一啮合,于是横向机动进给运动接通,刀架相应地向前或向后移动。

　　将手柄 1 扳至中间直立位置时,离合器 M_8 和 M_9 均处于中间位置,机动进给传动链断开。
当手柄扳至左、右、前、后任一位置时,如按下装在手柄 1 顶端的按钮 K,则快速电动机启动,刀
架便在相应方向上快速移动。

　　② 开合螺母机构。开合螺母机构的结构如图 2-11 所示。开合螺母由上半螺母 26 和下半
螺母 25 组成,装在溜板箱体后壁的燕尾形导轨中,可上、下移动。上半螺母、下半螺母的背面
各装有一个圆销 27,其伸出端分别嵌在槽盘 28 的两条曲线槽中。扳动手柄 6,经轴 7 使槽盘
逆时针转动时(见图 2-11(b)),曲线槽迫使两圆销互相靠近,带动上半螺母、下半螺母合拢,与
丝杠啮合,刀架便由丝杠螺母经溜板箱传动进给。槽盘顺时针转动时,曲线槽通过圆销使两半
螺母相互分离,与丝杠脱开啮合,刀架便停止进给。槽盘 28 上的偏心圆弧槽接近盘中心部分
的倾角比较小,使开合螺母闭合后能自锁,不会因为螺母上的径向力而自动脱开。

　　③ 互锁机构。机床工作时,如因操作失误同时将丝杠传动和纵、横向机动进给(或快速运
动)接通,则将损坏机床。为了防止发生上述事故,溜板箱中设有互锁机构,以保证开合螺母合

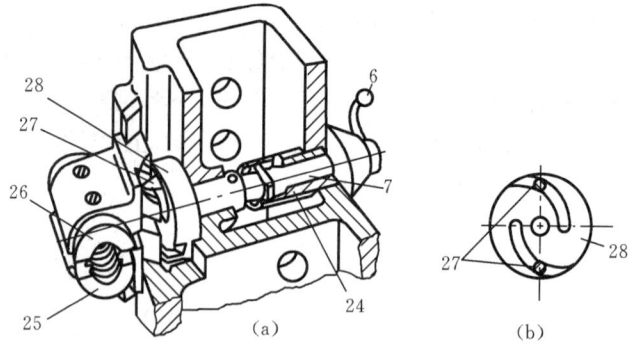

图 2-11 开合螺母机构(CA6140)

6—手柄；7—轴；24—支承套；25—下半螺母；26—上半螺母；27—圆销；28—槽盘

上时，机动进给不能接通；反之，机动进给接通时，开合螺母不能合上。

图 2-12 所示的互锁机构由开合螺母操纵轴 7 上的凸肩 a，轴 5 上的球头销 9 和弹簧销 8 以及支承套 24(见图 2-11)等组成。图 2-10 所示的是丝杠传动和纵、横向机动进给均未接通的情况，此位置称为中间位置。此时可扳动手柄 1 至前、后、左、右任意位置，接通相应方向的纵向或横向机动进给，或者扳动手柄 6，使开合螺母合上。

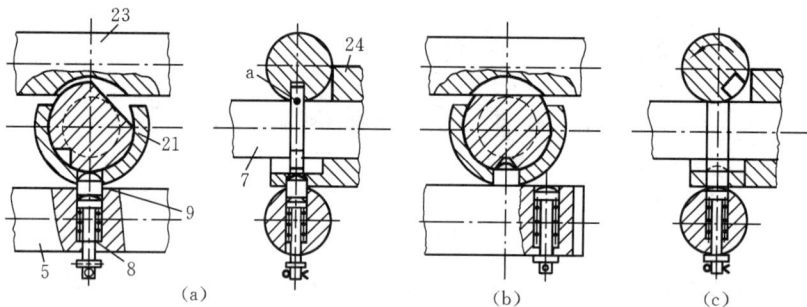

图 2-12 互锁机构工作原理(CA6140)

5、7、23—轴；8—弹簧销；9—球头销；24—支承套

如果向下扳动手柄 6 使开合螺母合上，则轴 7 顺时针转过一个角度，其上凸肩 a 嵌入轴 23 的槽中，将轴 23 卡住，使其不能转动，同时，凸肩又将装在支承套 24 横向孔中的球头销 9 压下，使它的下端插入轴 5 的孔中，将轴 5 锁住，使其不能左右移动(见图 2-12(a))。这时纵、横向机动进给都不能接通。如果接通纵向机动进给，则因轴 5 沿轴线方向移动了一定位置，其上的横向孔与球头销 9 错位(轴线不在同一直线上)，使球头销 9 不能往下移动，因而轴 7 被锁住而无法转动(见图 2-12(b))。如果接通横向机动进给，由于轴 23 转动了位置，其上的沟槽不再对准轴 7 的凸肩 a，使轴 7 无法转动(见图 2-12(c))，因此，接通纵向或横向机动进给后，开合螺母均不能合上。

④ 过载保护装置(安全离合器)。过载保护装置是当机动进给时，在进给力过大或刀架移动受阻的情况下，为避免损坏传动机构，在进给传动链中设置的安全离合器。

图 2-13 所示的是 CA6140 型车床溜板箱中所采用的安全离合器。它由端面带螺旋形齿爪的左、右两半部 5 和 6 组成，其左半部 5 用键装在超越离合器 M_6 的星轮 4 上，且与轴 XX 空

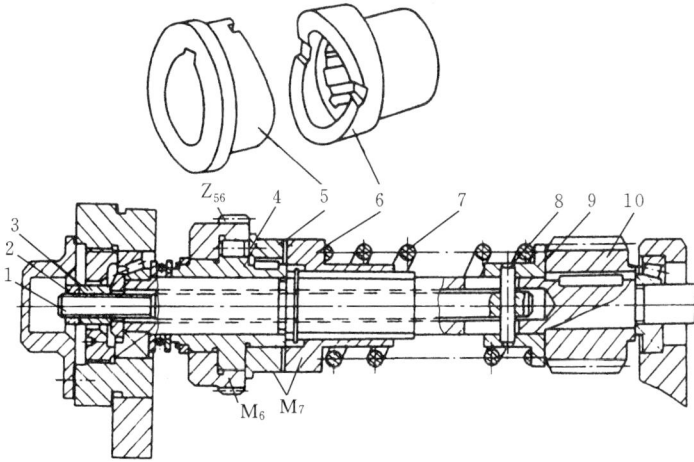

图 2-13 安全离合器(CA6140)

1—拉杆;2—锁紧螺母;3—调整螺母;4—超越离合器的星轮;5—安全离合器左半部;
6—安全离合器右半部;7—弹簧;8—圆销;9—弹簧座;10—蜗杆

套,右半部 6 与轴 XX 用花键连接。在正常工作情况下,在弹簧 7 压力作用下,离合器左、右两半部分相互啮合,由光杠传来的运动经齿轮 Z_{56}、超越离合器 M_6 和安全离合器 M_7,传至轴 XX 和蜗杆 10,此时安全离合器螺旋齿面产生的轴向分力 $F_{轴}$,由弹簧 7 的压力来平衡(见图 2-14)。刀架上的载荷增大时,通过安全离合器齿爪传递的扭矩以及作用在螺旋齿面上的轴向分力都将随之增大。当轴向分力 $F_{轴}$ 超过弹簧 7 的压力时,离合器右半部 6 将压缩弹簧而向右移动,与左半部 5 脱开,导致安全离合器打滑。于是机动进给传动链断开,刀架停止进给。过载现象消除后,弹簧 7 使安全离合器重新自动接合,恢复正常工作。机床许用的最大进给力取决于弹簧 7 调定的弹力。拧转螺母 3,通过拉杆 1 和圆销 8,可调整弹簧座 9 的轴向位置,改变弹簧 7 的压缩量,从而调整安全离合器传递扭矩的大小。

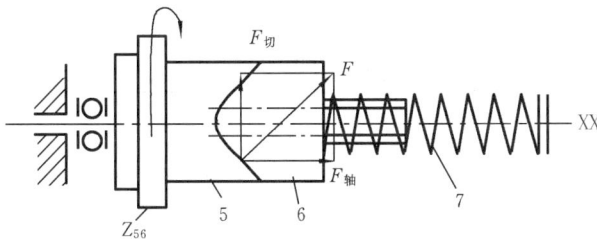

图 2-14 安全离合器工作原理

2.1.4 齿轮加工机床

齿轮加工机床是加工齿轮轮齿的机床。齿轮加工机床按加工对象的不同,分为圆柱齿轮加工机床和锥齿轮加工机床两大类。圆柱齿轮加工机床主要有滚齿机、插齿机、车齿机等。锥齿轮加工机床有用于加工直齿锥齿轮的刨齿机、铣齿机、拉齿机和加工弧齿锥齿轮的铣齿机。用于精加工齿轮齿面的有研齿机、剃齿机、珩齿机和磨齿机等。

齿轮加工机床种类较多,加工方式也各不相同,但按齿形加工原理来分只有成形法(仿形法)和展成法(范成法)两种。成形法所用刀具的切削刃形状与被加工齿轮的齿槽形状相同,这种方法的加工精度和生产率通常都较低,仅在单件小批生产中采用。展成法是将齿轮啮合副中的一个齿轮转化为刀具,另一个齿轮转化为工件,齿轮刀具作切削主运动的同时,以内联系传动链强制刀具与工件作严格的啮合运动(展成运动),于是刀具切削刃就在工件上加工出所要求的齿形表面来。这种方法的加工精度和生产率都较高,目前绝大多数齿轮加工机床都采用展成法,其中又以滚齿机应用最广。

Y3150E 型滚齿机为中型滚齿机,能加工直齿、斜齿的外啮合圆柱齿轮;用径向切入法能加工蜗轮,配备切向进给刀架后也可以用切向切入法加工蜗轮。滚齿机的主参数为最大工件直径。

Y3150E 型滚齿机外形如图 2-15 所示。立柱 2 固定在床身 1 上,刀架溜板 3 可沿立柱上的导轨作轴向进给运动。安装滚刀的刀杆 4 固定在刀架体 5 中的刀具主轴上,刀架体能绕自身轴线倾斜一个角度,这个角度称为滚刀安装角,其大小与滚刀的螺旋升角大小及旋向有关。安装工件用的心轴 7 固定在工作台 9 上,工作台 9 与后立柱 8 装在床鞍 10 上,可沿床身导轨作径向进给运动或调整径向位置。支架 6 用于支承工件心轴上端,以提高心轴的刚度。

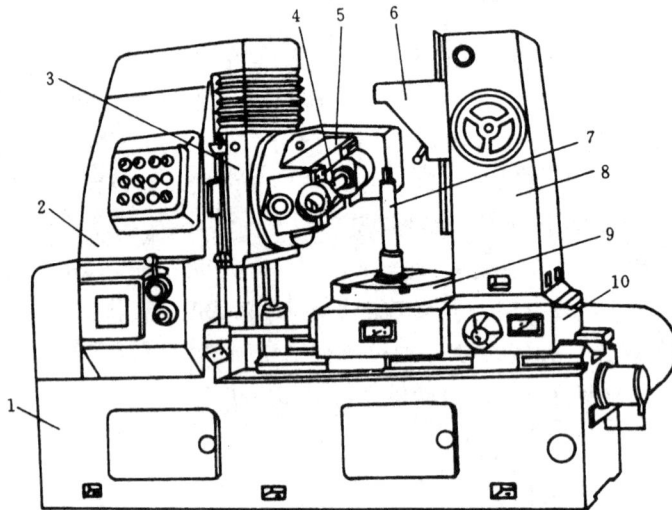

图 2-15 Y3150E 型滚齿机
1—床身;2—立柱;3—刀架溜板;4—刀杆;5—刀架体;
6—支架;7—心轴;8—后立柱;9—工作台;10—床鞍

1) 主运动传动链

图 2-16 所示为 Y3150E 型滚齿机的传动系统。机床的主运动传动链在加工直齿、斜齿圆柱齿轮和加工蜗轮时是相同的,从图 2-16 可找出它的传动路线为电动机—Ⅰ—Ⅱ—Ⅲ—Ⅳ—Ⅴ—Ⅵ—Ⅶ—Ⅷ(滚刀主轴),其运动平衡式为

$$1430(\text{r/min}) \times \frac{115}{165} \times \frac{21}{42} \times u_{2-3} \times \frac{z_A}{z_B} \times \frac{28}{28} \times \frac{28}{28} \times \frac{28}{28} \times \frac{20}{80} = n_{\text{刀}}(\text{r/min})$$

化简上式,得到的调整公式为

$$u_v = u_{2-3} \times \frac{z_A}{z_B} = \frac{n_{\text{刀}}}{124.58}$$

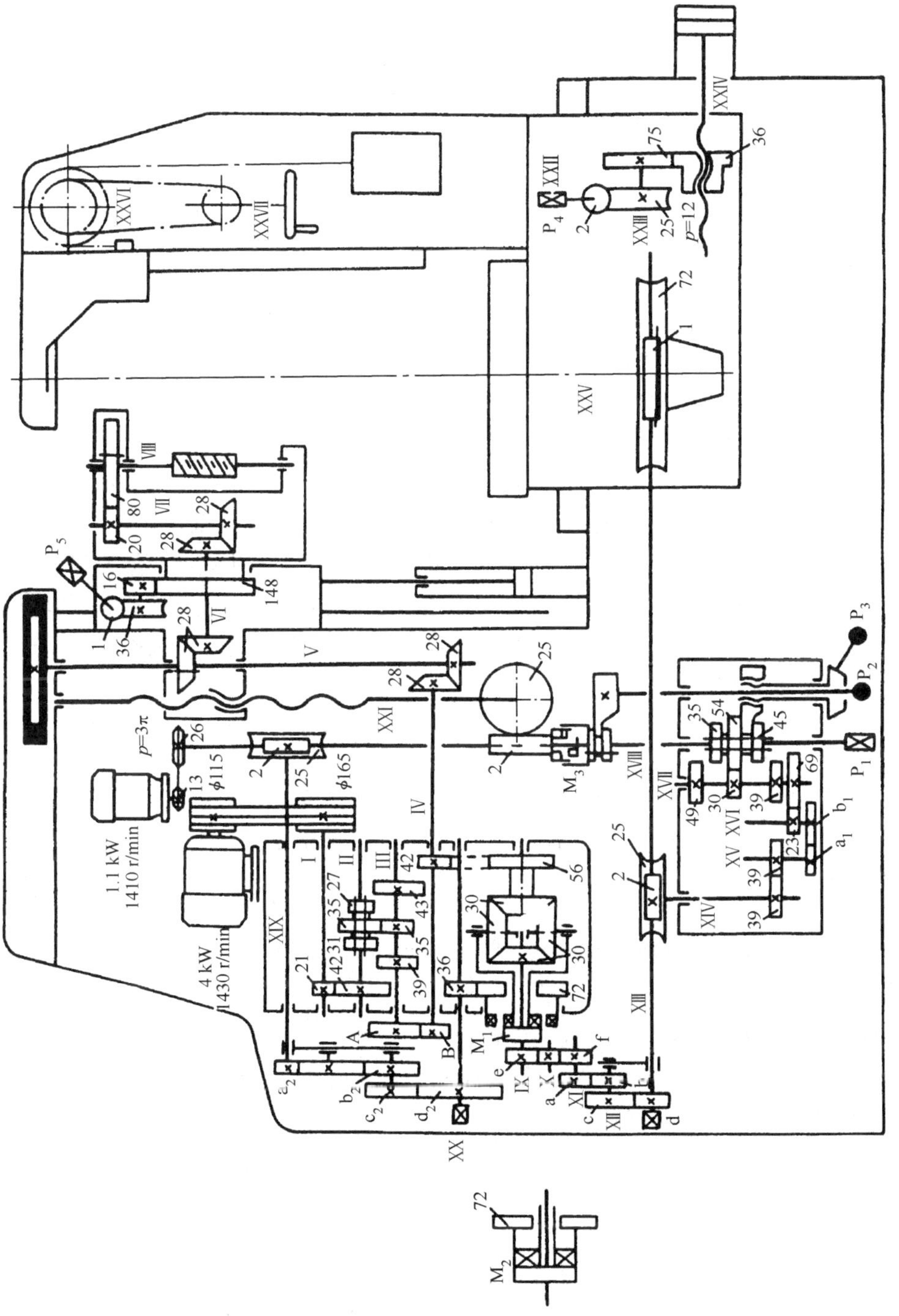

图 2-16 Y3150E 型滚齿机传动系统图

式中:u_{2-3}——速度箱中轴Ⅱ、Ⅲ间的传动比。

在Ⅱ轴和Ⅲ轴之间用滑移齿轮可以得到3个传动比:$\dfrac{35}{35}$、$\dfrac{31}{39}$、$\dfrac{27}{43}$。滚刀转速 $n_{刀}$ 可根据切削速度和滚刀外径确定,然后再利用调整公式确定 u_{2-3} 的值和挂轮齿数 z_A、z_B。挂轮齿数 z_A、z_B 的比值也有3种:$\dfrac{44}{22}$、$\dfrac{33}{33}$、$\dfrac{22}{44}$。由 u_{2-3} 和 $\dfrac{z_A}{z_B}$ 的组合可知,机床上共有转速范围为 40～250 r/min 的9种主轴转速可供选用。

2) 展成运动传动链

加工直齿、斜齿圆柱齿轮和蜗轮时使用同一条展成运动传动链,其传动路线为滚刀主轴 Ⅷ—Ⅶ—Ⅵ—Ⅴ—Ⅳ—Ⅸ—合成—$\dfrac{z_e}{z_f} \times \dfrac{z_a}{z_b} \times \dfrac{z_c}{z_d}$—ⅩⅢ—ⅩⅩⅤ(工作台),运动平衡式为

$$1 \text{转}_{(滚刀)} \times \frac{80}{20} \times \frac{28}{28} \times \frac{28}{28} \times \frac{28}{28} \times \frac{42}{56} \times u_{合成} \times \frac{z_e}{z_f} \times \frac{z_a}{z_b} \times \frac{z_c}{z_d} \times \frac{1}{72} = \frac{K}{Z} \text{转}_{(工件)}$$

式中:$u_{合成}$——运动合成机构的传动比。

Y3150E型滚齿机使用差动轮系作为运动合成机构。滚切直齿圆柱齿轮或用径向切入法滚切蜗轮时,用短齿离合器 M_1 将转臂(即合成机构的壳体)与轴Ⅸ联成一体。此时,差动链没有运动输入,齿轮 Z_{72} 空套在转臂上,运动合成机构相当于一个刚性联轴器,将齿轮 Z_{56} 与挂轮 e 作刚性连接,合成机构的传动比 $u_{合成}=1$。滚切斜齿圆柱齿轮时,用长齿离合器 M_2 将转臂与齿轮 Z_{72} 联成一体,差动运动由轴ⅩⅩ传入。设转臂为静止的,则齿轮 Z_{56} 与挂轮 e 的转速大小相等,方向相反,$u_{合成}=-1$。若不计传动比的符号,两种情况下经过合成机构的传动比相同,则运动平衡式化简得到调整公式:

$$u_x = \frac{z_a}{z_b} \times \frac{z_c}{z_d} = \frac{z_f}{z_e} \times \frac{24K}{Z}$$

调整公式中的挂轮 e、f 用于调整 u_x 的数值,以便在工件齿数变化范围很大的情况下,挂轮的齿数 z_a、z_b、z_c、z_d 不至相差过大,这样能使结构紧凑,并便于选取挂轮。z_e、z_f 的选择有3种情形:当 $5 \leqslant \dfrac{Z}{K} \leqslant 20$ 时,取 $\dfrac{z_e}{z_f}=\dfrac{48}{24}$;当 $21 \leqslant \dfrac{Z}{K} \leqslant 142$ 时,取 $\dfrac{z_e}{z_f}=\dfrac{36}{36}$;当 $\dfrac{Z}{K} \geqslant 143$ 时,取 $\dfrac{z_e}{z_f}=\dfrac{24}{48}$。滚切斜齿圆柱齿轮时,安装分齿挂轮 a、b、c、d 应按照机床说明书的要求使用惰轮,以使展成运动的方向正确。

3) 轴向进给运动传动链

轴向进给运动传动链的末端件为工作台和刀架,传动路线为工作台 ⅩⅩⅤ—ⅩⅢ—ⅩⅣ—ⅩⅤ—ⅩⅥ—ⅩⅦ—ⅩⅧ—ⅩⅪ—刀架,运动平衡式为

$$1 \text{转}_{(工件)} \times \frac{72}{1} \times \frac{2}{25} \times \frac{39}{39} \times \frac{z_{a_1}}{z_{b_1}} \times \frac{23}{69} \times u_{17-18} \times \frac{2}{25} \times 3\pi = f \text{ (mm)}$$

化简后得到换置机构的调整公式为

$$u_f = \frac{z_{a_1}}{z_{b_1}} \times u_{17-18} = \frac{f}{0.460\,8\pi}$$

式中:u_{17-18}——速度箱中轴ⅩⅦ—ⅩⅧ的三联滑移齿轮的三种传动比:$\dfrac{49}{35}$、$\dfrac{30}{54}$、$\dfrac{39}{45}$。选择合适的挂轮 a_1、b_1 与三联滑移齿轮相组合,可得到工件每转时刀架的不同轴向进给量。

4）差动运动传动链

差动运动传动链在传动系统图上为丝杠 XXI — XⅧ — XIX — $\dfrac{z_{a_2}}{z_{b_2}} \times \dfrac{z_{c_2}}{z_{d_2}}$ — XX — 合成 — IX — $\dfrac{z_e}{z_f} \times$

$\dfrac{z_a}{z_b} \times \dfrac{z_c}{z_d}$ — XⅢ — XXV（工作台），运动平衡式为

$$T_{(刀架)} \times \frac{1}{3\pi} \times \frac{25}{2} \times \frac{2}{25} \times \frac{z_{a_2}}{z_{b_2}} \times \frac{z_{c_2}}{z_{d_2}} \times \frac{36}{72} \times u_{合成} \times \frac{z_e}{z_f} \times u_x \times \frac{1}{72} 转 = 1 转_{(工件)}$$

滚切斜齿圆柱齿轮时，使用长齿离合器 M_2 将转臂与空套齿轮 Z_{72} 联成一体后，附加运动自轴 XX 上的齿轮 Z_{36} 传入，设轴 IX 上的中心轮 Z_{56} 固定，对于此差动轮系，转臂转一转时，中心轮 e 转两转，故 $u_{合成} = 2$，式中 $T = \dfrac{\pi m_n z}{\sin\beta}$（其中，$T$ 为被加工斜齿轮螺旋线导程，m_n 表示齿轮的法向模数，β 为齿轮的螺旋角），又在展成运动传动链中求得 $u_x = \dfrac{z_a}{z_b} \times \dfrac{z_c}{z_d} = \dfrac{z_f}{z_e} \times \dfrac{24K}{Z}$，代入上式并简化，得到调整公式为

$$u_y = \frac{z_{a_2}}{z_{b_2}} \times \frac{z_{c_2}}{z_{d_2}} = \frac{9\sin\beta}{m_n K}$$

从差动运动传动链的调整公式可以看出，其中不含工件齿数 Z，这是因为差动运动传动链与展成运动传动链有一共用段（轴 IX — XⅢ — XXV ）。因为差动挂轮 a_2、b_2、c_2、d_2 的选择与工件齿数无关，在加工一对斜齿齿轮时，尽管其齿数不同，但它们的螺旋角大小可加工得完全相等而与计算 u_y 时的误差无关，这样能使一对斜齿齿轮在全齿长上啮合良好。另外，由于刀架用导程为 3π 的单头模数螺纹丝杠传动，可使调整公式中不含常数 π，这也简化了计算过程。与展成运动传动链一样，在配装差动挂轮时，也应根据工件齿的旋向，参照机床说明书的要求使用惰轮，以使附加转动方向正确无误。

5）空行程传动链

滚齿加工前刀架趋近工件或两次走刀之间刀架返回的空行程运动应以较高的速度进行，以缩短空行程时间。Y3150E 型滚齿机上的空行程快速传动链，其传动路线为：快速电动机（1410 r/mm，1.1 kW）— $\dfrac{13}{26}$ — M_3 — $\dfrac{2}{25}$ — XXI — 刀架。刀架快速移动的方向由电动机的旋向来改变。启动快速运动电动机之前，轴 XⅢ 上的滑移齿轮必须处于空挡位置，即轴向进给传动链应在轴 XⅡ 和 XⅢ 之间断开，以免造成运动干涉。在机床上，通过电气连锁装置实现这一要求。

用快速电动机使刀架快速移动时，主电动机转动或不转动都可以进行。这是由于展成运动与差动运动（附加转动）是两个互相独立的运动。若主电动机转动，则刀架快速退回时工件的运动是 $B_{12} + B_{22}$，其中的 B_{22} 取相反的方向、较高的速度；若主电动机停开而刀架快速退回，则工件的运动为反方向、较高速度的 B_{22}，而 B_{12} 为零，刀具不转动而沿原有的螺旋线快速返回。但是，若工件需要两次以上的轴向走刀才能完成加工，则两次走刀之间启动快速电动机时，绝不可将展成运动或差动运动传动链断开后再重新接合；否则就会造成工件错牙，甚至损坏刀具。

工作台及工件在加工前后，也可以快速趋近或离开刀架，这个运动由床身右端的液压缸来

实现。若用手柄经蜗轮副及齿轮 $\frac{2}{25} \times \frac{75}{36}$ 控制与活塞杆相连的丝杠上的螺母,则可实现工作台及工件的径向切入运动。

2.2 机床夹具

2.2.1 概述

1. 机床夹具的定义

在机床上加工工件时,为了使工件在该工序所加工的表面能达到图样规定的尺寸、几何形状以及与其他表面间的相互位置等技术要求,在开动机床进行加工前,必须首先将工件装好夹牢。机械加工中,在机床上用以确定工件位置并将其夹紧的工艺装备称为机床夹具(简称为夹具)。

2. 机床夹具的功用

一般情况下机床夹具的功用有下列几点。

(1)保证被加工表面的位置精度。采用夹具装夹工件,可以准确确定工件与刀具、机床之间的相对位置,因而能比较可靠、稳定地获得较高的位置精度。

(2)提高劳动生产率。采用夹具后,可以省去对工件的逐个找正和对刀,使辅助时间显著减少。另外,用夹具装夹工件,比较容易实现多件、多工位加工,以及使机动时间与辅助时间重合等。当采用机械化、自动化程度较高的夹具时,可进一步减少辅助时间,从而可以大大提高劳动生产率。

(3)扩大机床的使用范围。在机床上配备专用夹具,可以使机床使用范围扩大。例如:在车床床鞍上或在摇臂钻床工作台上安放镗模后,可以进行箱体孔系的镗削加工,使车床、钻床具有镗床的功能。

(4)降低对工人的技术要求和减轻工人的劳动强度。

3. 机床夹具的分类

随着机械制造业的发展,机床夹具的种类不断地增加,出现了许多新颖的夹具结构。按夹具的使用范围和使用特点,机床夹具可分为以下几类。

1)通用夹具

通用夹具是指结构、尺寸已规格化,具有一定通用性,在一定范围内可用于加工不同工件的夹具。通用夹具通常作为某种机床的附件,例如:车床的三爪卡盘或四爪卡盘;铣床的平口钳或回转工作台、万能分度头;平面磨床上的磁力工作台等。通用夹具的特点是适应性强,不需调整或稍加调整就可以用来安装一定形状和尺寸范围内的不同工件。采用这类夹具可缩短生产准备周期,减少夹具品种,从而降低产品加工的制造成本。这类夹具的缺点是工件定位精度不高,对工人操作水平要求较高,生产效率较低,主要用于多品种的单件小批生产。近年来随着产品加工复杂程度和精度要求的日益提高,出现了一批高精度、高效率的通用夹具,如高精度的自定心卡盘、液压虎钳、多角度磁性工作台等。由于此类夹具已作为机床附件由专门机床附件工厂制造供应,无须进行自行设计与制造,因此本书不做介绍。

2）专用夹具

专用夹具是针对某一个工件的某道工序加工要求而专门设计、制造的专用装置。它一般是在产品批量生产加工中使用，是机械制造厂应用数量最多的一种机床夹具，是在使用通用机床夹具难以保证产品零件加工精度和生产数量较大的情况下才采用的夹具。此类夹具的特点是针对性强，结构紧凑，操作简便，生产率高，缺点是设计制造周期长，产品更新换代后，只要被加工工件尺寸形状变化，夹具即报废。此类夹具是本书的主要研究对象。

3）可调夹具

可调夹具是根据待加工的零件结构相似、尺寸不同的特点而专门设计制造的一种夹具。在使用该夹具时，只需调整或更换原夹具上的个别定位元件或夹紧元件便可使用。目的是减少设计和制造专用夹具。它一般分为通用可调夹具和成组夹具。前者的加工对象不很确定，通用性大，如滑柱式钻模夹具、带各种钳口的通用虎钳等；后者是针对成组工艺中某一组零件的加工而设计的，加工对象明确，使用时只需稍加调整或更换部分元件即可用于装夹同一组内的各个零件。由于可调夹具可以多次使用，减少了夹具的重复设计，降低了金属材料的消耗、夹具制造劳动量和制造费用，因此，可获得较高的经济效益，适宜在多品种小批量生产中应用。

4）组合夹具

组合夹具是用一套预先制造好的标准元件及合件组装成的专用夹具。这些元件和合件具有精度高、耐磨、可完全互换、组装及拆卸方便、迅速等特点。夹具用完后即可拆卸，将元件清洗分类存放在夹具库里，留待组装新的夹具。由于使用组合夹具可缩短生产准备周期，元件能重复多次使用，并具有减少夹具品种、数量和存放空间等优点，因此组合夹具除适用新产品试制和单件小批生产外，还适应于柔性制造系统及批量生产中。组合夹具的缺点是一次性投资较大。

5）自动线夹具

自动线夹具用于大批量生产的自动生产线之中。自动线夹具一般分为两类：一类为工位固定式夹具，又称为随机夹具，一般与专用机床夹具相似；另一类为随行夹具，适用于工件形状复杂而又无良好定位基面或输送基面的情况。在使用随行夹具的过程中，先将工件装夹在随行夹具上，然后由随行夹具通过生产输送线上的拨动机构将工件沿着自动线从一个位置移到下一个位置，进行不同工序的加工。

机床夹具也可按所适用的机床不同分为钻床夹具、车床夹具、铣床夹具、磨床夹具、镗床夹具、拉床夹具、插床夹具和齿轮加工机床夹具等。

按所使用的动力源，机床夹具又可分为手动夹具、气动夹具、液压夹具、电动夹具、磁力夹具、真空夹具及离心力夹具等。

2.2.2 机床夹具的组成

机床夹具一般由以下几部分组成。

1. 定位元件和装置

它与工件的定位基面相接触，用于确定工件在夹具中的正确位置，从而保证加工时工件相对于刀具和机床间的相对正确位置，如图 2-17 中的定位心轴 6。

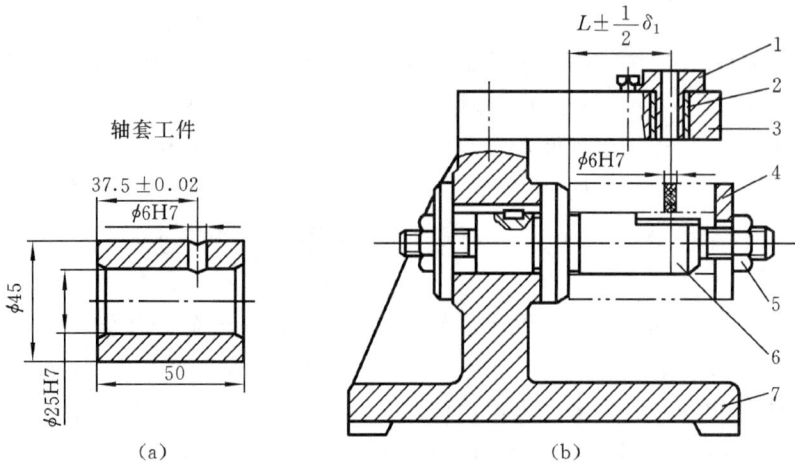

图 2-17　机床夹具的组成部分

1—快换钻套；2—导向套；3—钻模板；4—开口垫圈；5—螺母；6—定位心轴；7—夹具体

2. 夹紧装置

夹紧装置用于夹紧工件，在切削时使工件在夹具中保持既定位置，保证加工顺利进行的元件和装置，如图 2-17 中的螺母 5 和开口垫圈 4。

3. 对刀、引导元件和装置

这些元件的作用是保证工件与刀具之间的正确位置。用于确定刀具在加工前正确位置的元件，称为对刀元件，如对刀块。用于确定刀具位置并引导刀具进行加工的元件，称为引导元件，如图 2-17 中的快换钻套 1。

4. 夹具体

夹具体是夹具的基础元件，用于连接并固定夹具上各元件及装置，使其成为一个整体。它与机床有关部件进行连接、对定，使夹具相对机床具有确定的位置，如图 2-17 中的夹具体 7。

5. 其他元件及装置

有些夹具根据工件的加工要求，需要工件在一次安装中多次转位，从而加工不同位置表面，因此还需设置分度机构，铣床夹具还要有定位键等。

以上这些组成部分，并不是对每种机床夹具都是缺一不可的，但是任何夹具都必须有定位元件、夹紧装置和夹具体，它们是夹具的基本组成部分。

2.2.3　工件在夹具中的定位

工件在夹具中定位的任务是使同一工序中的一批工件都能在夹具中占据正确的位置。工件位置正确与否，应由加工要求来衡量。能满足加工要求的为正确，不能满足加工要求的为不正确。一批工件逐个在夹具上定位时，各个工件在夹具中占据的位置不可能完全一致，也不必要求它们完全一致，但各个工件的位置变动量必须控制在加工要求所允许的范围之内。

由此可知,定位方案是否合理,将直接影响加工质量,同时,它还是夹具上其他装置的设计依据。所以在拟定夹具设计方案时,首先要解决工件在夹具中的定位问题,它包括下列三项基本任务:①从理论上进行分析,如何使同一批工件在夹具中占据一致的正确位置;②选择合适的定位元件,设计相应的定位装置;③保证有足够的定位精度,即工件在夹具中定位时虽有一定误差,但仍能保证工件的加工要求。

1. 基准及其类型

工件上任何一个点、线、面的位置总是要用它与另外一些点、线、面的相互关系(如尺寸距离、平行度、垂直度、同轴度等)来确定。将用来确定加工对象上几何要素之间的几何关系所依据的那些点、线或面称为基准。从设计和工艺两方面看,基准可分为设计基准和工艺基准两大类。

1) 设计基准

设计者在设计零件时,根据零件在装配结构中的装配关系以及零件本身结构要素之间的相互位置关系,确定标注尺寸(或角度)的起始位置。这些尺寸(或角度)的起始位置称为设计基准。简言之,设计图样上所采用的基准就是设计基准。

2) 工艺基准

零件在加工和装配过程中所采用的基准称为工艺基准。工艺基准又进一步可分为工序基准、定位基准、测量基准和装配基准。

(1) 工序基准。

在工序图上用来确定本道工序加工后的尺寸、形状、位置的基准,称为工序基准。在设计工序基准时,主要应考虑以下三个方面的问题:①首先考虑用设计基准为工序基准;②所选工序基准应尽可能用于工件的定位和工序尺寸的检验;③当采用设计基准为工序基准有困难时,可另选工序基准,但必须可靠地保证零件的设计尺寸和技术要求。

(2) 定位基准。

在加工时用于工件定位的基准,称为定位基准,它是获得零件尺寸的直接基准。定位基准可以进一步分为粗基准、精基准及辅助基准。使用未经机械加工的表面作定位基准,称为粗基准;使用已经过机械加工的表面作定位基准,称为精基准;而零件上仅仅是根据机械加工工艺需要专门设计的定位基准,称为辅助基准。例如,轴类零件常用的顶尖孔定位、某些箱体零件加工所用的工艺孔定位、支架类零件用到的工艺凸台定位都属于辅助基准。

(3) 测量基准。

在加工中或加工后用来测量工件的形状、位置和尺寸偏差时所采用的基准,称为测量基准。

(4) 装配基准。

在装配时用来确定零件或部件在产品中的相对位置所采用的基准,称为装配基准。装配基准一般与零件的主要设计基准相一致。

作为基准的点、线、面有时在工件上并不一定实际存在(如孔和轴的轴心线,两平面之间的对称中心面等),而常常是由某些具体表面来体现的,这些表面称为定位基面。工件以回转表面(如孔、外圆等)定位时,回转表面的轴心线是定位基准,而回转表面就是定位基面。工件以平面定位时,其定位基准与定位基面一致。图 2-18 所示为各基准之间的关系。

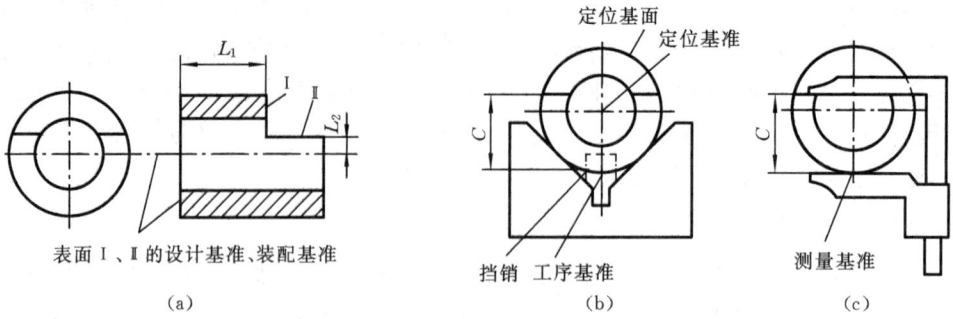

图 2-18　各基准之间的关系

2. 六点定位原理

任何未定位的工件在空间直角坐标系中都具有六个自由度,如图 2-19 所示。它在空间的位置是任意的,将未定位工件(粗线所示长方体)放在空间直角坐标系中,工件可以沿 x、y、z 轴有不同的位置,称为工件沿 x、y 和 z 轴的移动自由度,用 $\vec{x}$、$\vec{y}$、$\vec{z}$ 表示;也可以绕 x、y、z 轴有不同的位置,称为工件绕 x、y 和 z 轴的转动自由度,用 $\hat{x}$、$\hat{y}$、$\hat{z}$ 表示。用以描述工件位置不确定性的 $\vec{x}$、$\vec{y}$、$\vec{z}$ 和 $\hat{x}$、$\hat{y}$、$\hat{z}$ 称为工件的六个自由度。

工件定位的任务就是根据加工要求限制工件的全部或部分自由度。如果按图 2-20 所示设置六个固定点,工件的三个面分别与这些点保持接触,工件的六个自由度都被限制了。这些用来限制工件自由度的固定点,称为定位支承点,简称支承点。

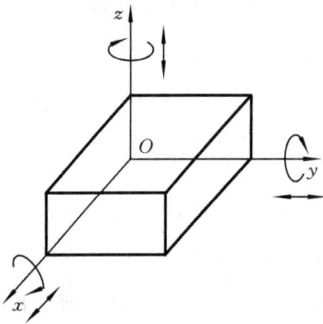

图 2-19　工件在空间的自由度　　　　　图 2-20　工件的六点定位

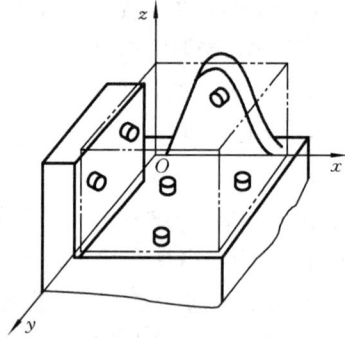

工件的六点定位原理是指用合理分布的六个支承点去限制工件的六个自由度,使工件在空间得到唯一确定的位置的方法。

在实际工作过程中,一个定位元件可以体现一个或多个支承点。具体情况要视定位元件的具体工作方式及其与工件接触范围的大小而论。如一个较小的支承平面与尺寸较大的工件相接触时只相当于一个支承点,只能限制一个自由度;一个平面支承在某一方向上并与工件有较大范围的接触,就相当于两个支承点或一条线,能限制两个自由度;一个支承平面在二维方向与工件有大范围接触,就相当于三个支承点,能限制三个自由度;一个与工件内孔的轴向接触范围小的圆柱销相当于两个支承点,可以限制两个自由度;一个与工件内孔在轴向有大范围接触的圆柱销相当于四个支承点,可以限制四个自由度等。常用的典型定位元件及其所限制的自由度情况如表 2-6 所示。

表 2-6　常用定位元件所能限制的自由度

工件的定位面	夹具的定位元件				
平面	支承钉	定位情况	1个支承钉	2个支承钉	3个支承钉
平面	支承钉	图示	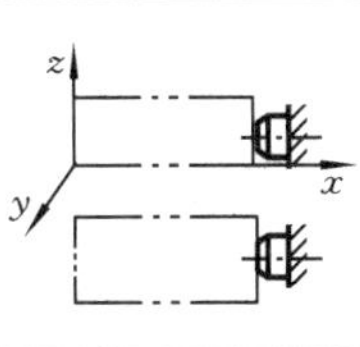	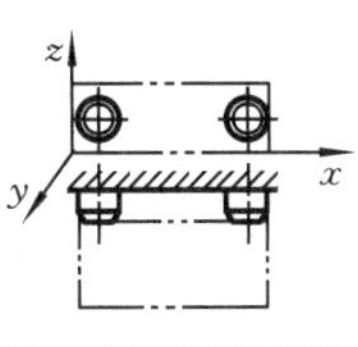	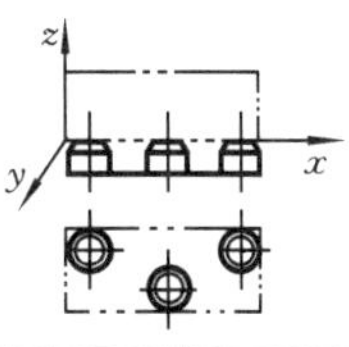
平面	支承钉	限制的自由度	$\vec{x}$	$\vec{y}$ $\overset{\frown}{z}$	$\vec{z}$ $\overset{\frown}{x}$ $\overset{\frown}{y}$
平面	支承板	定位情况	一块条形支承板	两块条形支承板	一块矩形支承板
平面	支承板	图示	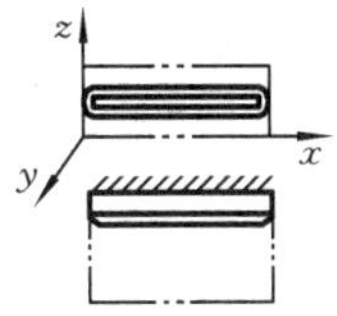	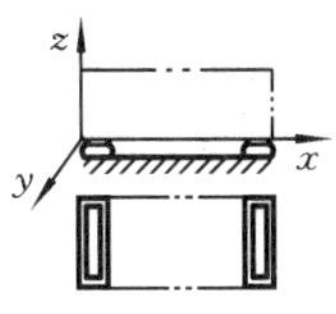	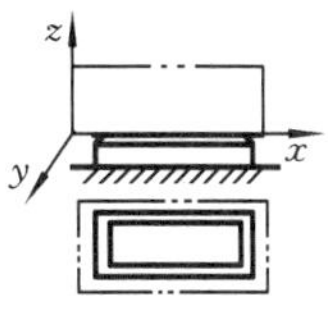
平面	支承板	限制的自由度	$\vec{y}$ $\overset{\frown}{z}$	$\vec{z}$ $\overset{\frown}{x}$ $\overset{\frown}{y}$	$\vec{z}$ $\overset{\frown}{x}$ $\overset{\frown}{y}$
圆孔	圆柱销	定位情况	短圆柱销	长圆柱销	两段短圆柱销
圆孔	圆柱销	图示	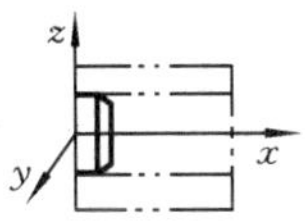	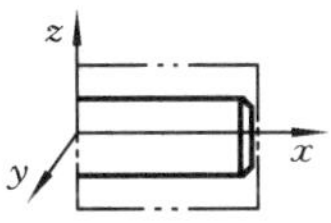	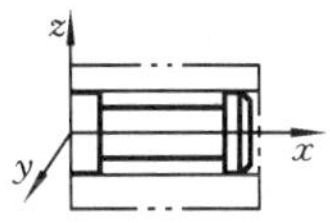
圆孔	圆柱销	限制的自由度	$\vec{y}$ $\vec{z}$	$\vec{y}$ $\vec{z}$ $\overset{\frown}{y}$ $\overset{\frown}{z}$	$\vec{y}$ $\vec{z}$ $\overset{\frown}{y}$ $\overset{\frown}{z}$
圆孔	圆柱销	定位情况	菱形销	长销小平面组合	短销大平面组合
圆孔	圆柱销	图示	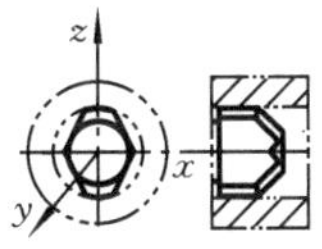	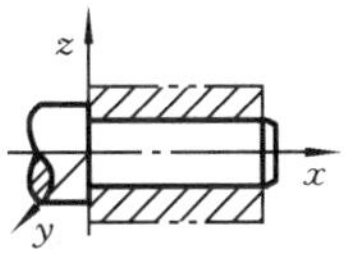	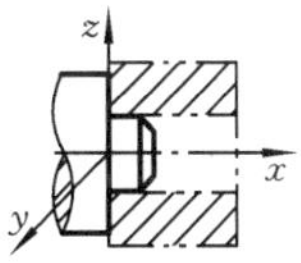
圆孔	圆柱销	限制的自由度	$\vec{z}$	$\vec{x}$ $\vec{y}$ $\vec{z}$ $\overset{\frown}{y}$ $\overset{\frown}{z}$	$\vec{x}$ $\vec{y}$ $\vec{z}$ $\overset{\frown}{y}$ $\overset{\frown}{z}$
圆孔	圆锥销	定位情况	固定锥销	浮动锥销	固定锥销与浮动锥销组合
圆孔	圆锥销	图示	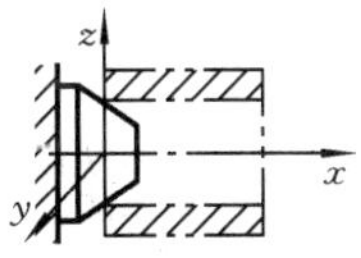	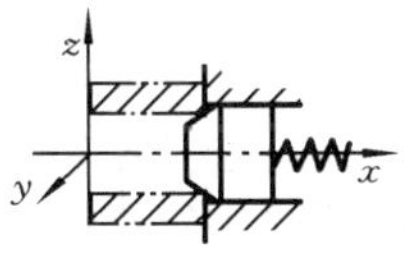	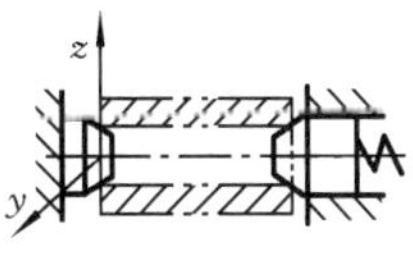
圆孔	圆锥销	限制的自由度	$\vec{x}$ $\vec{y}$ $\vec{z}$	$\vec{y}$ $\vec{z}$	$\vec{x}$ $\vec{y}$ $\vec{z}$ $\overset{\frown}{y}$ $\overset{\frown}{z}$
圆孔	心轴	定位情况	长圆柱心轴	短圆柱心轴	小锥度心轴
圆孔	心轴	图示	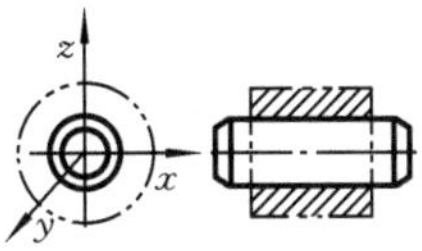	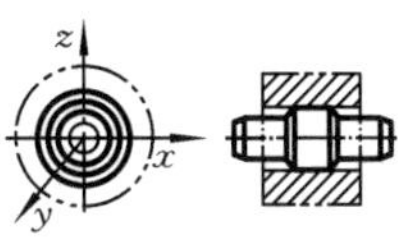	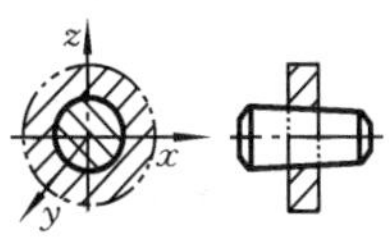
圆孔	心轴	限制的自由度	$\vec{x}$ $\vec{z}$ $\overset{\frown}{x}$ $\overset{\frown}{z}$	$\vec{x}$ $\vec{z}$	$\vec{x}$ $\vec{z}$

续表

工件的定位面		夹具的定位元件			
外圆柱面	V形块	定位情况	一块短V形块	两块短V形块	一块长V形块
		图示			
		限制的自由度	$\vec{x}\ \vec{z}$	$\vec{x}\ \vec{z}\ \widehat{x}\ \widehat{z}$	$\vec{x}\ \vec{z}\ \widehat{x}\ \widehat{z}$
	定位套	定位情况	一个短定位套	两个短定位套	一个长定位套
		图示			
		限制的自由度	$\vec{x}\ \vec{z}$	$\vec{x}\ \vec{z}\ \widehat{x}\ \widehat{z}$	$\vec{x}\ \vec{z}\ \widehat{x}\ \widehat{z}$
圆锥孔	锥顶尖和锥度心轴	定位情况	固定顶尖	浮动顶尖	锥度心轴
		图示			
		限制的自由度	$\vec{x}\ \vec{y}\ \vec{z}$	$\vec{y}\ \vec{z}$	$\vec{x}\ \vec{y}\ \vec{z}\ \widehat{y}\ \widehat{z}$

3. 工件定位时的几种现象

加工时工件的定位需要限制几个自由度,完全由工件的加工要求所决定。

1) 完全定位

工件的六个自由度完全被限制的定位称为完全定位。图 2-21(a)所示为用立铣刀采用定程法加工六面体工件上的槽,要求保证工序尺寸 A、B、C,保证槽的侧面和底面分别与工件的侧面和底面平行。加工时就必须限制全部六个自由度,即完全定位。

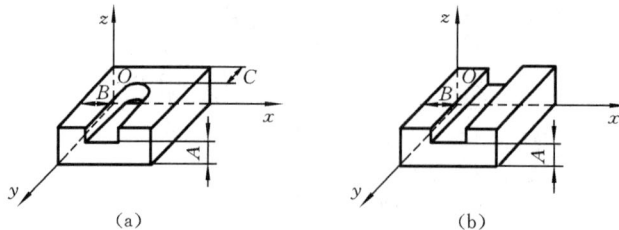

(a)　　　　　　　　　(b)

图 2-21　不同加工表面的要求

2) 不完全定位

根据加工要求,并不需要限制工件全部自由度的定位,称为不完全定位。如图 2-21(b)所示,在工件上铣通槽,要求保证工序尺寸 A、B 及槽的两侧面和底面分别平行于工件的侧面和底面,那么加工时只要限制除 $\vec{y}$ 以外的其余五个自由度就行了。

3）欠定位

根据加工要求,工件应该限制的自由度未被限制,这样的定位方式称为欠定位。在夹具设计中欠定位是不允许的。例如在图 2-21(a)中,若 $\vec{y}$ 没有被限制,出现欠定位,就无法保证尺寸 C 的精度。

4）过定位

工件的同一自由度被两个或两个以上的支承点重复限制的定位方式,称为过定位。通常过定位的结果将使工件的定位精度受到影响,定位不确定或使工件(或定位件)产生变形。所以在一般情况下,过定位是应该避免的。图 2-22(a)所示为某工件以孔与端面联合定位情况,长销与工件孔配合限制工件 $\vec{x}$、$\hat{z}$、$\vec{y}$、$\hat{y}$ 四个自由度,支承大端面限制工件 $\hat{x}$、$\vec{y}$、$\vec{z}$ 三个自由度,可见 $\hat{x}$、$\vec{y}$ 被两个定位元件重复限制,出现过定位。由于工件孔和端面间、长销轴线与支承平面间存在着垂直度误差,因此工件定位时,支承平面与工件端面之间将产生不完全接触,若用夹紧力迫使其接触,则会造成定位销或工件发生变形。不论是工件还是夹具的定位元件发生变形,其结果都将破坏工件的定位要求,从而严重影响工件的定位精度。

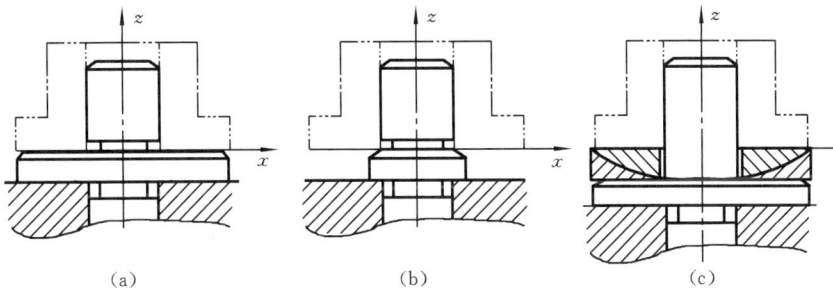

图 2-22   工件过定位情况及改善措施

消除过定位及其干涉一般有两个途径。一是改变定位元件的结构,以消除被重复限制的自由度。如将大端面改为小端面(见图 2-22(b)),又如在工件与大端面间加球形垫圈(见图 2-22(c))。二是提高工件定位基面之间及夹具定位元件工作表面之间的位置精度,以减少或消除过定位引起的干涉。

4. 定位方式及定位元件

工件定位方式不同,夹具定位元件的结构形式也不同,这里只介绍几种常用定位方式及所用定位元件。实际生产中使用的定位元件都是这些基本定位元件的组合。

1）工件以平面定位

机械加工中,利用工件上一个或几个平面作为定位基准来限制工件自由度的定位方式,称为平面定位,如机座、箱体盘盖类零件,多以平面作定位基准。以平面作定位基准所用的定位元件主要是基本支承,包括固定支承(如支承钉、支承板等)、可调支承和自位支承,另外还有辅助支承。

(1) 支承钉。

常用支承钉的结构形式如图 2-23 所示。平头支承钉(见图 2-23(a))用于支承精基准面;

球头支承钉(见图 2-23(b))用于支承粗基准面;网纹顶面支承钉(见图 2-23(c))能产生较大的摩擦力,但网槽中的切屑不易清除,常用在工件以粗基准定位且要求产生较大摩擦力的侧面定位场合。一个支承钉相当于一个支承点,限制一个自由度;在一个平面内,两个支承钉限制两个自由度;不在同一直线上的三个支承钉限制三个自由度。

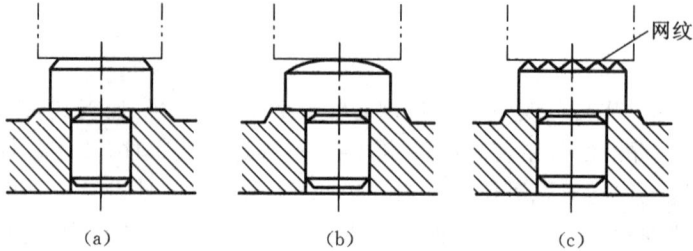

图 2-23　常用支承钉的结构形式

(2) 支承板。

常用支承板的结构形式如图 2-24 所示。平面型支承板(见图 2-24(a))结构简单,但沉头螺钉处清理切屑比较困难,适于作侧面和顶面定位;带斜槽型支承板(见图 2-24(b))在带有螺钉孔的斜槽中允许容纳少许切屑,适于作底面定位。当工件定位平面较大时,常用几块支承板组合成一个平面。一个支承板相当于两个支承点,限制两个自由度;两个(或多个)支承板组合,相当于一个平面,可以限制三个自由度。

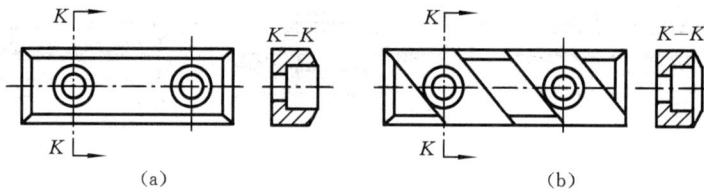

图 2-24　常用支承板的结构形式

(3) 可调支承。

支承点位置可以调整的支承称为可调支承。常用可调支承的结构形式如图 2-25 所示。可调支承多用于支承工件的粗基准面,支承高度可以根据需要进行调整,调整到位后用螺母锁紧。一般每批工件(毛坯)调整一次。可调支承也可用作成组夹具的调整元件。一个可调支承限制一个自由度。

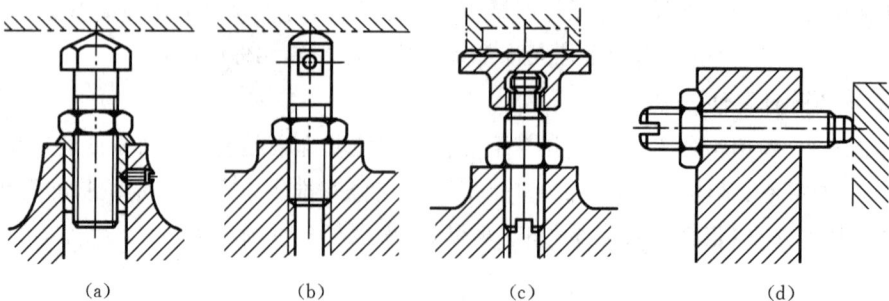

图 2-25　常用可调支承的结构形式

（4）自位支承。

自位支承在定位过程中,支承本身可以随工件定位基准面的变化而自动调整并与之相适应。常用自位支承的结构形式如图 2-26 所示。由于自位支承是活动的或是浮动的,无论结构上是两点或三点支承,其实质只起一个支承点的作用,因此自位支承只限制一个自由度。使用自位支承的目的在于增加与工件的接触点,减小工件变形或减少接触应力。

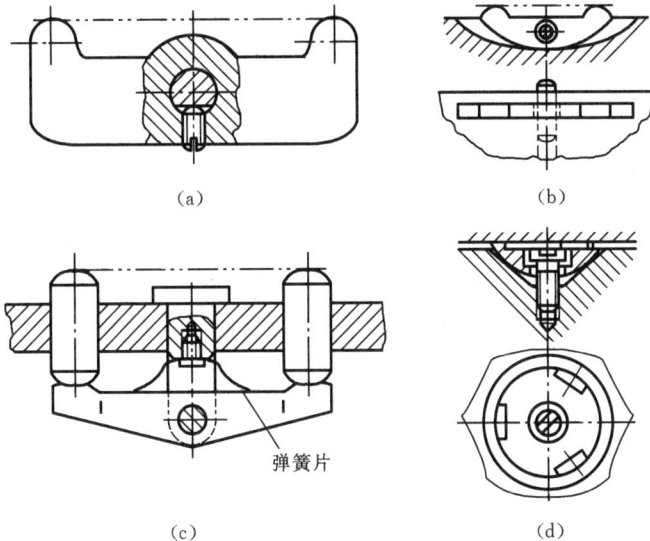

图 2-26　常用自位支承的结构形式

（5）辅助支承。

辅助支承是在工件定位后参与支承的元件,它不起定位作用,不能限制工件的自由度,只用来增加工件在加工过程中的刚度。图 2-27 列出了辅助支承的几种结构形式:图(a)所示结构简单,但在调整时支承钉要转动,会损坏工件表面,也容易破坏工件定位;图(b)所示结构在旋转螺母 1 时,支承螺钉 2 受装在套筒 4 键槽中的止动销 3 的限制,只作直线移动;图(c)所示为自动调节支承,支承销 6 受下端弹簧 5 的推力作用与工件接触,当工件定位夹紧后,回转手柄 9,通过锁紧螺钉 8 和斜面顶销 7,将支承销 6 锁紧;图(d)所示为推式辅助支承,支承滑柱 11 通过推杆 10 向上移动与工件接触,然后回转手柄 13,通过钢球 14 和半圆键 12 将支承滑柱 11 锁紧。

2）工件以圆孔定位

套筒、法兰盘、拨叉等工件以孔作为定位基准的定位方式。工件以圆孔定位所用定位元件有定位销、圆锥销和定位心轴等。

（1）定位销。

定位销分为固定式和可换式两类,每类中又可分为圆柱销和菱形销两种。它们主要用于零件上的小孔定位,直径一般不大于 50 mm。图 2-28 所示为各种圆柱销的结构:图 2-28(a)用于直径小于 10 mm 的孔;图 2-28(b)为带凸肩的定位销;图 2-28(c)为直径大于 16 mm 的定位销;图 2-28(d)为带有衬套的定位销,它便于磨损后进行更换。图 2-29 所示为菱形销,它也有上述四种结构。为便于工件顺利装入,定位销的头部应有 15°倒角。

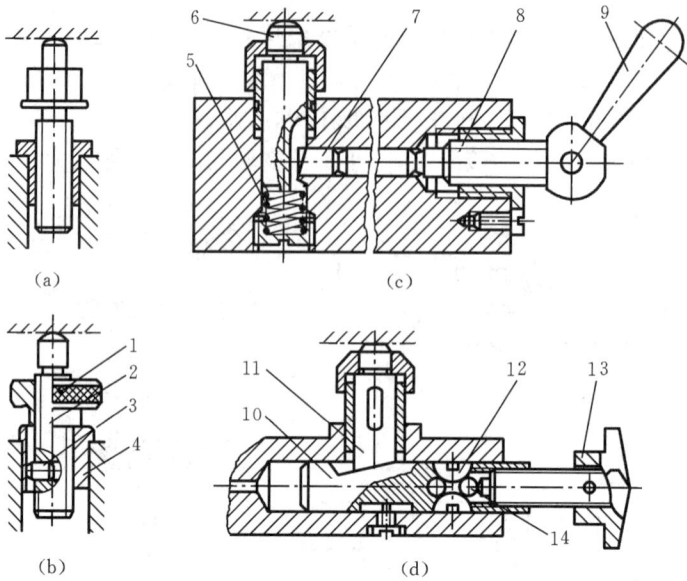

图 2-27 辅助支承的结构形式

1—旋转螺母;2—支承螺钉;3—止动销;4—套筒;5—弹簧;6—支承销;
7—斜面顶销;8—锁紧螺钉;9、13—手柄;10—推杆;11—支承滑柱;12—半圆键;14—钢球

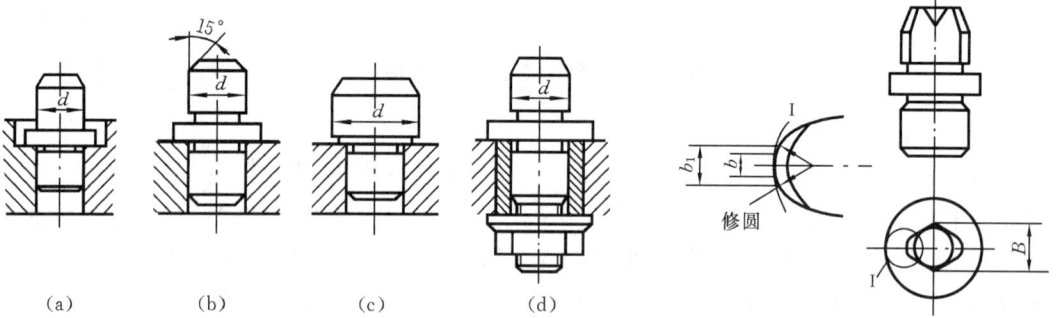

图 2-28 圆柱销的结构形式

(a) $d \leqslant 10$;(b) $d > 10 \sim 16$;(c) $d > 16$;(d) $d > 10 \sim 16$

图 2-29 菱形销的结构形式

（2）圆锥销。

图 2-30 所示为工件以孔在圆锥销上定位的情况,其中图 2-30(a)所示的用于粗基准,图 2-30(b)所示的用于精基准,可限制三个移动自由度。由于孔与锥销只能在圆周上作线接触,工件容易倾斜,为避免这种现象产生,常和其他元件组合定位。如图 2-30(c)所示,工件以底面安放在定位圆环的端面上,圆锥销依靠弹簧力插入定位孔中,这样消除了孔和圆锥销间的间隙,使圆锥销起到较好的定心作用,此时圆锥销只限制两个自由度,而定位圆环端面可限制工件三个自由度,避免了工件轴线倾斜。

（3）定位心轴。

定位心轴主要用于加工盘类或套类零件时的定位。常用的几种心轴如图 2-31 所示,图 2-31(a)为过盈配合心轴,限制工件四个自由度;图 2-31(b)为间隙配合心轴,其中心轴外圆部分限制四个自由度,轴肩面限制一个自由度,共限制工件五个自由度;图 2-31(c)为小锥度

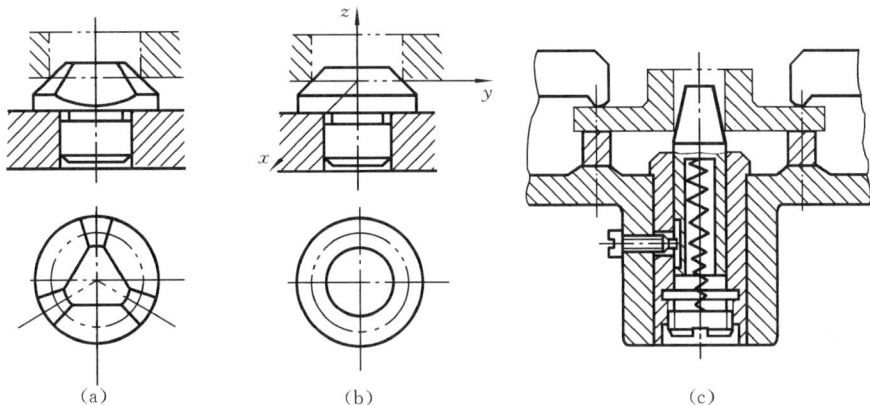

图 2-30 圆锥销的结构形式

(1：5 000～1：1 000)心轴,装夹工件时,通过工件孔和心轴接触表面的弹性变形夹紧工件,使用小锥度心轴定位可获得较高的定心精度(可达 ϕ 0.005～0.01 mm,但轴向基准位移较大),可以限制五个自由度。

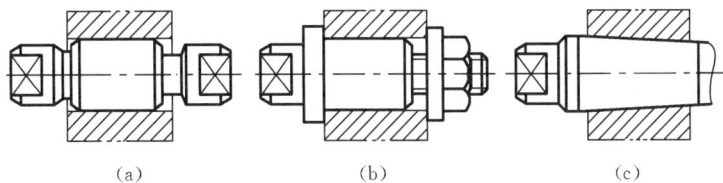

图 2-31 定位心轴

3) 工件以外圆柱面定位

工件以外圆柱面定位在生产中较常用到,如轴套类零件的加工等。经常使用的定位元件有 V 形块、定位套、半圆套等。

(1) V 形块。

工件以外圆柱面支承定位时常用的定位元件是 V 形块。V 形块两斜面之间的夹角一般取 60°、90°或 120°,其中 90°最多。90°夹角 V 形块结构已标准化(见图 2 32)。使用 V 形块定位的特点是:①对中性好;②可用于非完整外圆表面的定位。V 形块有长短之分(见表 2-6);V 形块又有固定和活动之分,其中活动 V 形块在可移动方向上对工件不起定位作用。

V 形块在夹具中的安装尺寸 T 是 V 形块的主要设计参数,该尺寸常作为 V 形块检验和调整的依据。由图 2-32 可以求出

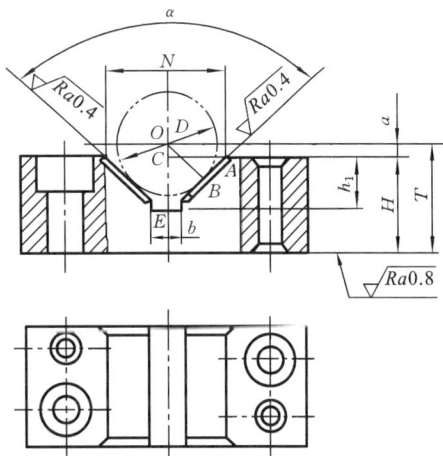

图 2-32 V 形块

$$T = H + \frac{1}{2}\left(\frac{D}{\sin\frac{\alpha}{2}} - \frac{N}{\tan\frac{\alpha}{2}} \right) \tag{2-1}$$

式中:D——V 形块检验心轴直径,即工件定位基准直径(mm);

　　H——V 形块高度(mm);

　　α——V 形块两工作平面间的夹角;

　　T——V 形块的标准定位高度,即检验心轴中心高(mm)。

(2)定位套。

工件以外圆柱面在定位套(圆孔)中定位,与前述的孔在心轴或定位销上的定位情况相似,只是外圆与孔的作用正好对换。

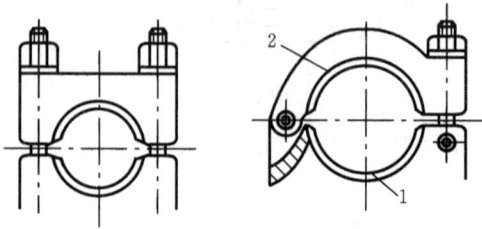

(3)半圆套。

当工件尺寸较大或基准外圆不便直接插入定位套的圆柱孔中时,可用半圆套定位。如图 2-33 所示,采用这种定位方法时,定位套切成上、下两个部分,下半部 1 固定在夹具体上,上半部 2 装在铰链盖板上,前者起定位作用,后者起夹紧作用。半圆套的定位情况与 V 形块的基本相同,但基准外圆与 V 形块只有两条母线接触,当夹紧力大时,接触应力大,容易损坏工件表面;而采用半圆孔定位时,接触面积增大,可避免上述缺点。但应注意,工件基准外圆直径精度不应低于 IT8~IT9 级,否则与定位半圆接触不良,以致实际上只有一条母线接触。

图 2-33　半圆套
1—定位套下半部;2—定位套上半部

4)工件以组合表面定位

在实际生产中为满足加工要求,有时采用几个定位面相结合的方式进行定位,称为组合表面定位。常见的组合形式有:两顶尖孔、一端面一孔、一端面一外圆、一面两孔等,与之相对应的定位元件也是组合式的。例如:长轴类零件采用双顶尖组合定位;箱体类零件采用一面双销组合定位。

几个表面同时参与定位时,各定位基准(基面)在定位中所起的作用有主次之分。例如,轴以两顶尖孔在车床前后顶尖上定位时,前顶尖孔为主要定位基面,前顶尖限制三个自由度,后顶尖只限制两个自由度。

5.定位误差的分析与计算

使用夹具加工工件时,影响被加工零件位置精度的误差因素很多,其中来自夹具方面的有:定位误差,夹紧误差,对刀或导向误差以及夹具的制造与安装误差等;来自加工过程方面的误差有:工艺系统(除夹具外)的几何误差,受力变形,受热变形,磨损以及各种随机因素所造成的加工误差。上述各项因素所造成的误差总和应当不超过工件允许的工序公差才能使工件加工合格。可以用下列加工误差不等式表示它们之间的关系:

$$\Delta_D + \Delta_{az} + \Delta_{gc} \leqslant \delta_k$$

式中:Δ_D——与定位有关的误差,简称定位误差;

　　Δ_{az}——与夹具有关的其他误差,简称夹具安装误差;

　　Δ_{gc}——加工过程误差;

　　δ_k——工件的工序公差。

在设计夹具时,应尽量减小与夹具有关的误差,以满足加工精度的要求。在作初步估算时,可粗略地先按三项误差平均分配,各项误差不超过相应工序公差的 1/3。下面仅对其中的定位误差 Δ_D 进行分析和计算。

1) 定位误差及其产生的原因

定位误差是指一批工件在夹具中定位时,工件的工序基准在工序尺寸方向或加工要求方向上的最大变化量。引起定位误差的原因有两项:一项是基准不重合误差,另一项是基准位移误差。

(1) 基准不重合误差 Δ_B。

在定位方案中,因工件的工序基准与定位基准不重合而造成的加工误差,称为基准不重合误差,以 Δ_B 表示。如图 2-34 所示,其中图(a)为工序简图,在工件上铣缺口,加工尺寸为 A 和 B;图(b)是加工示意图。工件以底面和 E 面定位,尺寸 C 是确定夹具与刀具相互位置的对刀尺寸,在一批工件的加工过程中,尺寸 C 的大小是不变的。对尺寸 A 而言,工序基准是 F 面,定位基准是 E 面,两者不重合。当一批工件逐个在夹具上定位时,受尺寸 $S\pm(T_S/2)$ 的影响,工序基准 F 面的位置是变动的,而 F 面的变动影响了尺寸 A 的大小,给尺寸 A 造成误差,这就是基准不重合误差。

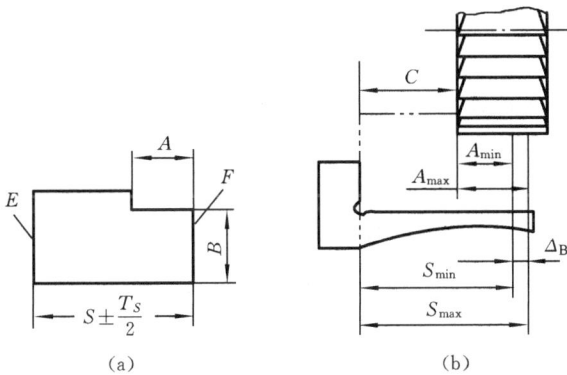

(a)　　　　　　　　　　　(b)

图 2-34　基准不重合误差

显然,基准不重合误差的大小等于因定位基准与工序基准不重合而造成的加工尺寸的变动范围,即

$$\Delta_B = A_{max} - A_{min} = S_{max} - S_{min} = T_S$$

S 是定位基准 E 与工序基准 F 间的距离尺寸,称为定位尺寸。这样,当工序基准的变动方向与加工尺寸的方向相同时,基准不重合误差等于定位尺寸的公差,即

$$\Delta_B = T_S$$

注意,当工序基准的变动方向与加工尺寸的方向成夹角时,基准不重合误差等于定位尺寸的公差在加工尺寸方向上的投影。

(2) 基准位移误差 Δ_Y。

工件在夹具中定位时,由于定位副(工件的定位表面与定位元件的工作表面)的制造公差和最小配合间隙的影响,定位基准在加工尺寸方向上产生位移,导致各个工件的位置不一致,造成加工误差,这个误差称为基准位移误差,用 Δ_Y 表示。

图 2-35(a)是在圆柱面上铣槽的工序简图,工序尺寸为 A 和 B。图 2-35(b)是加工示意

图,工件以内孔 D 在圆柱心轴(直径为 d)上定位,O 是心轴轴心,即调刀基准,C 是对刀尺寸。尺寸 A 的工序基准是内孔中心线,定位基准也是内孔中心线,两者重合,$\Delta_B=0$。但是,由于定位副(工件内孔面与心轴圆柱面)有制造误差和配合间隙,使得定位基准(工件内孔中心线)与调刀基准(心轴轴线)不能重合,在夹紧力 F_J 的作用下,定位基准相对于调刀基准下移了一段距离。定位基准的位置变动影响到尺寸 A 的大小,造成了尺寸 A 的误差,这个误差就是基准位移误差。

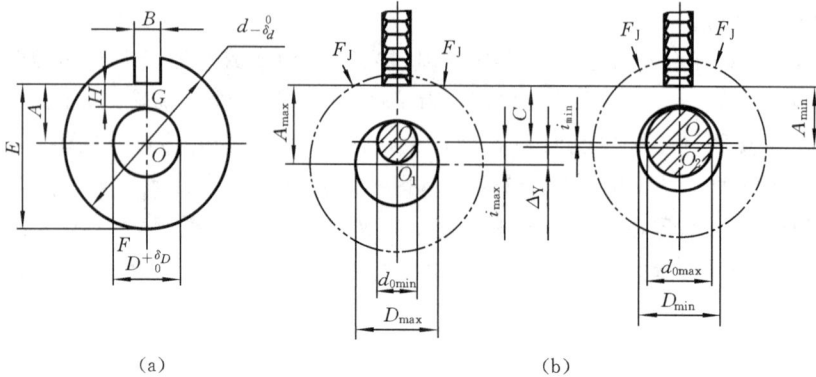

图 2-35　基准位移误差

同样,基准位移误差的大小应等于因定位基准与调刀基准不重合造成的加工尺寸的变动范围。

由图 2-35(b)可知,当工件孔的直径为最大(D_{max}),定位销直径为最小(d_{0min})时,定位基准的位移量 i 为最大($i_{max}=\overline{OO_1}$),此时加工尺寸 A 也最大(A_{max});当工件孔的直径为最小(D_{min}),定位销直径为最大(d_{0max})时,定位基准的位移量 i 为最小($i_{min}=\overline{OO_2}$),此时加工尺寸 A 也最小(A_{min})。因此

$$\Delta_Y = A_{max} - A_{min} = i_{max} - i_{min} = \delta_i$$

式中:i——定位基准的位移量;

　　　δ_i——一批工件定位基准的变动范围。

当定位基准的变动方向与加工尺寸的方向不一致,两者之间成夹角 α 时,基准位移误差等于定位基准的变动范围在加工尺寸方向上的投影,即

$$\Delta_Y = \delta_i \cos\alpha$$

因此,基准位移误差 Δ_Y 是一批工件逐个在夹具上定位时,定位基准相对于调刀基准的最大变化范围 δ_i 在加工尺寸方向上的投影。

2) 定位误差的计算方法

定位误差的常用计算方法为合成法。

由于定位基准与工序基准不重合以及定位基准与调刀基准不重合是造成定位误差的原因,因此,定位误差应是基准不重合误差与基准位移误差的矢量合成。计算时,可先算出 Δ_B 和 Δ_Y,然后将两者矢量合成得到 Δ_D,即

$$\Delta_D = \Delta_Y \pm \Delta_B$$

其中,"+""−"号的确定方法为:① 分析定位基面直径由小变大(或由大变小)时,定位基准的变动方向;② 当定位基面直径作同样变化时,设定位基准的位置不变动,分析工序基准的变动

方向；③ 判断两者的变动方向，相同时，取"＋"号；相反时，取"－"号。

例 2-1　用合成法求图 2-35 所示加工尺寸 E 的定位误差。

解　(1) 加工尺寸 E 的工序基准为工件外圆面的下母线 F，而定位基准为工件内孔中心线 O，两者不重合，存在基准不重合误差 Δ_B，其大小等于尺寸 $\overline{OF}$ 的公差在加工尺寸方向上的投影，因 $\overline{OF}$ 与加工尺寸 E 方向一致，所以 $\Delta_B = \delta_d / 2$。

(2) 定位基准与调刀基准不重合，存在基准位移误差 Δ_Y。因为定位基准的变动方向与加工尺寸的方向一致，即 $\alpha = 0$，$\cos\alpha = 1$，故

$$\Delta_Y = \delta_i \cos\alpha = i_{max} - i_{min} = X_{max}/2 - X_{min}/2 = (\delta_D + \delta_{d0})/2$$

式中：X_{max}——孔、轴配合最大间隙；

X_{min}——孔、轴配合最小间隙。

(3) 因为工序基准和定位基准变动方向相同，所以

$$\Delta_D = \Delta_Y + \Delta_B = (\delta_D + \delta_{d0} + \delta_d)/2$$

例 2-2　求图 2-35 中加工尺寸 H 的定位误差。

解　(1) 工序基准是孔的上母线 G，定位基准为孔的中心线 O，基准不重合，基准不重合误差为 $\Delta_B = \delta_D / 2$。

(2) 定位基准与调刀基准不重合，由例 2-1 可知，$\Delta_Y = (\delta_D + \delta_{d0})/2$。

(3) 当定位孔由小变大时，Δ_Y（或定位基准 O）向下移动，而 Δ_B（或工序基准 G）则向上变动（考虑工序基准变动方向时，设定位基准的位置不变），两者方向相反，故取"－"号，所以

$$\Delta_D = \Delta_Y - \Delta_B = \delta_{d0}/2$$

由此例可见，合成法直观，有助于初学者理解定位误差产生的原因。一般采用合成法计算定位误差。本书即采用合成法计算。

3）定位误差计算实例

例 2-3　图 2-36 为在金刚镗床上镗活塞销孔的示意图，活塞销孔轴线对活塞裙部内孔中心线的对称度要求为 0.2 mm。以裙部内孔及端面定位，内孔与定位销的配合为 $\phi 95 \dfrac{H7}{g6}$。求对称度的定位误差，并分析定位质量。

解　查表得 $\phi 95 H7 = \phi 95^{+0.035}_{0}$ mm，$\phi 95 g6 = \phi 95^{-0.012}_{-0.034}$ mm。

(1) 对称度的工序基准是裙部内孔中心线，定位基准也是裙部内孔中心线，两者重合，故 $\Delta_B = 0$。

(2) 由于定位销垂直放置，定位基准可任意方向移动，因此

$$\delta_i = \frac{\delta_D + \delta_d + X_{min}}{2} = \frac{D_{max} - d_{min}}{2}$$

$$\Delta_Y = 2\delta_i = D_{max} - d_{min}$$
$$= [95.035 - (95 - 0.034)]\text{mm} = 0.069 \text{ mm}$$

(3) $\Delta_D = \Delta_Y = 0.069$ mm。

(4) 由于 $\Delta_D = 0.069$ mm $\approx \dfrac{1}{3} \times 0.2$ mm $= 0.067$ mm，

因此该定位方案可行。

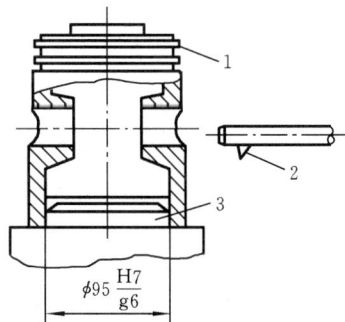

图 2-36　镗活塞销孔示意图
1—工件；2—镗刀；3—定位销

例 2-4 铣如图 2-37 所示工件上的键槽,工件以外圆柱面 $d_{-\delta_d}^{\ 0}$ 在 $\alpha = 90°$ 的 V 形块上定位,求工序尺寸分别为 A_1、A_2、A_3 时的定位误差。

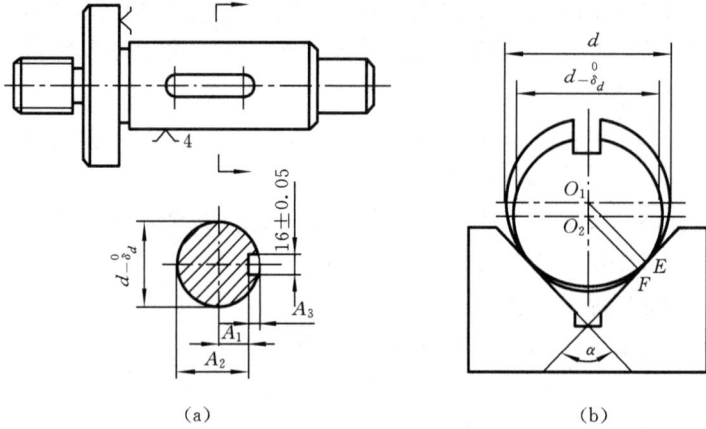

图 2-37　铣槽工序

(a) 工序简图;(b) 定位误差分析

解　(1) 计算 A_1 的定位误差。

① 工序基准是圆柱轴线,定位基准也是圆柱轴线,两者重合,$\Delta_B = 0$。

② 由图 2-37(b)可知,由于工件外圆柱面直径有制造误差,由此产生的基准位移误差为

$$\Delta_Y = \overline{O_1 O_2} = \frac{d}{2\sin(\alpha/2)} - \frac{d - \delta_d}{2\sin(\alpha/2)} = \frac{\delta_d}{2\sin(\alpha/2)}$$

③ $\Delta_{DA_1} = \Delta_Y = \dfrac{\delta_d}{2\sin(\alpha/2)}$。

(2) 计算 A_2 的定位误差。

① 工序基准是圆柱下母线,定位基准是圆柱轴线,两者不重合,$\Delta_B = \delta_d/2$。

② 同理,基准位移误差 $\Delta_Y = \dfrac{\delta_d}{2\sin(\alpha/2)}$。

③ 工序基准在定位基面上。当定位基面直径由大变小时,定位基准朝下变动;当定位基准位置不动、定位基面直径由大变小时,工序基准朝上变动。两者的变动方向相反,取"一"号,故

$$\Delta_{DA_2} = \Delta_Y - \Delta_B = \frac{\delta_d}{2\sin(\alpha/2)} - \frac{\delta_d}{2} = \frac{\delta_d}{2}\left[\frac{1}{\sin(\alpha/2)} - 1\right]$$

(3) 计算 A_3 的定位误差。

① 定位基准与工序基准不重合,$\Delta_B = \delta_d/2$。

② $\Delta_Y = \dfrac{\delta_d}{2\sin(\alpha/2)}$。

③ 工序基准在定位基面上。当定位基面直径由大变小时,定位基准朝下变动;当定位基准位置不动,定位基面直径由大变小时,工序基准也朝下变动。两者变动方向相同,取"+"号,故

$$\Delta_{DA_3} = \Delta_Y + \Delta_B = \frac{\delta_d}{2\sin(\alpha/2)} + \frac{\delta_d}{2} = \frac{\delta_d}{2}\left[\frac{1}{\sin(\alpha/2)} + 1\right]$$

通过该例可知:在 α 与 δ_d 相同的情况下,定位误差随着加工尺寸的标注而异,以下母线为工序基准时,定位误差最小。而以上母线为工序基准时,定位误差最大。故控制轴类零件键槽深度的尺寸,多以下母线作为工序基准,或以轴心线作为工序基准。

2.2.4 工件在夹具中的夹紧

1. 夹紧装置的组成

工件在夹具中正确定位后,由夹紧装置将工件夹紧。夹紧装置由以下 3 部分组成(见图 2-38)。

(1)动力装置,产生夹紧动力的装置。

(2)夹紧元件,直接用于夹紧工件的元件。

(3)中间传力机构,将原动力以一定的大小和方向传递给夹紧元件的机构。

在图 2-38 中,气缸 1 为动力装置,压板 4 为夹紧元件,由斜楔 2、滚子 3 和杠杆等组成的斜楔铰链传力机构为中间传力机构。在有些夹具中,夹紧元件(如图 2-38 中的压板 4)往往就是中间传力机构的一部分,难以区分,统称为夹紧机构。

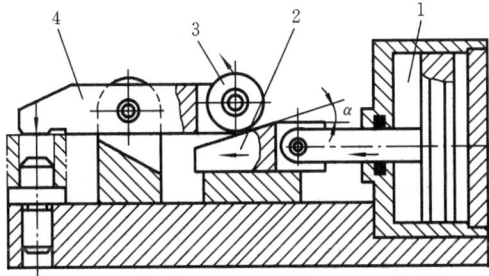

图 2-38 夹紧装置的组成

1—气缸;2—斜楔;3—滚子;4—压板

2. 对夹紧装置的要求

(1)夹紧过程不得破坏工件在夹具中占有的定位位置。

(2)夹紧力要适当,既要保证工件在加工过程中定位的稳定性,又要防止因夹紧力过大损伤工件表面或使工件产生过大的夹紧变形。

(3)操作安全、省力。

(4)结构应尽量简单,便于制造、维修。

3. 夹紧力的确定

1)夹紧力作用点的选择

(1)夹紧力的作用点应正对定位元件或位于定位元件所形成的支承面内。图 2-39 所示夹具的夹紧力作用点就违背了这项原则,夹紧力作用点位于定位元件 1 之外,使工件 2 发生翻转,破坏了工件的定位位置。图 2-39 中实线箭头给出了夹紧力作用点的正确位置。

(2)夹紧力的作用点应位于工件刚度较好的部位。图 2-40(a)所示夹紧方案,连杆容易产生变形;图 2-40(b)所示夹紧方案,工件刚度较大,工件变形小。

(3)夹紧力作用点应尽量靠近加工表面,使夹紧稳固可靠。在图 2-41 所示两种滚齿加工工件装夹方案中,图 2-41(a)中夹紧力的作用点离工件加工面远,不正确;图 2-41(b)中夹紧力

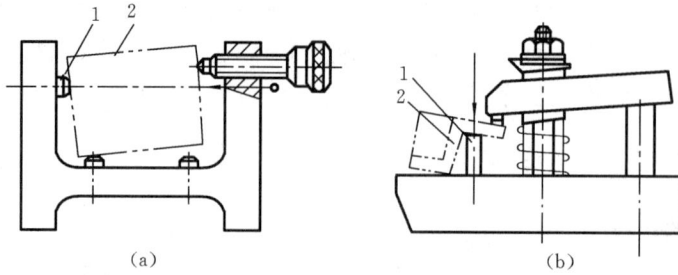

图 2-39　夹紧力作用点的选择

1—定位元件；2—工件

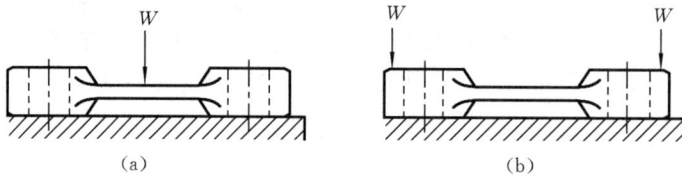

图 2-40　夹紧力的作用点应位于工件刚度较好的部位

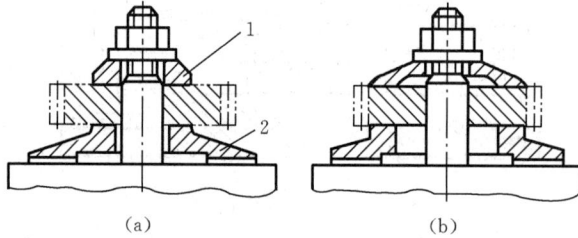

图 2-41　夹紧力的作用点应靠近加工表面

1—压盖；2—基座

的作用点选择正确。

2）夹紧力作用方向的选择

（1）夹紧力的作用方向应垂直于工件的主要定位基面。图 2-42 所示镗孔工序要求保证孔中心线与 A 面垂直，夹紧力方向应与 A 面垂直。图 2-42（a）所选夹紧力作用方向正确；图 2-42（b）所选夹紧力作用方向不正确。

（2）夹紧力的作用方向应尽可能与切削力、工件重力方向一致，以减少所需夹紧力。

（3）夹紧力的作用方向应尽量与工件刚度最大的方向相一致，以减少工件变形。如图 2-43 所示，由于工件的轴向刚度比径向刚度大，故采用图 2-43（b）所示的夹紧形式，工件不易产生变形，比图 2-43（a）所示的夹紧形式好。

3）夹紧力大小的估算

夹紧力方向和作用点位置确定后，还需合理地确定夹紧力的大小。夹紧力不可过小，否则会因夹紧力不足引起加工过程中工件的位移；夹紧力也不可过大，否则会使工件产生变形。计算夹紧力是一个很复杂的问题，一般只能粗略地估算。因为在加工过程中，工件受到切削力、重力、离心力和惯性力等的作用，从理论上讲，夹紧的作用效果必须与上述作用力（矩）相平

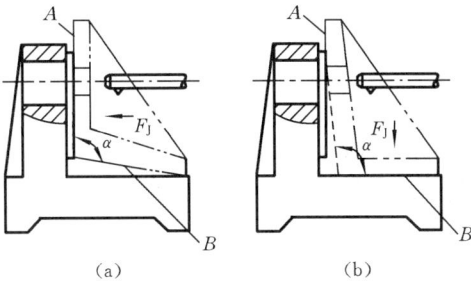

图 2-42   夹紧力的方向应垂直于主要定位面

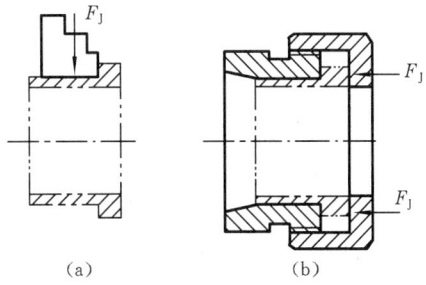

图 2-43   夹紧力的方向应与工件刚度最大方向一致

衡。但是在不同条件下,上述作用力在平衡系中对工件所起的作用各不相同。如采用一般切削规范加工中、小工件时起决定作用的因素是切削力(矩);加工笨重的大型工件时,还须考虑工件的重力作用;高速切削时,不能忽视离心力和惯性力的作用。此外,影响切削力的因素也很多,例如工件材质不均,加工余量大小不一致,刀具的磨损程度以及切削时的冲击等因素都使得切削力随时发生变化。为简化夹紧力的计算,通常假设工艺系统是刚性的,切削过程是稳定的,在这些假设条件下,根据切削原理公式或切削力计算图表求出切削力,然后找出在加工过程中最不利的瞬时状态,按静力学原理(即夹具和工件处于静力平衡下)求出夹紧力大小。为了保证夹紧可靠,需再乘以安全系数即得实际需要的夹紧力。

$$F_J = KF_{计} \tag{2-2}$$

式中:$F_{计}$——在最不利条件下由静力平衡条件计算求出的夹紧力;

F_J——实际需要的夹紧力;

K——安全系数,一般取 $K = 1.5 \sim 3.0$,粗加工时 K 取较大值,精加工时 K 取较小值。

4. 常用夹紧机构

夹紧机构的种类虽然很多,但其结构大都以斜楔夹紧机构、螺旋夹紧机构和偏心夹紧机构为基础,这三种夹紧机构合称为基本夹紧机构。

1)斜楔夹紧机构

利用斜面直接或间接压紧工件的机构称为斜楔夹紧机构。图 2-44 所示为几种用斜楔夹紧机构夹紧工件的实例。图 2-44(a)所示为用斜楔直接夹紧工件。工件装入后,锤击斜楔大头,夹紧工件。加工完毕后,锤击斜楔小头,松开工件。这种机构夹紧力较小,且操作费时,所以实际生产中常将斜楔与其他机构联合起来使用。图 2-44(b)所示的是由斜楔与滑柱组合而成的一种夹紧机构,可以手动,也可以气压驱动。图 2-44(c)所示的是由端面斜楔与压板组合而成的夹紧机构。

(1)斜楔的夹紧力。

图 2-45(a)所示的是在外力 F_Q 作用下斜楔的受力情况。建立平衡方程式

$$F_1 + F_{Rx} = F_Q \tag{2-3}$$

而

$$F_1 = F_J \tan\varphi_1, \quad F_{Rx} = F_J \tan(\alpha + \varphi_2)$$

所以

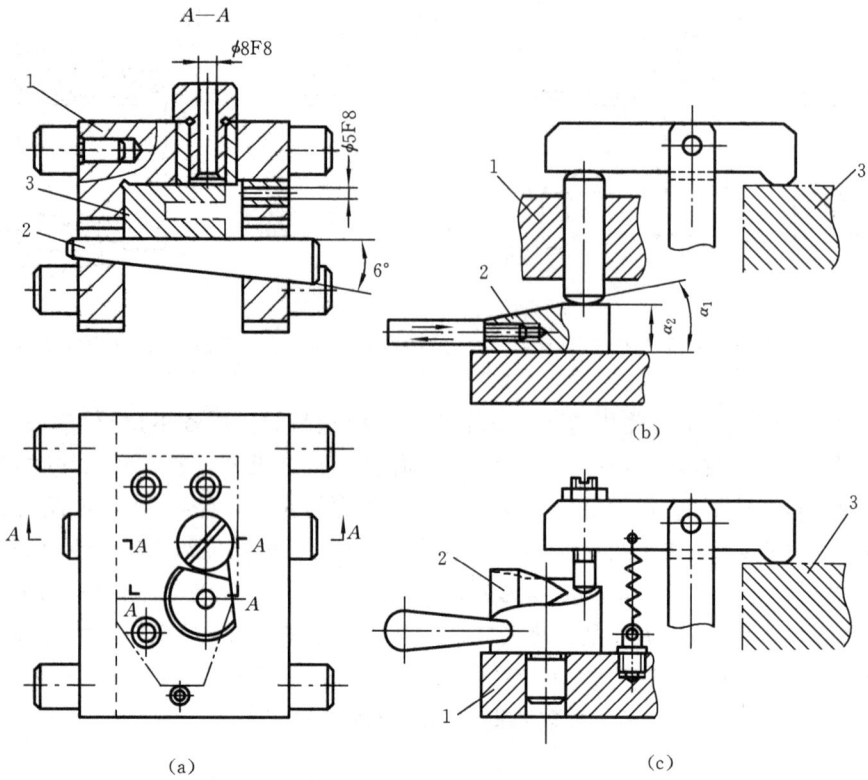

图 2-44　斜楔夹紧机构

1—夹具体；2—斜楔；3—工件

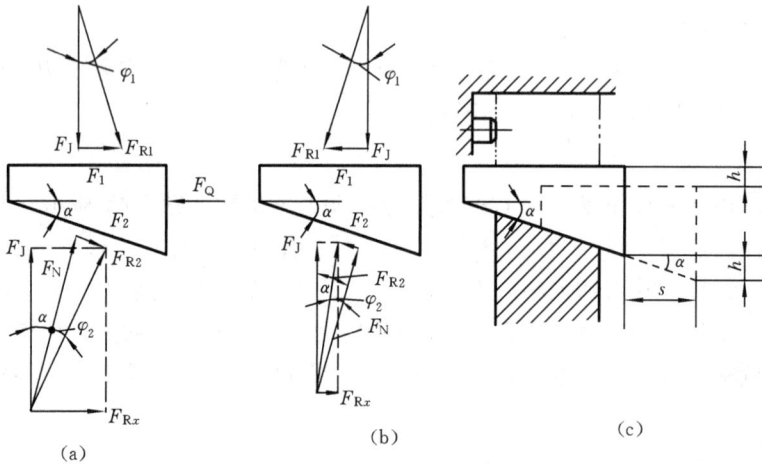

图 2-45　斜楔受力分析

$$F_{\mathrm{J}} = \frac{F_{\mathrm{Q}}}{\tan\varphi_1 + \tan(\alpha + \varphi_2)} \qquad\qquad (2\text{-}4)$$

式中：F_{J}——斜楔对工件的夹紧力(N)；

　　α——斜楔升角(°)；

F_Q——加在斜楔上的作用力(N)；

φ_1——斜楔与工件间的摩擦角($°$)；

φ_2——斜楔与夹具体间的摩擦角($°$)。

设 $\varphi_1 = \varphi_2 = \varphi$，当 α 很小($\alpha \leqslant 10°$)时，可得

$$F_J = \frac{F_Q}{\tan(\alpha + 2\varphi)}$$

(2) 斜楔自锁条件。

图 2-45(b)所示的是作用力 F_Q 撤去后斜楔的受力情况。从图中可看出，要自锁，必须满足下式：

$$F_1 > F_{Rx}$$

因 $F_1 = F_J \tan\varphi_1$，$F_{Rx} = F_J \tan(\alpha - \varphi_2)$，则有

$$F_J \tan\varphi_1 > F_J \tan(\alpha - \varphi_2), \quad \tan\varphi_1 > \tan(\alpha - \varphi_2)$$

由于 φ_1、φ_2、α 都很小，$\tan\varphi_1 \approx \varphi_1$，$\tan(\alpha - \varphi_2) \approx \alpha - \varphi_2$，所以有

$$\varphi_1 > \alpha - \varphi_2, \quad \alpha < \varphi_1 + \varphi_2 \tag{2-5}$$

因此斜楔的自锁条件是：斜楔的升角小于斜楔与工件、斜楔与夹具体之间的摩擦角之和。一般钢件接触面的摩擦系数 $f = 0.10 \sim 0.15$，则得摩擦角 $\varphi = \arctan(0.10 \sim 0.15) = 5°43' \sim 8°30'$，故当 $\alpha \leqslant 10° \sim 14°$ 时自锁。

通常为保证自锁可靠，手动夹紧机构一般取 $\alpha = 6° \sim 8°$。用气压或液压装置驱动的斜楔不需要自锁，可取 $\alpha = 15° \sim 30°$。

(3) 斜楔的扩力比与夹紧行程。

夹紧力与作用力之比称为扩力比($i = F_J/F_Q$)或称增力系数。i 的大小表示夹紧机构在传递力的过程中扩大(或缩小)作用力的倍数。

由夹紧力计算公式可知，斜楔的扩力比为

$$i = \frac{F_J}{F_Q} = \frac{1}{\tan\varphi_1 + \tan(\alpha + \varphi_2)} \tag{2-6}$$

如取 $\varphi_1 = \varphi_2 = 6°$，$\alpha = 10°$，代入式(2-6)，得 $i = 2.6$。可见，在作用力 F_Q 不很大的情况下，斜楔的夹紧力是不大的。

在图 2-45(c)中，h 是斜楔的夹紧行程(mm)，s 是斜楔夹紧工件过程中移动的距离(mm)，则有

$$h = s \tan\alpha$$

由于 s 受到斜楔长度的限制，要增大夹紧行程，就得增大斜角 α，而斜角太大，便不能自锁。当要求机构既能自锁，又有较大的夹紧行程时，可采用双斜角斜楔。如图 2-44(b)所示，斜楔上大斜角的一段使滑柱迅速上升，小斜角的一段确保自锁。

斜楔夹紧机构结构简单，有自锁性，能改变夹紧力的方向，且 α 越小，增力越大，但夹紧行程变小，故一般用于工件毛坯质量高的机动夹紧装置中，且很少单独使用。

2) 螺旋夹紧机构

由螺钉、螺母、垫圈、压板等元件组成的夹紧机构，称为螺旋夹紧机构。螺旋夹紧机构结构简单，容易制造。由于螺旋升角小，螺旋夹紧机构的自锁性能好，夹紧力和夹紧行程都较大，在手动夹具上应用较多。螺旋夹紧机构可以看作是绕在圆柱表面上的斜面，将它展开就相当于

一个斜楔。

图 2-46(a)所示的是一个最简单的螺旋夹紧机构,螺钉头部直接压紧工件表面。这种结构在使用时容易压坏工件表面,而且拧动螺钉时容易使工件产生转动,破坏工件的定位,一般应用较少。图 2-46(b)中螺杆 3 的头部通过活动压块 1 与工件表面接触,拧螺杆时,压块不随螺杆转动,故不会带动工件转动;用压块 1 压工件时,由于承压面积大,故不会压坏工件表面;采用衬套 2 可以提高夹紧机构的使用寿命,螺纹磨损后通过更换衬套 2 可迅速恢复螺旋夹紧功能。

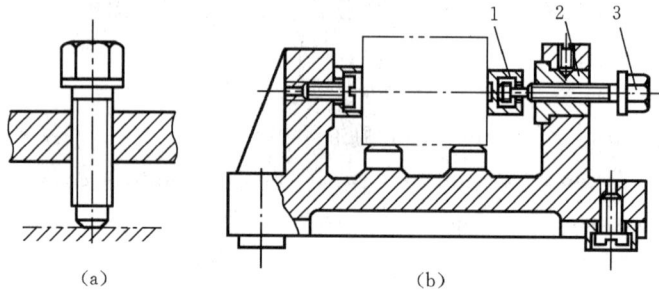

图 2-46　单螺旋夹紧机构
1—活动压块;2—衬套;3—螺杆

图 2-47 所示为螺旋压板夹紧机构。图 2-47(a)中,拧动螺母 1 通过压板 4 压紧工件表面。采用螺旋压板组合夹紧时,由于被夹紧表面的高度尺寸有误差,压板位置不可能一直保持水平,在螺母端面和压板之间设置球面垫圈 2 和锥面垫圈 3,可防止在压板倾斜时,螺栓不致因受弯矩作用而损坏。图 2-47(b)所示螺旋压板夹紧机构通过锥面垫圈将夹紧力均匀地作用在薄壁工件上,可减少夹紧变形。

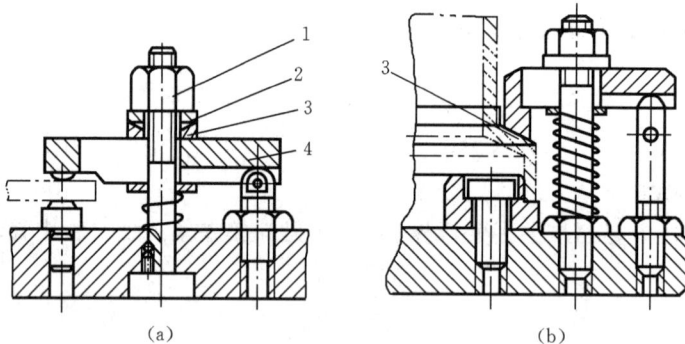

图 2-47　螺旋压板夹紧机构
1—螺母;2—球面垫圈;3—锥面垫圈;4—压板

3)偏心夹紧机构

用偏心件直接或间接夹紧工件的机构称为偏心夹紧机构,偏心夹紧机构是斜楔夹紧机构的一种变形。常用的偏心件是圆偏心轮和偏心轴,图 2-48 所示为常见的一种偏心夹紧机构。偏心夹紧机构操作方便、夹紧迅速,但是夹紧力和夹紧行程都较小。一般用于切削力不大、振动小的场合。铣削加工属断续切削,振动较大,铣床夹具一般都不采用偏心夹紧机构。

上述三种基本夹紧机构都利用斜面原理以增大夹紧力。但扩力比各不同,最大的是螺旋

夹紧机构,如球面单线螺钉夹紧机构,其扩力比为
168~176,而正常结构尺寸的圆偏心夹紧机构,其扩力
比为 12~15,前者比后者大 12~14 倍,比斜楔夹紧机
构大得更多。在使用性能方面,螺旋夹紧机构的工作
行程不受限制,夹紧可靠,但夹紧较费时;圆偏心夹紧
机构则夹紧迅速,但工作行程小,自锁性能比较差。
这两种夹紧方式一般多用于要求自锁的手动夹紧机
构。斜楔夹紧机构因夹紧力不大,常与其他元件组
合成为增力机构。

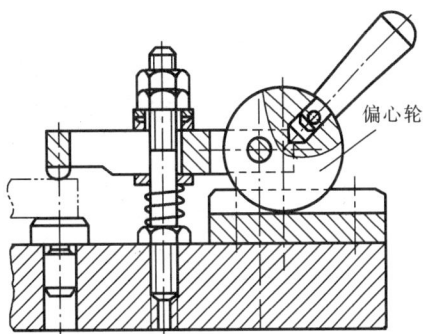

图 2-48　偏心夹紧机构

4) 定心夹紧机构

定心夹紧机构是一种能同时实现对工件定心、定位和夹紧作用的夹紧机构。这种机构在
夹紧过程中能使工件的某一轴线或对称面位于夹具中的指定位置,即实现了定心夹紧作用。
定心夹紧机构中与工件定位基面相接触的元件,既是定位元件,又是夹紧元件,被称为定心-夹
紧元件。

定心夹紧机构,主要是依靠各定心-夹紧元件以相同的速度趋近或退离夹具上的某一中心线
或对称面,使工件定位基面的尺寸偏差平均对称地分配在夹紧方向上,从而实现定心夹紧。一般
定心夹紧机构主要用于几何形状对称于轴线、对称于中心或对称于平面的工件的定位夹紧。

定心夹紧机构的结构形式虽然很多,但从工作原理上可以归纳为依靠定心-夹紧元件向心
等速移动实现定心夹紧和依靠定心-夹紧元件产生均匀弹性变形实现定心夹紧两种基本类型。

图 2-49 所示为一螺旋定心夹紧机构,螺杆 3 的两端分别有螺距相等的左、右螺纹,转动螺
杆,通过左、右螺纹带动 2 个 V 形块(1 和 2)同步向中心移动,从而实现工件的定心夹紧。叉
形件 7 可用来调整对称中心的位置。

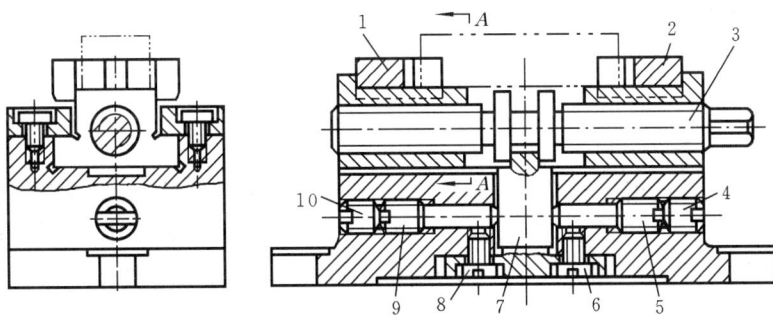

图 2-49　螺旋定心夹紧机构
1、2—V 形块;3—螺杆;4、5、6、8、9、10—螺钉;7—叉形件

图 2-50(a)所示为工件以外圆柱面定位的弹簧夹头,旋转螺母 4,其内螺孔端面推动弹性
筒夹 2 向左移动,锥套 3 内锥面迫使弹性筒夹 2 上的簧瓣向里收缩,将工件定心夹紧。图 2-50
(b)所示为工件以内孔定位的弹簧心轴,旋转带肩螺母 8 时,其端面向左推动锥套 7 迫使弹性
筒夹 6 上的簧瓣向外胀开,将工件定心夹紧。

5) 联动夹紧机构

在夹紧机构的设计中,有时需要对一个工件上的几个点或多个工件同时进行夹紧。此时
为简化结构,减少工件装夹时间,常常采用各种联动夹紧机构。图 2-51 所示为对几个工件同

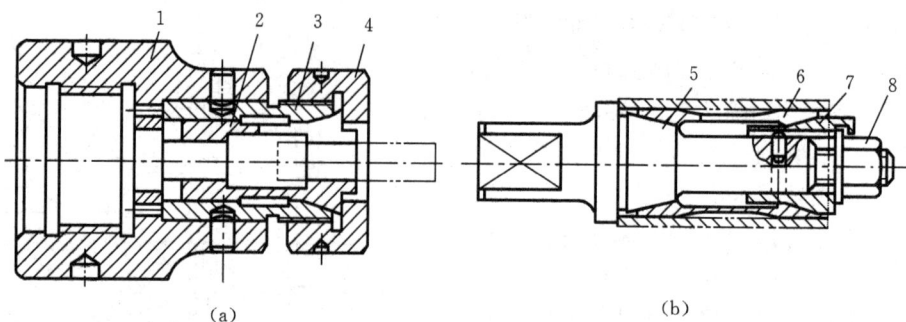

图 2-50　弹性定心夹紧机构

1—夹具体;2、6—弹性筒夹;3、7—锥套;4、8—螺母;5—锥度心轴

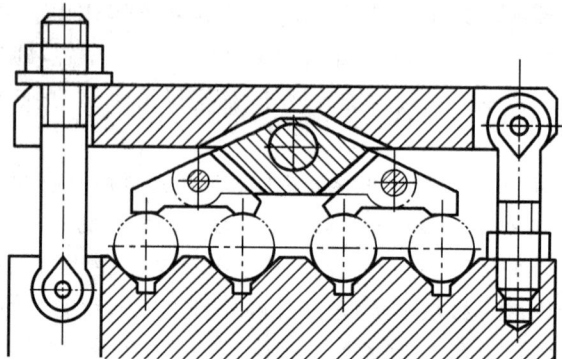

图 2-51　联动夹紧机构

时夹紧的平行联动夹紧机构。考虑到工件的尺寸变化,夹紧头采用浮动机构。

5. 夹紧的动力装置

动力装置有气动、液压、电磁、真空夹紧装置等,其中用得最广泛的是气动与液压动力装置。

1) 气动夹紧装置

气动夹紧装置所使用的压缩空气是由工厂压缩空气站供给的,经管路损失后的实用空气压力为0.4～0.6 MPa。在设计时,通常以 0.4 MPa 来计算。气动夹紧装置一般有以下特点。

(1) 夹紧力基本恒定,因为压缩空气的工作压力可以控制,所以由它产生的夹紧力也就基本恒定。

(2) 夹紧动作迅速、省力。

(3) 由于空气是可压缩的,故夹紧刚度较差。

(4) 压缩空气的工作压力较小,一般为 0.4～0.6 MPa,所以对同样夹紧力而言,气动夹紧装置的气缸直径大于液压装置的液缸直径,因而结构较庞大。

典型的气压传动系统如图 2-52 所示,其中主要由如下部件组成。

① 雾化器,可将润滑油雾化使之进入送气系统,以对其中的运动部件进行充分润滑。

② 减压阀,可将气源送来的压缩空气的压力减至气动夹紧装置所要求的工作压力。

③ 单向阀,主要起安全保护作用,防止气源供气中断或压力突降而使夹紧机构松开。

④ 分配阀,控制压缩空气对气缸的进气和排气。

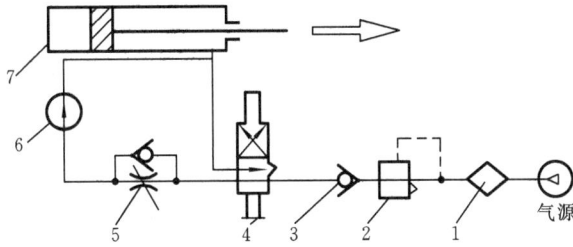

图 2-52　典型气压传动系统

1—雾化阀;2—减压阀;3—单向阀;4—分配阀;5—调速阀;6—压力表;7—气缸

⑤ 调速阀,调节压缩空气进入气缸的速度,以控制气缸活塞的移动速度。

⑥ 压力表,指示气缸中压缩空气的压力。

⑦ 气缸,将压缩空气的工作压力转换为活塞的推动力,推动夹紧机构动作。

有些气压传动系统还设有油水分离器及储能器,前者用于将压缩空气中的油水进行分离,使气体干燥、纯净,以免气路中的其他元件锈蚀,在总气路及分气路中都宜设置;后者为一储气罐,主要保证气压波动时能及时补气,使夹紧压力稳定,当对夹紧压力的稳定性要求高时,宜配备储能器。

图 2-52 中所用的雾化器 1、减压阀 2、单向阀 3、分配阀 4、调速阀 5、压力表 6、气缸 7 等的结构尺寸都已标准化、系列化,设计时可查阅有关资料和设计手册。除气缸(或气盒)、分配阀、调速阀为必需之外,其他附件则应根据实际情况选用。气压传动系统的设计是根据使用的机床、夹具、加工方式等因素确定的。单一机床上机动夹紧装置中的气压传动系统同生产自动线多台机床的气压传动系统的设计有一定的区别,在设计时要注意这一点。

2）液压夹紧装置

液压夹紧装置是利用压力油作为动力,通过中间传动机构或直接使夹紧件实现夹紧动作。它与气动夹紧装置比较有以下优点。

(1) 油压高达 0.5～0.65 MPa,传动力大,可采用直接夹紧方式,结构尺寸也较小。

(2) 油液不可压缩,比气动夹紧装置产生的刚度大,工作平稳,夹紧可靠。

(3) 操作简便,无噪声,容易实现自动化夹紧。

采用液压夹紧方式时需要设置专用的液压系统,增加了制造成本,所以该方式一般多在液压机床上使用,此时可利用已有的液压系统来控制夹紧机构。

2.2.5　机床夹具的其他装置

1. 分度装置

在机械加工中,往往会遇到一些工件要求在夹具的一次安装中加工一组表面(如孔系、槽系或多面体等),而此组表面是按一定角度或一定距离分布的。这样便要求该夹具在工件加工过程中能进行分度,即当工件加工好一个表面后,应使夹具的某些部分连同工件转过一定角度或移动一定距离。工件在一次装夹中,每加工完一个表面之后,通过夹具上的可动部分连同工件一起转动一定的角度或移动一定的距离,以改变工件加工位置的装置,称为分度装置。

分度装置可分为两类:回转分度装置和直线分度装置。两者的基本结构形式和工作原理都是相似的,但生产中以回转分度装置应用较多。

回转分度装置按其回转轴的位置,可分为立(轴)式、卧(轴)式和斜(轴)式三种。图 2-53 所示的是用来加工扇形工件上三个等分径向孔的回转式钻模。工件以内孔、键槽和侧平面为定位基面,分别在夹具上的定位销轴 6、键 7 和圆支承板 3 上定位,限制 6 个自由度。由螺母 5 和开口垫圈 4 夹紧工件。分度装置由分度盘 9、等分定位套 2、拨销 1 和锁紧手柄 11 组成。工件分度时,拧松手柄 11,拨出拨销 1,旋转分度盘 9 带动工件一起分度,当转至拨销 1 对准下一个定位套时,将拨销 1 插入,实现分度定位,然后再拧紧手柄 11,锁紧分度盘,即可加工工件上另一个孔。

由图 2-53 可知,分度装置一般由以下几个部分组成。

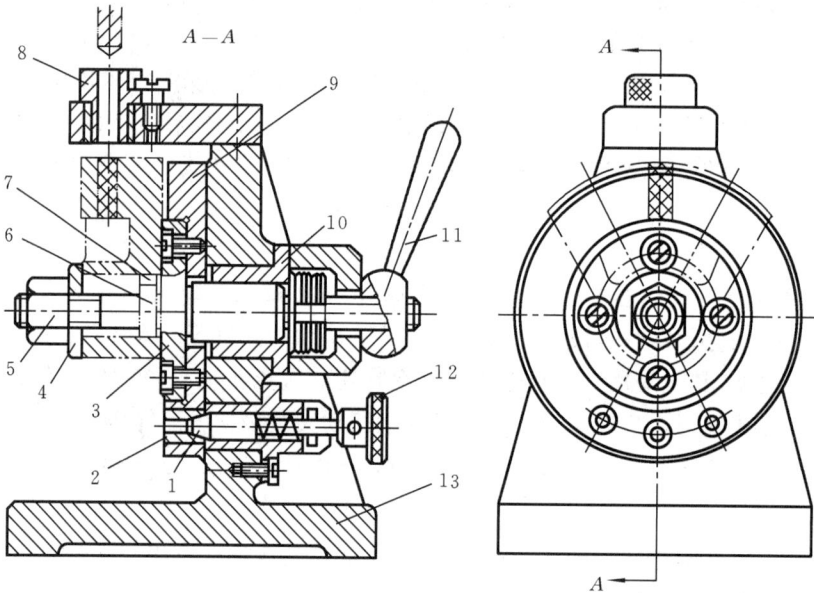

图 2-53　卧式轴向分度式钻模

1—拨销;2—等分定位套;3—支承板;4—开口垫圈;5—螺母;6—定位销轴;

7—键;8—钻套;9—分度盘;10—套筒;11—锁紧手柄;12—手柄;13—底座

(1) 转动(或移动)部分。它实现工件的转位(或移位),如图 2-53 中分度盘 9。

(2) 固定部分。它是分度装置的基体,常与夹具体连接成一体,如图 2-53 中的底座 13。

(3) 对定机构。它保证工件正确的分度定位,并完成插销、拨销动作,如图 2-53 中的分度盘 9、等分定位套 2、拨销 1 等。

(4) 锁紧机构。它将转动(或移动)部分与固定部分紧固在一起,起减小加工时的振动和保护对定机构的作用,如图 2-53 中的锁紧手柄 11、套筒 10 等。

根据分度盘和分度定位元件相互位置的配置情况,分度装置又可分为轴向分度与径向分度两种。常见的转角分度装置的基本形式如图 2-54 所示。

分度定位元件中对定销的运动方向与分度盘的回转轴线平行的称为轴向分度,图 2-54 中 a、b、c、d 即属此类。对定销的运动方向与分度盘的回转轴线垂直的称为径向分度,图 2-54 中 e、f、g、h 即是。

显然,当分度盘的直径相同时,如果分度盘上的分度孔(槽)距分度盘的回转轴线愈远,则

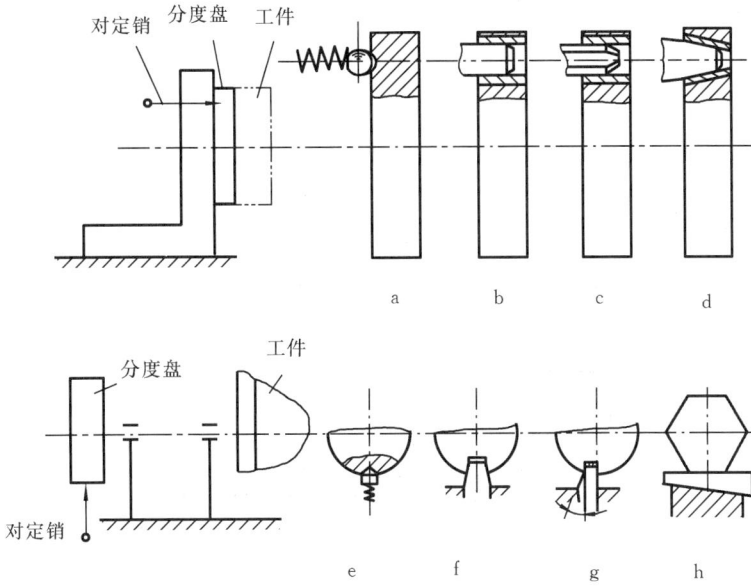

图 2-54　常见的转角分度装置的基本形式

a—钢球对定;b、e—圆柱销对定;c—菱形销对定;d—圆锥销对定;

f—双斜面楔对定;g—单斜面楔对定;h—正多面体对定

分度对定机构中定位副存在某种间隙时所引起的分度转角误差就愈小。因此,就这一点而言,径向分度的精度要比轴向分度的高。这也是目前常见的利用分度对定机构组成高精度分度装置时,往往采用径向分度方式的一个原因。但是,就分度装置的外形尺寸、结构紧凑性以及保护分度对定机构来说,轴向分度优于径向分度,所以轴向分度方式应用也很广。

分度装置能使工件加工工序集中,减少安装次数,从而减轻劳动强度和提高生产率,因此广泛用于钻、铣、车、镗等加工中。分度装置在夹具中的应用及具体结构可参阅《机床夹具图册》中有关图例及有关资料和设计手册。

2. 对刀装置

对刀装置是用来确定刀具和夹具的相对位置的装置,它由对刀块和塞尺组成。图 2-55 表示了水平面、直角、V 形和圆弧形加工的几种形式的对刀块。采用对刀装置对刀时,为防止损坏刀刃和对刀块过早磨损,刀具与对刀面一般都不直接接触,在对刀面移近刀具时,工人在对刀面和铣刀之间塞入具有规定厚度的塞尺,凭抽动的松紧感觉来判断刀具的正确位置。

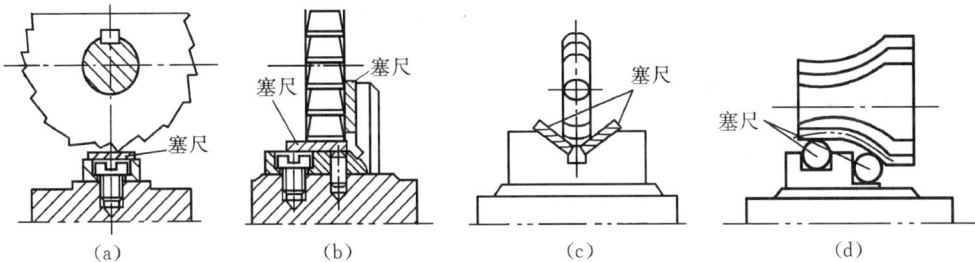

图 2-55　对刀装置

3. 连接元件

夹具在机床上必须定位夹紧。在机床上进行定位夹紧的元件称为连接元件,它一般有以下几种形式。

(1) 在铣床、刨床、镗床上工作的夹具通常通过定位键与工作台 T 形槽的配合来确定夹具在机床上的位置。图 2-56 所示为定位键结构及其应用情况。定位键与夹具体的配合多采用 H7/h6,安装时应将其靠在 T 形槽的一侧面,以提高定位精度。一副夹具一般要配置两个定位键。对于定位精度要求高的夹具和重型夹具,不宜采用定位键,而采用夹具体上精加工过的狭长平面来找正安装夹具。

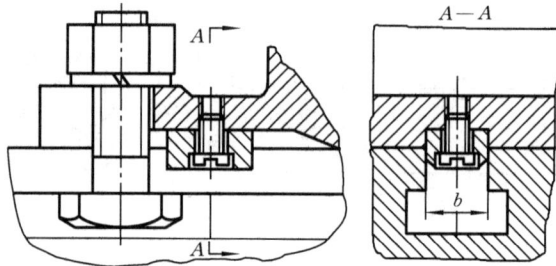

图 2-56　定位键连接图

(2) 车床和内外圆磨床的夹具一般安装在机床的主轴上,连接方式如图 2-57 所示。图 2-57(a)所示采用长锥柄(莫氏锥度)安装在主轴锥孔内,这种方式定位精度高,但刚度较差,多用于小型机床。图 2-57(b)所示夹具以端面 A 和圆孔 D 在主轴上定位,孔与主轴轴颈的配合一般取 H7/h6,这种连接方法制造容易,但定位精度不太高。图 2-57(c)所示夹具以端面 T 和短锥面 K 定位,这种方法不但定位精度高,而且刚度也好。值得注意的是,这种定位方法是过定位,因此,要求制造精度很高,夹具上的端面和锥孔需进行配磨加工。

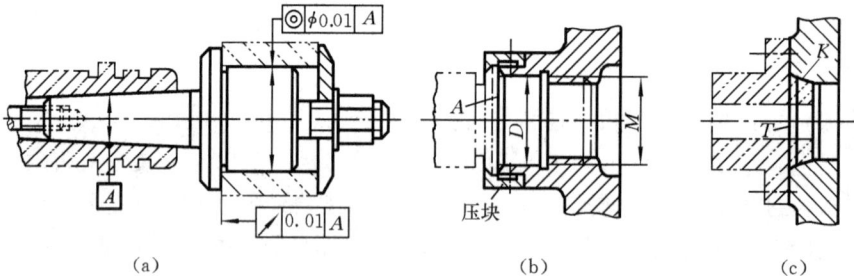

(a)　　　　　　　　　　　(b)　　　　　　　　　(c)

图 2-57　夹具在机床主轴上的安装

除此之外,还经常使用过渡盘与机床主轴连接。

4. 引导元件

在钻、镗等孔加工夹具中,常用引导元件来保证孔加工的正确位置。常用引导元件主要有钻床夹具中的钻套、镗床夹具中的镗套等。

1) 钻套

钻套的作用是确定钻头、铰刀等刀具的轴线位置,防止刀具在加工中发生偏斜。根据使用特点,钻套可分为固定式、可换式、快换式等多种结构形式。

（1）固定钻套。

固定钻套直接被压装在钻模板上,其位置精度较高,但磨损后不易更换,图 2-58 所示为固定钻套的两种结构,图 2-58(a)所示的是无肩的固定钻套,图 2-58(b)所示的是有肩的固定钻套。钻模板较薄时,为使钻套具有足够的引导长度,应采用有肩钻套。

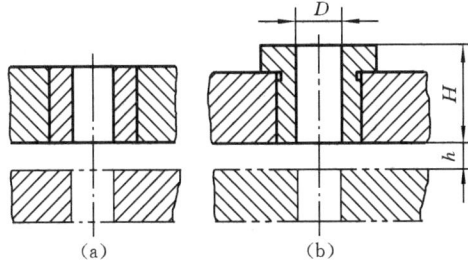

图 2-58　固定钻套

钻套中引导孔的基本尺寸及其极限偏差应根据所引导的刀具尺寸来确定。通常取刀具的最大极限尺寸为引导孔的基本尺寸,孔径极限公差依被加工件精度要求来确定。钻孔和扩孔时可取 F7,粗铰时取 G7,精铰时取 G6。若钻套引导的不是刀具的切削部分,而是刀具的导向部分,常取刀具导向部分与钻套引导孔之间的配合为 H7/f7、H7/g6、H6/g5。

钻套导向部分高度尺寸 H 越大,刀具的导向性就越好,但刀具与钻套的摩擦也越大,一般取 $H=(1.0\sim2.5)D$;孔径小、精度要求较高时,H 取较大值。

为便于排屑,钻套下端与被加工工件间应留有适当距离 h,称为排屑间隙。h 值不能取得太大,否则会降低钻套对钻头的导向作用,影响加工精度。根据经验,加工钢件时,取 $h=(0.7\sim1.5)D$;加工铸铁件时,取 $h=(0.3\sim0.4)D$;大孔取较小的系数时,小孔取较大的系数。

（2）可换钻套。

在成批生产、大量生产中,为便于更换钻套,应采用可换钻套,其结构如图 2-59(a)所示。钻套 1 装在衬套 2 中,衬套 2 压装在钻模板 3 中;为防止钻套在钻模板孔中上下滑动或转动,钻套用螺钉 4 紧固。

（3）快换钻套。

在工件的一次装夹中,若顺序进行钻孔、扩孔、铰孔或攻螺纹等多个工步加工,需使用不同

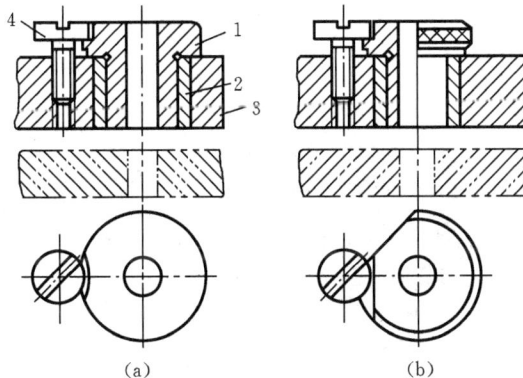

图 2-59　可换钻套与快换钻套的结构

1—钻套;2—衬套;3—钻模板;4—螺钉

孔径的钻套来引导刀具,此时应使用快换钻套,其结构如图 2-59(b)所示。更换钻套时,只需逆时针转动钻套使削边平面转至螺钉位置,即可向上快速取出钻套。

上述三种钻套的结构和尺寸均已标准化,设计时可参阅有关国家标准。

(4)专用钻套。

专用钻套又称为特殊钻套,它是在一些特殊场合,根据具体要求自行设计的钻套。图2-60所示的是几种专用钻套的结构形式,图 2-60(a)所示的钻套用于在斜面上钻孔;图 2-60(b)所示的钻套用于钻孔表面离钻模板较远的场合;图 2-60(c)所示的钻套用于两孔孔距过小而无法分别采用钻套的场合。

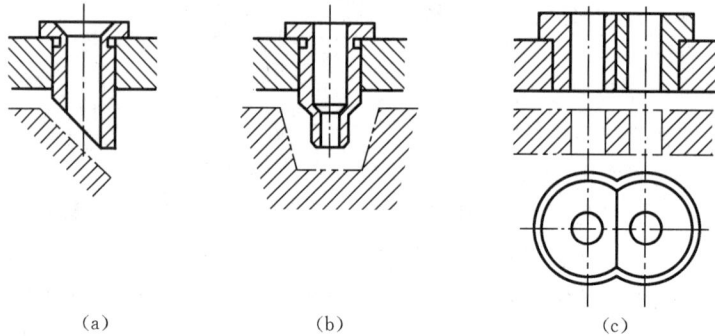

(a)　　　　　　　　(b)　　　　　　　　(c)

图 2-60　专用钻套的结构形式

2)镗套

镗套用于引导镗杆,根据其在加工中是否随镗杆一起转动可分为固定式镗套和回转式镗套两类。固定式镗套的结构与钻套的基本相似,镗孔过程中不随镗杆转动,且位置精度较高。但由于镗套与镗杆之间的相对运动易产生磨损,一般用于速度较低的场合。当镗杆的线速度大于 20 m/min 时,应采用回转式镗套,回转式镗套随镗杆一起转动。回转式镗套又有滑动式和滚动式两种,滚动式镗套中又有内滚式和外滚式两种形式。图2-61所示为回转式镗套,图中左端a所示结构为内滚式镗套,镗套 2 固定不动,镗杆 4 装在导向滑套 3 内的滚动轴承上,镗杆相对于导向滑套回转,并连同导向滑套一起相对于镗套移动。这种镗套的精度较好,但尺寸较大,因此多用于后导向。图2-61中右端 b 的结构为外滚式镗套,镗杆与镗套 5 一起回转,两者之间只有相对移动而无相对转动。镗套的整体尺寸小,应用广泛。

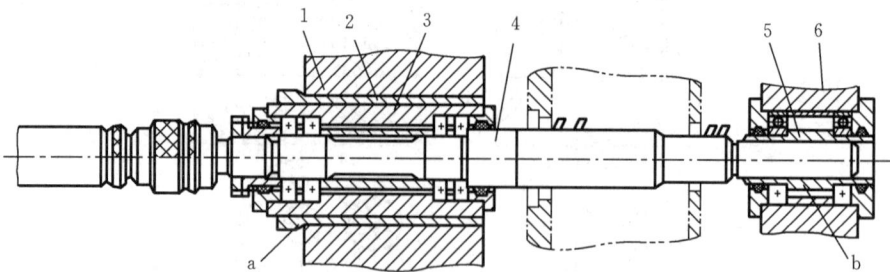

图 2-61　回转式镗套

1、6—导向支架;2、5—镗套;3—导向滑套;4—镗杆

5. 夹具体

夹具体是夹具的基础件。在夹具体上,要安装组成该夹具所需要的各种元件、机构及装置,并且还必须便于装卸工件,因此夹具体应该具有一定的形状和尺寸。在加工工件的过程中,夹具体还必须承受切削力、夹紧力以及由此产生的冲击和振动。为了使夹具体不致受力变形或破坏,夹具体应该具有足够的强度和刚度。此外,加工过程中所产生的切屑,有一部分是落在夹具体上,若夹具体上切屑积聚过多,则将严重影响工件定位和夹紧效果。为此,在夹具体的结构设计中应该考虑便于清除切屑的要求。如果夹具体须与机床工作台或机床主轴保持正确的相对位置,则夹具体上还要设置与机床正确连接的结构。对加工中要翻转或移动的夹具体,应设置手柄或便于操作的结构。大型夹具的夹具体应设置吊装结构。

在选择夹具体的毛坯制造方法时,应考虑其工艺性、结构合理性、制造周期、经济性及工厂的具体条件等。生产中用到的夹具体毛坯制造方法有铸造、焊接、锻造和装配等。

2.3　金属切削刀具

2.3.1　刀具的类型

被加工工件的材质、形状、技术要求和加工工艺的多样性客观上要求刀具应具有不同的结构和切削性能。因此,生产中所使用的刀具种类很多。按加工方式和用途进行分类,刀具通常分为车刀、孔加工刀具、铣刀、拉刀、螺纹刀具、齿轮刀具、自动线及数控机床刀具和磨具等几大类型。刀具还可以按其他方式进行分类。如按切削部分的材料可分为高速钢刀具、硬质合金刀具、陶瓷刀具等;按结构不同可分为整体刀具、镶片刀具、机夹刀具和复合刀具等;按是否标准化可分为标准刀具和非标准刀具等。刀具的种类及其划分方式将随着科学技术的发展而不断变化。

(1)标准刀具:按照国家或部门制定的"刀具标准"制造的刀具,由专业化的工具厂集中大批量生产,它在工具的使用总量中占的比例很大。如可转位车刀、麻花钻、铰刀、铣刀、丝锥、板牙、插齿刀、齿轮滚刀等。

(2)非标准刀具:根据工件与具体加工条件的特殊要求设计与制造,或者将标准刀具加以改制的刀具,主要由用户自行生产。如成形车刀、成形铣刀、拉刀、蜗轮滚刀等。

2.3.2　刀具切削部分的构造要素

刀具上承担切削工作的部分称为刀具的切削部分。金属切削刀具的种类虽然很多,但它们在切削部分的几何形状与参数方面却有着共性,不论刀具构造如何复杂,它们的切削部分总是近似地以外圆车刀的切削部分为基本形态。如图 2-62 所示的各种复杂刀具或多齿刀具,拿出其中一个刀齿,它的几何形状都相当于一把车刀的刀头。现代切削刀具引入"不重磨"概念之后,刀具切削部分的统一性获得了新的发展;许多结构迥异的切削刀具,其切削部分都不过是

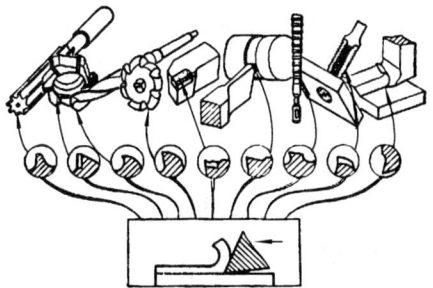

图 2-62　各种刀具切削部分的形状

一个或若干个"不重磨式刀片"。

外圆车刀的切削部分如图 2-63(a)所示,由六个基本结构要素构造而成,它们各自的定义如下。

(1)前刀面(又称前面):切屑沿其流出的刀具表面。

(2)主后刀面(又称主后面或后面):与工件上加工表面相对的刀具表面。

(3)副后刀面(又称副后面):与工件上已加工表面相对的刀具表面。

(4)主切削刃:前刀面与主后刀面的交线。它承担主要切削工作,也称为主刀刃。

(5)副切削刃:前刀面与副后刀面的交线。它协同主切削刃完成切削工作,并最终形成已加工表面,也称为副刀刃。

(6)刀尖:连接主切削刃和副切削刃的一段刀刃。它可以是一段小的圆弧,也可以是一段直线。

切槽刀的切削部分如图 2-63(b)所示。

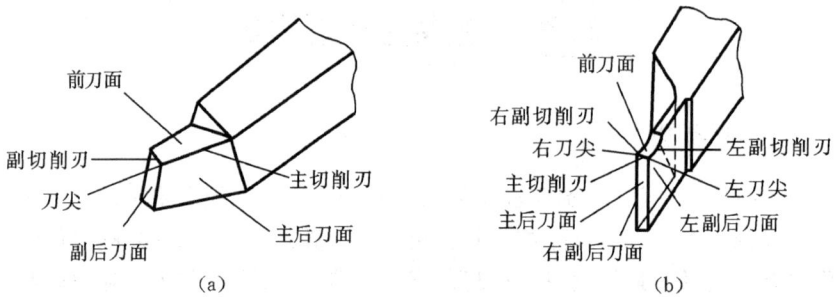

图 2-63　车刀切削部分组成要素
(a)外圆车刀;(b)切槽刀

2.3.3　刀具的几何参数

1. 刀具标注角度的参考系

刀具要从工件上切除材料,就必须具有一定的切削角度,而切削角度又决定了刀具切削部分各表面之间的相对位置。为了评定切削角度,需要引入参考系。图 2-64 所示为刀具标注角度的参考系,它是在不考虑进给运动大小,并假定车刀刀尖与工件中心等高,刀杆中心线垂直于进给方向的条件下,参照 ISO 标准建立的。该参考系是由三个互相垂直的平面组成的,如下所述。

(1)基面 p_r:通过主切削刃上某一指定点,并与该点切削速度方向相垂直的平面。

(2)切削平面 p_s:通过主切削刃上某一指定点,与主切削刃相切并垂直于该点基面的平面。

(3)正交平面 p_o:通过主切削刃上某一指定点,同时垂直于该点基面和切削平面的平面。

2. 刀具的标注角度

在刀具标注角度参考系中测得的角度称为刀具的标注角度。标注角度应标注在刀具的设计图中,用于刀具制造、刃磨和测量。在正交平面参考系中,刀具的主要标注角度有五个,其定义如下(见图 2-65)。

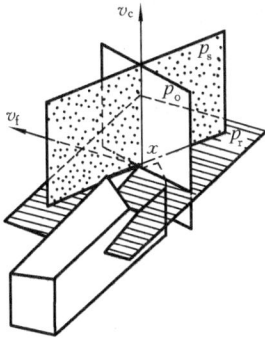

图 2-64 刀具标注角度的参考系

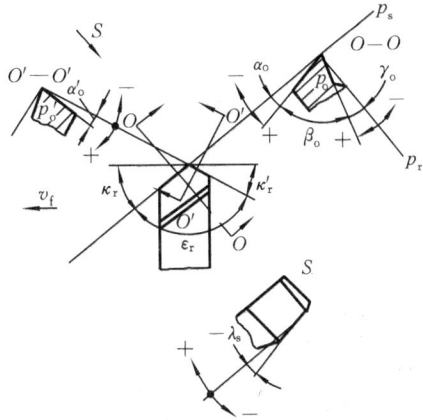

图 2-65 车刀的标注角度

（1）前角 γ_o：在正交平面内测量的前刀面和基面间的夹角，有正、负和零值之分。前刀面在基面之下时前角为正值，前刀面在基面之上时前角为负值。

（2）后角 α_o：在正交平面内测量的主后刀面与切削平面的夹角，一般为正值。

（3）主偏角 κ_r：在基面内测量的主切削刃在基面上的投影与进给运动方向的夹角。

（4）副偏角 κ_r'：在基面内测量的副切削刃在基面上的投影与进给运动反方向的夹角。

（5）刃倾角 λ_s：在切削平面内测量的主切削刃与基面之间的夹角。在主切削刃上，刀尖为最高点时刃倾角为正值，刀尖为最低点时刃倾角为负值。主切削刃与基面平行时，刃倾角为零。

要完全确定车刀切削部分所有表面的空间位置，还需标注副后角 α_o'，副后角 α_o' 确定副后刀面的空间位置。

3. 刀具的工作角度

以上讨论的刀具标注角度是在假定运动条件和假定安装条件情况下给出的。如果考虑合成运动和实际安装情况，则刀具的参考平面坐标的位置发生了变化，从而导致了刀具角度大小的变化。以切削过程中实际的基面、切削平面和正交平面为参考平面所确定的刀具角度称为刀具的工作角度，又称实际角度。通常，刀具的进给速度很小，在一般安装条件下，刀具的工作角度与标注角度基本相等。但在切断、车螺纹以及加工非圆柱表面等情况下，刀具角度值变化较大时需要计算工作角度。

（1）横向进给运动对工作角度的影响。

当切断或车端面时，进给运动是沿横向进行的。如图 2-66 所示，工件每转一转，车刀横向移动距离 f，切削刃选定点相对于工件的运动轨迹为一阿基米德螺旋线。因此切削速度由 v_c 变成合成切削速度 v_e，基面 p_r 由水平位置变至工作基面 p_{re}，切削平面 p_s 由铅垂位置变至工作切削平面 p_{se}，从而引起刀具的前角和后角发生变化，有

$$\gamma_{oe} = \gamma_o + \mu, \quad \alpha_{oe} = \alpha_o - \mu, \quad \mu = \arctan \frac{f}{\pi d} \qquad (2-7)$$

式中：γ_{oe}、α_{oe}——刀具的工作前角和工作后角。

由式（2-7）可知，进给量 f 增大，则 μ 值增大；瞬时直径 d 减小，μ 值也增大。因此，车削至接近工件中心时，d 值很小，μ 值急剧增大，工作后角 α_{oe} 将变为负值，致使工件最后被挤断。对于横向切削不宜选用过大的进给量，并应适当加大刀具的标注后角。

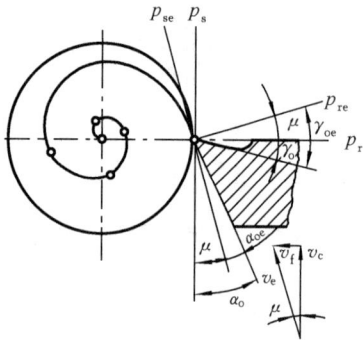

图 2-66 横向进给运动对工作角度的影响

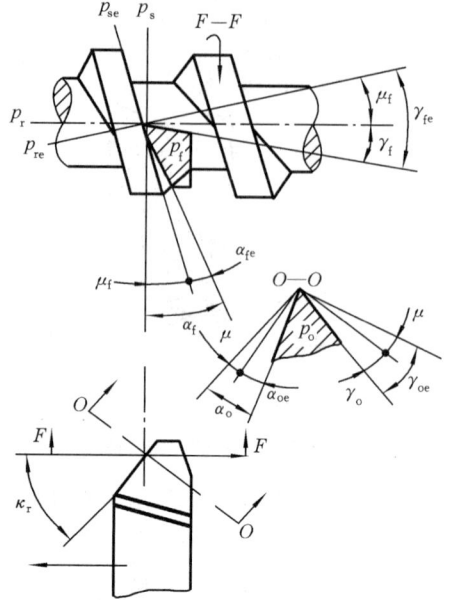

图 2-67 纵向进给运动对工作角度的影响

（2）纵向进给运动对工作角度的影响。

图 2-67 所示为车削右螺纹的情况,假定车刀 $\lambda_s=0$,若不考虑进给运动,则基面 p_r 平行于刀杆底面,切削平面 p_s 垂直于刀杆底面,正交平面中的前角和后角为 γ_o 和 α_o,在进给平面(平行于进给方向并垂直于基面的平面)中的前角和后角为 γ_f 和 α_f。若考虑进给运动,则加工表面为一螺旋面,这时切削平面变为切于该螺旋面的平面 p_{se},基面变为垂直于合成切削速度矢量的平面 p_{re},它们分别相对于 p_s 和 p_r 在空间偏转同样的角度,这个角度在进给平面中为 μ_f,在正交平面中为 μ,从而引起刀具前角和后角的变化。在上述进给平面内刀具的工作角度为

$$\gamma_{fe} = \gamma_f + \mu_f$$

$$\alpha_{fe} = \alpha_f - \mu_f$$

$$\tan\mu_f = \frac{f}{\pi d_w} \qquad\qquad (2\text{-}8)$$

式中: f——被切螺纹的导程(mm)或进给量(mm/r);

　　　d_w——工件直径(mm)。

在正交平面内,刀具的工作前角、工作后角分别为

$$\gamma_{oe} = \gamma_o + \mu$$

$$\alpha_{oe} = \alpha_o - \mu$$

$$\tan\mu = \tan\mu_f \sin\kappa_r = \frac{f}{\pi d_w}\sin\kappa_r$$

由以上各式可知,进给量 f 越大,工件直径 d_w 越小,则工作角度值变化就越大。上述分析适合于车右螺纹时车刀的左侧刃,此时右侧刃工作角度的变化情况正好相反。所以车削右螺纹时,车刀左侧刃应适当加大刃磨后角,而右侧刃应适当增大刃磨前角,减小刃磨后角。一般外圆车削时,由进给运动所引起的 μ 值不超过 $30'\sim1°$,故其影响可忽略不计。但在车削大螺

距或多头螺纹时,纵向进给的影响便不可忽视,必须考虑它对刀具工作角度的影响。

（3）刀尖安装高低对工作角度的影响。

现以切槽刀为例进行分析,如图 2-68 所示,当刀尖与工件中心等高时,工作角度与刃磨角度相同,即工作前角 $\gamma_{oe}=\gamma_o$,工作后角 $\alpha_{oe}=\alpha_o$(见图 2-68(b));当刀尖高于工件中心时,切削平面将变为 p_{se},基面变到 p_{re} 位置,工作前角 γ_{oe} 增大,工作后角 α_{oe} 减小,即 $\gamma_{oe}=\gamma_o+\theta,\alpha_{oe}=\alpha_o-\theta$(见图 2-68(c))。反之,当刀尖低于工件中心时,则工作前角 γ_{oe} 减小,工作后角 α_{oe} 增大。对于外圆车刀,工作角度也有同样的变化关系。生产中常利用这种方法来适当改变刀具角度,h 常取为 $\left(\dfrac{1}{100}\sim\dfrac{1}{50}\right)d_w$,这时 θ 值为 $2°\sim4°$,这样就可不必改磨刀具,而迅速获得更为合理的 γ_{oe} 和 α_{oe}。粗车外圆时,使刀尖略高于工件中心,以增大前角,降低切削力;精车外圆时,使刀尖略低于工件中心,以增大后角,减少后刀面的磨损;车成形表面时,刀刃应与工件中心等高,以免产生误差。

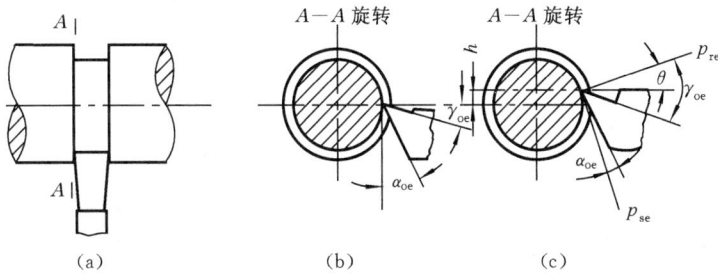

图 2-68　刀尖安装高低对工作角度的影响

（4）刀杆中心线安装偏斜对工作角度的影响。

当刀杆中心线与进给方向不垂直时,工作主偏角 κ_{re} 和工作副偏角 κ_{re}' 将发生变化,如图 2-69 所示。在自动车床上,为了在一个刀架上装几把刀,常使刀杆偏斜一定角度;在普通车床上为了避免振动,有时也将刀杆偏斜安装以增大主偏角。

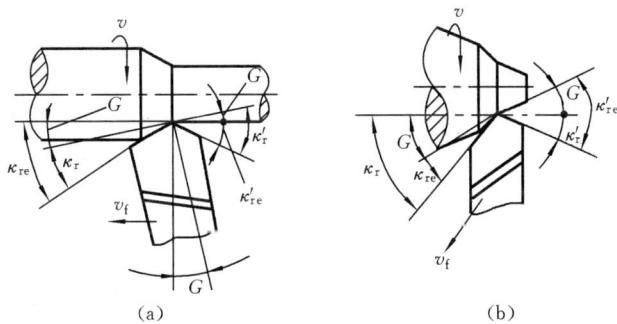

图 2-69　刀杆中心线安装偏斜对工作角度的影响

2.3.4　刀具材料

刀具材料性能的优劣是影响加工表面质量、切削效率、刀具寿命(刀具耐用度)的基本因素。刀具新材料的出现,往往能成倍地提高生产率,并能解决某些难加工材料的加工。正确选择刀具材料是设计和选用刀具的重要内容之一。

1. 刀具材料应具备的性能

刀具切削部分在工作时要承受高温、高压、强烈的摩擦、冲击和振动,因此,刀具材料必须具备以下基本性能。

(1) 高的硬度。刀具材料的硬度必须高于工件材料的硬度。刀具材料的常温硬度,一般要求在 64 HRC 以上。

(2) 高的耐磨性。耐磨性是指刀具抵抗磨损的能力,它是刀具材料力学性能、组织结构和化学性能的综合反映。一般刀具材料的硬度越高,耐磨性越好。材料中硬质点的硬度越高,数量越多,颗粒越小,分布越均匀,则耐磨性就越高。

(3) 足够的强度和韧度,以便承受切削力、冲击和振动,而不至于产生崩刃或折断。

(4) 高的耐热性。耐热性是指刀具材料在高温下仍能保持足够的硬度、强度、韧度和良好的耐磨性,并有良好的抗黏结、抗扩散、抗氧化的能力。

(5) 良好的导热性和耐热冲击性能,即刀具材料的导热性能要好,不会因受到大的热冲击产生刀具内部裂纹而导致刀具断裂。

(6) 良好的工艺性能和经济性,即刀具材料应具有良好的锻造性能、热处理性能、焊接性能、切削加工性能、磨削加工性能等,而且要有高的性能价格比。另外,随着切削加工自动化和柔性制造系统的发展,还要求刀具磨损和刀具寿命等性能指标具有良好的可预测性。

应该指出,上述要求中有些是相互矛盾的,例如硬度越高、耐磨性越好的材料的韧度和抗破损能力往往越差,耐热性较好的材料其韧度也往往较差。实际工作中,应根据具体的切削条件选择最合适的材料。

2. 常用刀具材料

目前常用刀具材料有碳素工具钢、合金工具钢、高速钢、硬质合金、陶瓷、立方碳化硼及金刚石等。碳素工具钢及合金工具钢,因耐热性较差,通常只用于手工工具及切削速度较低的刀具,陶瓷、金刚石和立方氮化硼仅用于有限的场合。目前,刀具材料中用得最多的是高速钢和硬质合金。

1) 高速钢

高速钢是含有较多钨、钼、铬、钒等合金元素的高合金工具钢。高速钢具有较高的硬度和耐热性,在切削温度达 $550\sim600$ ℃时,仍能进行切削。与碳素工具钢和合金工具钢相比,高速钢能提高切削速度 $1\sim3$ 倍,提高刀具使用寿命 $10\sim40$ 倍甚至更多。高速钢具有较高的强度和韧度,其抗弯强度为一般硬质合金的 $2\sim3$ 倍,抗冲击振动能力强。常用的几种高速钢的力学性能和应用范围如表 2-7 所示。

高速钢的工艺性能较好,能锻造,容易磨出锋利的刀刃,适宜制造各类切削刀具,尤其在复杂刀具(钻头、丝锥、成形刀具、拉刀、齿轮刀具等)的制造中,高速钢占有重要的地位。

高速钢按切削性能分,可分为通用型高速钢和高性能高速钢;按制造工艺方法不同,可分为熔炼高速钢和粉末冶金高速钢。

通用型高速钢是切削硬度在 $250\sim280$ HBS 以下的大部分结构钢和铸铁的基本刀具材料,应用最广泛。切削普通钢料时的切削速度一般不高于 $40\sim60$ m/min。高性能高速钢较通用型高速钢有着更好的切削性能,适合于加工奥氏体不锈钢、高温合金、钛合金和高强度钢等难加工材料。

表 2-7 常用高速钢的力学性能和应用范围

种类	牌 号	常温硬度/HRC	抗弯强度/GPa	冲击韧度/(MJ·m⁻²)	高温(600 ℃)硬度/HRC	主要性能和应用范围
普通型高速钢	W18Cr4V(W18)	63～66	3.0～3.4	0.18～0.32	48.5	综合性能和磨削性能好,适于制造精加工刀具和复杂刀具,如钻头、成形车刀、拉刀、齿轮刀具等
	W6Mo5Cr4V2(M2)	63～66	3.5～4.0	0.30～0.40	47～48	强度和韧度高于 W18 的,磨削性能稍差,热塑性好,适于制造热成形刀具及承受冲击的刀具
高性能高速钢	W2Mo9Cr4VCo8(M42)	67～69	2.7～3.8	0.23～0.30	55	硬度高,磨削性能好,用于切削高强度钢、高温合金等难加工材料,适于制造复杂刀具等,但价格较贵
	W6Mo5Cr4V2Al(501)	67～69	2.9～3.9	0.23～0.30	55	切削性能相当于 M42,磨削性能稍差,用于切削难加工材料,适于制造复杂刀具等

粉末冶金高速钢具有很多优点:有良好的力学性能和磨削性能;淬火变形只有熔炼钢的 $1/3～1/2$;耐磨性可提高 $20\%～30\%$;质量稳定可靠。它可以切削各种难加工材料,特别适于制造精密刀具和复杂刀具等。

2) 硬质合金

硬质合金是用高硬度、难熔的金属碳化物(WC、TiC 等)和金属黏结剂(Co、Ni 等)在高温条件下烧结而成的粉末冶金制品。硬质合金的常温硬度达 89～93 HRA,760 ℃时其硬度为 77～85 HRA,在 800～1 000 ℃时硬质合金还能进行切削,刀具寿命比高速钢刀具高几倍到几十倍,可加工包括淬硬钢在内的多种材料。但硬质合金的强度和韧度比高速钢的要差,常温下的冲击韧度仅为高速钢的 $1/30～1/8$,因此,硬质合金承受切削振动和冲击的能力较差。硬质合金是最常用的刀具材料之一,常用于制造车刀和面铣刀,也可用来制造深孔钻、铰刀、拉刀和滚刀。尺寸较小和形状复杂的刀具可采用整体硬质合金制造,但整体硬质合金刀具成本高,其价格是高速钢刀具的 8～10 倍。

ISO(国际标准化组织)把切削用硬质合金分为三类:P 类、K 类和 M 类。表 2-8 列出了几种常用的硬质合金的牌号、性能及其使用范围。

(1) P 类(相当于我国的 YT 类)硬质合金由 WC、TiC 和 Co 组成,也称钨钛钴类硬质合金。这类合金主要用于加工钢料。常用牌号有 YT5(TiC 的质量分数为 5％)、YT15(TiC 的质量分数为 15％)等,随着 TiC 质量分数的提高,钴质量分数相应减少,硬度及耐磨性增高,抗弯强度下降。此类硬质合金不宜加工不锈钢和钛合金。

(2) K 类(相当于我国的 YG 类)硬质合金由 WC 和 Co 组成,也称钨钴类硬质合金。这类合金主要用来加工铸铁、非铁金属及其合金。常用牌号有 YG6(钴的质量分数为 6％)、YG8(钴

表 2-8　几种常用的硬质合金的牌号、性能及其使用范围

类型	牌号	物理力学性能		使用性能			使用范围		相当的 ISO 牌号
		硬度 /HRA	抗弯强度 /GPa	耐磨	耐冲击	耐热	材　料	加工性质	
K 类	YG3	91	1.08	↑	↓	↑	铸铁,非铁金属	连续切削时精加工、半精加工	K05
	YG6X	91	1.37				铸铁,耐热合金	精加工、半精加工	K10
	YG6	89.5	1.42				铸铁,非铁金属	连续切削粗加工,间断切削半精加工	K20
	YG8	89	1.47				铸铁,非铁金属	间断切削粗加工	K30
P 类	YT5	89.5	1.37	↓	↑	↓	钢	粗加工	P30
	YT14	90.5	1.25				钢	间断切削半精加工	P20
	YT15	91	1.13				钢	连续切削粗加工,间断切削半精加工	P10
M 类	YW1	92	1.28	—	较好	较好	难加工钢材	精加工、半精加工	M10
	YW2	91	1.47		好		难加工钢材	半精加工、粗加工	M20

的质量分数为 8%)等,随着钴质量分数增多,硬度和耐磨性下降,抗弯强度和韧度增高。

(3) M 类(相当于我国的 YW 类)硬质合金是在 WC、TiC、Co 的基础上再加入 TaC(或 NbC)制成的。加入 TaC(或 NbC)后,改善了硬质合金的综合性能。这类硬质合金既可以加工铸铁和非铁金属,又可以加工钢料,还可以加工高温合金和不锈钢等难加工材料,有通用硬质合金之称。常用牌号有 YW1 和 YW2 等。

为提高高速钢刀具、硬质合金刀具的耐磨性和使用寿命,近年来研究开发了一种称之为涂层刀具的技术,即在高速钢或硬质合金基体上涂覆一层难熔金属化合物,如 TiC、TiN、Al_2O_3 等。一般采用 CVD 法(化学气相沉积法)或 PVD 法(物理气相沉积法)涂覆。涂层刀具表面硬度高、耐磨性好,其基体有良好的抗弯强度和韧度。涂层硬质合金刀片的寿命可提高 1～3 倍以上,涂层高速钢刀具的寿命可提高 1.5～10 倍以上。随着涂层技术的发展,涂层刀具的应用会越来越广泛。

3) 其他刀具材料

(1) 陶瓷。陶瓷可分为两大类,Al_2O_3 基陶瓷和 Si_3N_4 基陶瓷。陶瓷刀具的硬度可达到 91～95 HBA,耐磨性好,耐热温度可达 1 200 ℃(此时硬度为 80 HRA),它的化学稳定性好,抗黏结能力强,但它的抗弯强度很低,仅有 0.7～0.9 GPa,故陶瓷刀具一般用于高硬度材料的精加工。

(2) 人造金刚石。它是碳的同素异形体,通过合金触媒的作用在高温高压下由石墨转化而成。人造金刚石的硬度很高,其显微硬度可达 10 000 HV,是除天然金刚石之外最硬的物体,它的耐磨性极好,与金属的摩擦系数很小;但它的耐热温度较低,在 700～800 C°时易脱碳,失去其硬度;它与铁族金属亲和作用大,故人造金刚石多用于对非铁金属及非金属材料的超精加工以及用做磨具磨料。

（3）立方氮化硼。它是由六方氮化硼经高温高压转变而成，其硬度仅次于人造金刚石，达到 8 000～9 000 HV，它的耐热温度可达 1 400 C°，化学稳定性很好，可磨削性能也较好，但它的焊接性能差些，其抗弯强度略低于硬质合金的抗弯强度，它一般用于高硬度、难加工材料的精加工。

2.3.5 自动化加工中的刀具

与普通机床加工方法相比，数控加工对刀具提出了更高的要求，不仅需要刚度好、精度高，而且要求尺寸稳定，耐用度高，断屑和排屑性能好；同时要求安装调整方便，以满足数控机床高效率的要求。数控机床上所选用的刀具常采用适应高速切削的刀具材料（如高速钢、超细粒度硬质合金），并使用可转位刀片。

同时，刀具方面必须能对生产现场的问题做出及时快速的响应，提供有力高效的技术支持，并能控制和追溯刀具的制造过程。面对激烈的市场竞争，机械工业正在全面实行精益生产，同时要求不断降低刀具成本，对刀具物流、库存等的要求也提高了。与此同时，由于环境保护、健康和职业卫生等方面标准和要求的提高，对金属切削加工及刀具就有了新的、更高的要求。所有这一切都要求切削及刀具行业不断开发新技术、新材料、新工艺及新的管理方法，以适应机械制造过程中不断出现的新技术、新材料和新工艺及新的管理体系。

1. 数控刀具的基本特点

（1）切削刀具由传统的机械工具实现了向高科技产品的飞跃，刀具的切削性能有显著的提高。

（2）切削技术由传统切削工艺向创新制造工艺的飞跃，大大提高了切削加工的效率。

（3）刀具工业由脱离使用、脱离用户的低级阶段向面向用户、面向使用的高级阶段的飞跃，成为用户可利用的专业化的社会资源和合作伙伴。

切削刀具从低值易耗品过渡到全面进入"三高一专（高效率、高精度、高可靠性和专用化）"的数控刀具时代，实现了向高科技产品的飞跃，成为现代数控加工技术的关键技术，与现代科学的发展紧密相连，是综合应用材料科学、制造科学、信息科学等领域的高科技成果的结晶。

数控加工刀具必须适应数控机床高速、高效和自动化程度高的特点，一般应包括通用刀具、通用连接刀柄及少量专用刀柄。刀柄要连接刀具并装在机床动力头上，因此已逐渐标准化和系列化。

2. 数控刀具的分类

数控刀具的分类有多种方法，具体如下。

（1）按照刀具结构可分为整体式（钻头、立铣刀等）、镶嵌式（包括刀片采用焊接式和机夹式）和特殊形式（复合式、减振式等）。

（2）按照切削工艺可分为车削刀具（外圆、内孔、螺纹、成形车刀等）、铣削刀具（面铣刀、立铣刀、螺纹铣刀等）、钻削刀具（钻头、铰刀、丝锥等）和镗削刀具（粗镗刀、精镗刀等）。

3. 数控机床的工具系统

由于在数控机床上要加工多种工件，并完成工件上多道工序的加工，因此需要使用的刀具品种、规格和数量较多。要加工不同工件所需刀具更多，品种规格繁多将造成很大困难。为了减少刀具的品种规格，有必要发展柔性制造系统和加工中心使用的工具系统。在加工中心上，各种刀具分别装在刀库中，按程序的规定进行自动换刀。因此必须采用标准刀柄，以便使钻、镗、扩、铣削等工序用的刀具能迅速、准确地装到机床主轴上,与此同时,编程人员应充分了解机床上所用刀柄的结构尺寸、调整方法及调整范围,以便在编程时确定刀具的径向和轴向尺寸。加工中心所用的刀具必须适应加工中心高速、高效和自动化程度高的特点,其刀柄部分要连接通用刀具并装在机床主轴上。由于加工中心类型不同,其刀柄柄部的形式及尺寸也不尽相同。加工中心刀具的刀柄分为整体式工具系统和模块式工具系统两大类。工具系统一般为模块化组合结构,在一个通用的刀柄上可以装多种不同的刀具,使数控加工中的刀具品种规格大大减少,同时也便于刀具的管理。

数控机床的工具系统具体可分为车削类工具系统和镗铣类工具系统。

1)车削类工具系统

数控机床车削类工具系统的构成和结构,与机床刀架的形式、刀具类型及刀具是否需要动力驱动等因素有关。数控车床常采用立式或卧式转塔刀架作为刀库,刀库容量一般为4～8把刀具,常按加工工艺顺序布置,由程序控制实现自动换刀,其特点是结构简单,换刀快速,每次换刀仅需1～2 s。图2-70所示为数控机床车削加工用工具系统的一般结构体系。目前广泛采用的德国DIN69880工具系统具有重复定位精度高、夹持刚度好、互换性强等特点。

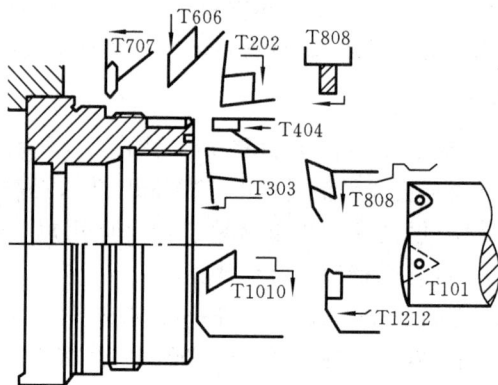

图2-70　数控机床车削加工用刀具

2)镗铣类工具系统

镗铣类工具系统可分为整体式工具系统和模块式工具系统两大类。

图2-71所示为镗铣类整体式工具系统。该系统是把工具柄部和装夹刀具的工作部分做成一体,要求不同工作部分都具有同样结构的刀柄,以便与机床的主轴相连,所以具有可靠性强、使用方便、结构简单、调换迅速及刀柄种类较多的特点。

图2-72所示为镗铣类模块式工具系统。该系统是把整体式刀具分解成柄部(主柄模块)、中间连接部(连接模块)、工作头部(工作模块)三个主要部分,然后通过各种连接结构,在保证刀杆连接精度、强度、刚度的前提下,将这三部分连接成整体。

模块式工具系统由于其定位精度高,装卸方便,连接刚度好,具有良好的抗振性,是目前用得较多的一种类型,它由刀柄、中间接杆及工作头组成。它具有单圆柱定心、径向销钉锁紧的连接特点,它的一部分为孔,而另一部分为轴,两者之间进行插入连接,构成一个刚性刀柄,一端和机床主轴连接,另一端安装上各种可转位刀具便构成一个工具系统。根据加工中心类型,可以选择莫氏及公制锥柄。中间接杆有等径和变径两类,根据不同的内外径及长度将刀柄和

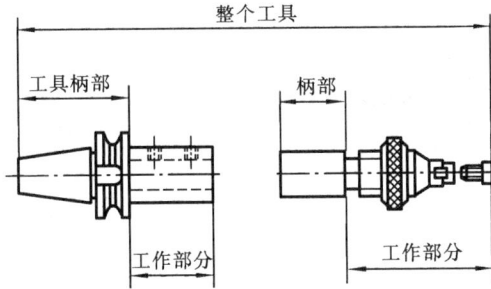

图 2-71 镗铣类整体式工具系统

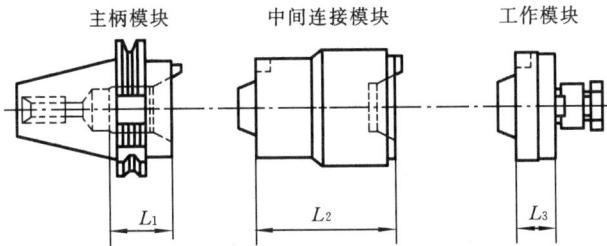

图 2-72 镗铣类模块式工具系统

工作头模块相连接。工作头有可转位钻头、粗镗刀、精镗刀、扩孔钻、立铣刀、面铣刀、弹簧夹头、丝锥夹头、莫氏锥孔接杆、圆柱柄刀具接杆等多种类型。可以根据不同的加工工件尺寸和工艺方法,按需要组合成铣、钻、镗、铰、攻丝等各类工具进行切削加工。例如,国内生产的TMG10、TMG21 模块工具系统,发展迅速,应用广泛,是加工中心使用的基本工具。

4. 刀具识别

刀具的识别是通过识别刀具的编码来实现的。识别的方法有两种:接触式识别和非接触式识别。两种识别方法的编码和识别装置均不一样。图 2-73 所示为钻头的接触式识别装置简图。刀具的编码通过数码环 3 实现。所谓数码环实际上是一组具有两种不同直径,并按一定顺序排列的圆环,大直径的数码为 1,小直径的数码为 0。因此,图 2-73 所示钻头的编码为11010。数码环的多少由要求的刀库容量决定,容量大的环数多。图2-73中共有五个环,可对刀库容量为 $2^5 = 32$ 的刀库中的每一把刀进行编码。编码的识别通过位于数码环旁边的接触装置上的五个触针(触针数量与数码环数量相同)来实现。当触针与数码环接触时,编码为 1,否则为 0。

图 2-74 所示为条形码识别系统(属非接触式)的示意图。所谓条形码,是指一组粗细不同,印在浅色衬底上的深色条形码符。通过这种长条形码符和衬底的不同排列组合来对被识别对象进行编码,这是国际上通用的编码方法。条形码识别系统由光源、条形码标记、光敏元件和读出控制电路组成。当光源发出的光线射向移动刀具上的条形码标记时,由于条形码标记上线条本身粗细不同,线条间隙的宽窄和衬底的反射率不同,故产生强度不同的反射光。反射光经聚光镜聚焦在光敏元件上,使光敏元件产生不同大小的电流信号。将电流信号送入读出控制电路,经放大整形后即转换为数字信号。计算机或其他逻辑电路就根据这些数字信号的不同,识别不同的刀具。非接触式识别消除了因机械磨损和接触不良而造成的识别错误,比

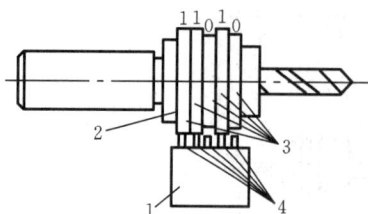

图 2-73　接触式识别装置简图
1—接触装置；2—刀套；3—数码环；4—触针

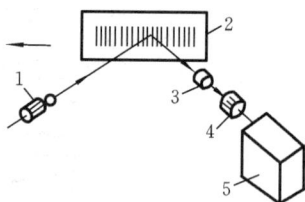

图 2-74　条形码识别系统示意图
1—光源；2—条形码标记；3—聚光镜；
4—光敏元件；5—控制装置

接触式识别更为可靠。

5. 选刀方式

以单台加工中心为例,从刀库中选刀的方式有以下两种。

(1) 顺序选择方式。已调好的刀具组件按零件加工的工艺顺序依次插在刀库中,加工时机械手根据数控指令依次从刀库中取出刀具,而刀库随着刀具的取出依次转动一个刀座位置。这种选刀方式的特点是刀库驱动控制简单,但刀库中的任意一把刀具在零件的整个加工过程中不能重复使用。

(2) 任意选择方式。刀库中的每把刀具(或刀座)都经过预先编码。刀具管理系统在刀库运转中,利用识别装置识别刀具的编码号的方式来选择刀具。当某一刀具的编码与选刀的数控指令代码相符时,刀具识别装置发出信号,控制刀库将该刀具输送到换刀位置,以便机械手取用。这种方式的优点是刀具可重复使用,减少了刀具库存量,刀库容量也相对较小,但刀库驱动控制比较复杂。这种选刀方式适用于多品种小批量的随机生产,并可用于加工复杂的工件。

拓展阅读

其他类型
加工机床

专用夹具的
设计方法

常用刀具

磨料与磨具

本章重点、难点和知识拓展

本章重点　机床的传动原理及传动系统,车床传动系统和滚齿机传动系统分析,机床的选用原则。刀具切削部分的构造和刀具角度的定义,六点定位原理,机床夹具的设计方法。

本章难点　车床车螺纹进给传动链,滚齿机展成运动传动链,定位误差的分析与计算。

知识拓展　在熟悉掌握有关机械制造装备的结构、特点后,再结合第 5 章机械加工工艺规程设计的学习,在编制中等复杂零件的机械加工工艺规程的基础上,正确选择和确定每道工序的机床设备和工艺装备(如刀具、夹具等),并能进行某道工序专用机床夹具的设计。

思考题与习题

2-1　机床的传动链中为什么要设置换置机构?分析传动链一般有哪几个步骤?在什么情况下机床的传动链可以不设置换置机构?

2-2　写出在 CA6140 型车床上进行下列加工时的运动平衡式,并说明主轴的转速范围。

(1) 米制螺纹 $p=16$ mm,$K=1$;

(2) 英制螺纹 $a=8$ 牙/英寸(1 in$\approx$25.4 mm);

(3) 模数螺纹 $m=2$ mm,$K=3$。

2-3　证明 CA6140 型车床的机动进给量 $f_横\approx0.5f_纵$。

2-4　CA6140 型车床主轴箱中有几个换向机构?能否取消其中一个?为什么?

2-5　能否用 CA6140 型车床主轴箱中Ⅸ～Ⅹ轴间的换向机构代替溜板箱中的两个换向机构?

2-6　根据 Y3150E 型滚齿机传动系统图(见图 2-16),指出该机床的主运动、展成运动、进给运动及差动传动链的传动路线。

2-7　在 Y3150E 型滚齿机上加工斜齿轮时,

(1) 如果进给挂轮的传动比有误差,是否会导致斜齿圆柱齿轮的螺旋角 β 产生误差?为什么?

(2) 如果滚刀主轴的安装角度有误差,是否会导致斜齿圆柱齿轮的螺旋角 β 产生误差?为什么?

2-8　在滚齿机上加工一对齿数不同的斜齿圆柱齿轮,当其中一个齿轮加工完成后,在加工另一个齿轮前应对机床进行哪些调整?

2-9　各类机床中,能用于加工外圆、内孔、平面和沟槽的各有哪些机床?它们的适用范围有何区别?

2-10　简述数控机床的特点及应用范围。

2-11　数控机床是由哪些部分组成的?各有什么作用?

2-12　什么是开环、闭环、半闭环伺服系统?各适用于什么场合?

2-13　确定外圆车刀切削部分几何形状最少需要几个基本角度?试画图标出这些基本角度。

2-14　刀具标注角度正交平面参考系由哪些平面组成?它们是如何定义的?

2-15　试述刀具标注角度和工作角度的区别。为什么车刀进行横向切削时,进给量取值不能过大?

2-16　刀具切削部分的材料必须具备哪些基本性能?

2-17　普通高速钢有什么特点?常用的牌号有哪些?主要用来制造哪些刀具?

2-18　什么是硬质合金？常用的牌号有哪几大类？一般如何选用？

2-19　试说明陶瓷、人造金刚石、立方氮化硼刀具材料的特点及应用范围。

2-20　常用车刀有哪几大类？各有什么特点？

2-21　常用的孔加工刀具有哪些？它们的应用范围如何？

2-22　麻花钻的结构有何特点？比较麻花钻、扩孔钻、铰刀在结构上的异同。

2-23　铣刀主要有哪些类型？它们的用途如何？

2-24　砂轮硬度与磨粒硬度有何不同？二者有无联系？

2-25　自动化加工中刀具的主要特点是什么？

2-26　为什么夹具具有扩大机床工艺范围的作用？试举例说明。

2-27　为什么说夹紧不等于定位？

2-28　根据六点定位原理,分析图 2-75 所示各定位方案中,各定位元件分别限制了哪些自由度。

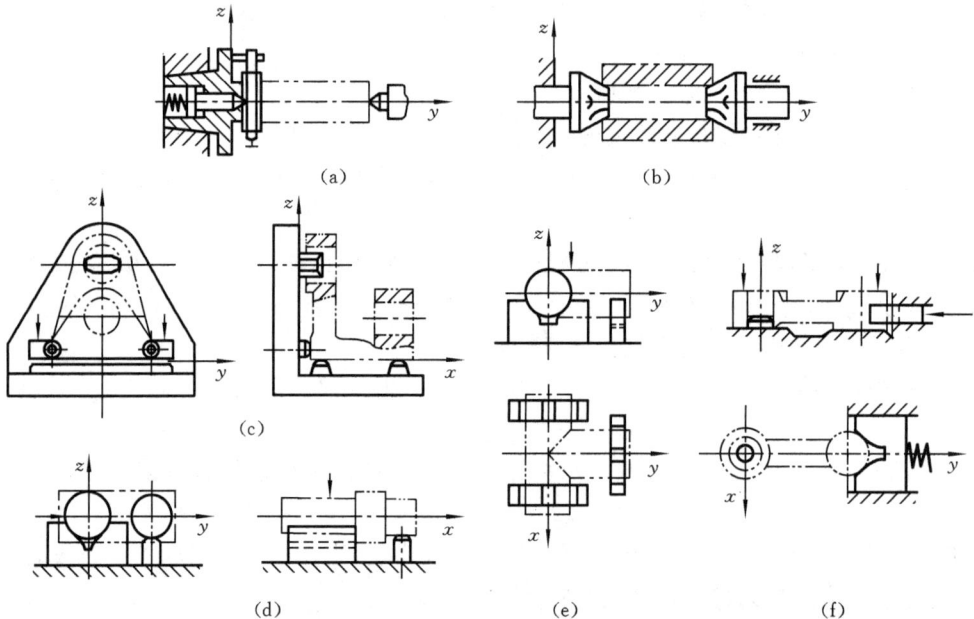

（a）　　　　　　　　　（b）

（c）

（d）　　　　　　　　（e）　　　　　　　　（f）

图 2-75　定位方案

2-29　工件装夹在夹具中,凡是有六个定位支承点,即为完全定位;凡是有六个定位支承点就不会出现欠定位;凡是超过六个定位支承点就是过定位,不超过六个定位支承点就不会出现过定位。这些说法对吗？为什么？

2-30　图 2-76 所示连杆在夹具中定位,定位元件分别为支承平面 1、短圆柱销 2 和固定短 V 形块 3。试分析该定位方案的合理性,若不合理,试提出改进办法。

2-31　何谓定位误差？产生定位误差的原因有哪些？

2-32　图 2-77 所示齿坯在 V 形块上定位插键槽,要求保证工序尺寸 $H = 38.5 ^{+0.2}_{0}$ mm。已知:$d = \phi 80 ^{0}_{-0.1}$ mm,$D = \phi 35 ^{+0.025}_{0}$ mm。若不计内孔与外圆同轴度误差的影响,试求此工序的定位误差。

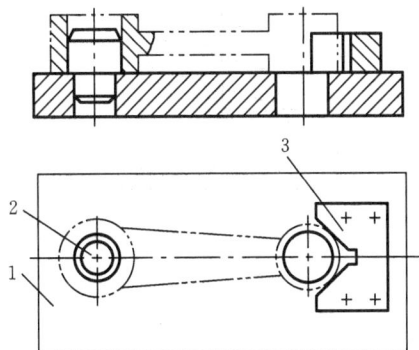

图 2-76　连杆定位

1—支承平面；2—短圆柱销；3—固定短 V 形块

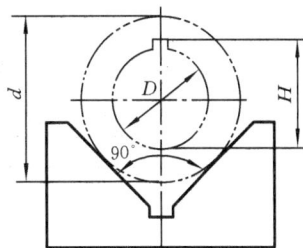

图 2-77　齿坯定位

2-33　图 2-78(a)所示为铣键槽工序的加工要求，已知轴径尺寸为 $\phi 80_{-0.1}^{0}$ mm，试分别计算图 2-78(b)、图 2-78(c)所示两种定位方案的定位误差。

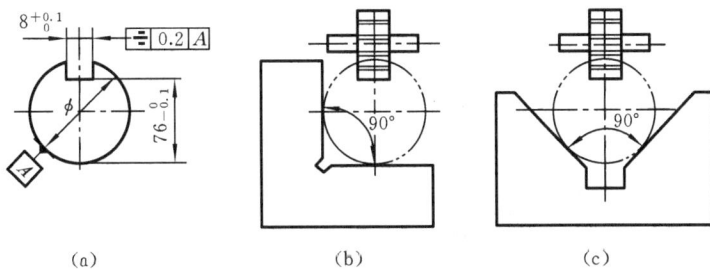

(a)　　　　　　　　　(b)　　　　　　　　　(c)

图 2-78　铣键槽

2-34　试分析图 2-79 所示各夹紧方案是否合理。若有不合理之处，应如何改进？

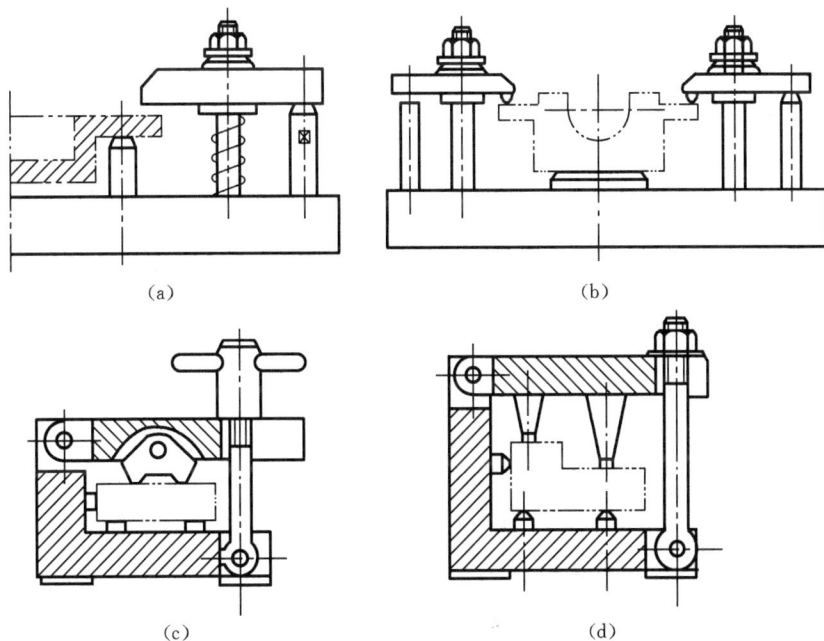

(a)　　　　　　　　　　　　　(b)

(c)　　　　　　　　　(d)

图 2-79　夹紧方案

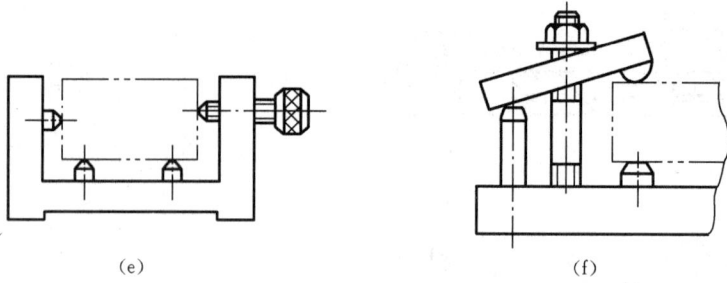

(e)

(f)

续图 2-79

2-35   试分析三种基本夹紧机构的优缺点。

2-36   已知切削力 F,若不计小轴 1、2 的摩擦损耗,试计算图 2-80 所示夹紧装置作用在斜楔左端的作用力 F_Q。

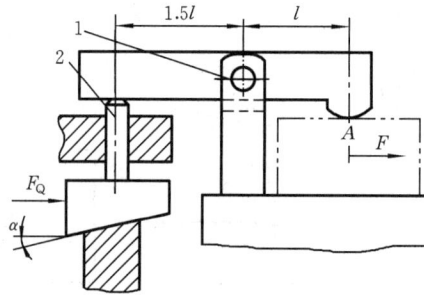

图 2-80   夹紧装置

2-37   对专用夹具的基本要求是什么?

第3章 金属切削过程及控制

机械制造中的零件大都通过切除其多余的金属材料而获得。在这一切削过程中,操作者必须根据具体的情况选择合适的切削用量。由于操作者对金属切削过程的认识不同,因而对同一零件在同一过程中切削用量的选择也会是各种各样的,这样就导致了劳动生产率和经济效益上的差异。金属切削过程中到底会产生什么物理现象?这些物理现象之间有什么联系?这些联系究竟有什么规律可循?这些规律对切削用量的选择到底有什么影响?切削用量的选择应遵从什么原则?如何尽可能选择出最合理(即最能符合当时生产条件)的切削用量?有无可能改变常规思路,将常规加工中精加工所用的磨削工艺直接引入到粗加工中去,在保证产品质量的前提下提高劳动生产率和经济效益?这些问题都是每个机械制造行业的从业人员需要知道的问题。

金属切削过程是指将工件上多余的金属层,通过切削加工使其被刀具切除成为切屑从而得到所需要的零件几何形状的过程。在这一过程中,始终存在着刀具切削工件和工件材料抵抗切削的矛盾。从而产生一系列现象,如切削变形、切削力、切削热与切削温度以及有关刀具的磨损与刀具寿命、卷屑与断屑等。对这些现象进行研究,揭示其内在的机理,探索和掌握金属切削过程的基本规律,从而主动地加以有效控制,对保证加工精度和表面质量,提高切削效率,降低生产成本和劳动强度具有十分重大的意义。

3.1 切削过程及切屑类型

3.1.1 切屑形成过程及切削变形区的划分

大量的实验和理论分析证明,塑性金属切削过程中切屑的形成过程就是切削层金属的变形过程。图 3-1 是用显微镜直接观察低速直角自由切削工件侧面得到的切削层的金属变形情况。根据该图可绘制出图 3-2 所示的金属切削过程中的滑移线和流线示意图。流线表示被切削金属的某一点在切削过程中流动的轨迹。由图 3-2 可见,可大致划分为三个变形区。

(1)第一变形区。从 OA 线开始发生塑性变形,到 OM 线晶粒的剪切滑移基本完成。这一部分称为第一变形区(Ⅰ)。

(2)第二变形区。切屑沿前刀面排出时进一步受到前刀面的挤压和摩擦,使靠近前刀面处金属纤维化,基本上和前刀面相平行。这一部分称为第二变形区(Ⅱ)。

(3)第三变形区。已加工表面受到切削刃钝圆部分与后刀面的挤压和摩擦,产生变形与回弹,造成纤维化和加工硬化。这一部分的变形也是比较密集的,称为第三变形区(Ⅲ)。

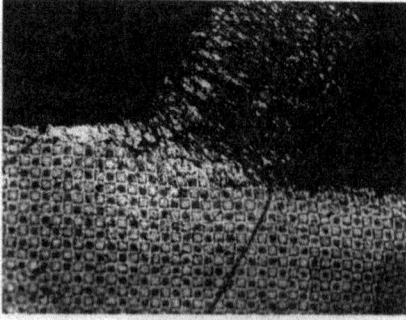

图 3-1　金属切削层变形图像

工件材料:Q235A,　$v=0.01$ m/min,
$a_c=0.15$ mm,　$\gamma_o=30°$

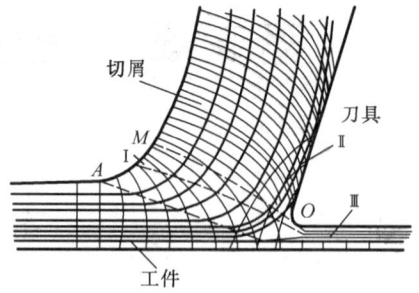

图 3-2　金属切削过程中的滑移线和流线示意图

这三个变形区汇集在切削刃附近,此处的应力比较集中而复杂,金属的被切削层就在此处与工件本体分离,大部分变成切屑,很小一部分留在已加工表面上。

图 3-2 中的虚线 OA、OM 实际上就是等切应力曲线。如图 3-3 所示,当切削层中金属某点 P 向切削刃逼近,到达点 1 的位置时,其切应力达到材料的屈服点 τ_s,点 1 在向前移动的同时,也沿 OA 线滑移,其合成运动将使点 1 流动到点 2。2′-2 就是它的滑移量。随着滑移的产生,切应力将逐渐增加,也就是当 P 点向 1,2,3,…各点流动时,它的切应力不断增加,直到点 4 位置,其流动方向与前刀面平行,不再沿 OM 线滑移。所以 OM 线称为终滑移线,OA 线称为始滑移线。在整个第一变形区(OA 线到 OM 线之间),变形的主要特征就是沿滑移线的剪切变形,以及随之产生的加工硬化。在切削速度较高时,这一变形区较窄。

沿滑移线的剪切变形,从金属晶体结构的角度来看,就是沿晶格中晶面的滑移。滑移的情况可用图 3-4 所示的模型来说明。工件原材料的晶粒可假定为圆的颗粒(见图 3-4(a)),当它受到切应力时,晶格内的晶面就发生位移,而使晶粒呈椭圆形。这样,圆的直径 AB 就变成椭圆的长轴 $A'B'$(见图 3-4(b))。$A''B''$ 就是金属纤维化的方向(见图 3-4(c))。可见晶粒伸长的方向即纤维化方向,是与滑移方向即剪切面方向不重合的,它们成一夹角 ψ,如图 3-5 所示。图中第一变形区较宽,代表切削速度很低的情况。在一般的切削速度范围内,第一变形区的宽度仅为 0.2~0.02 mm,所以可用一剪切面来表示。剪切面和切削速度方向的夹角称为剪切角,以 ϕ 表示(见图 3-6)。

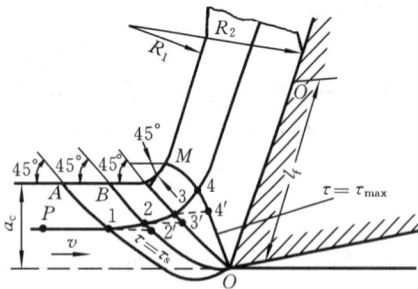

图 3-3　第一变形区金属的滑移

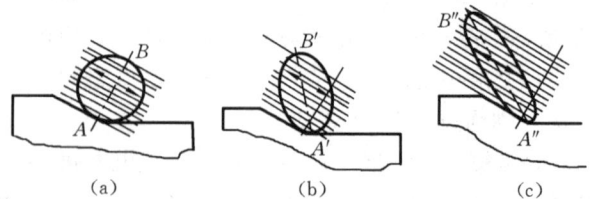

图 3-4　晶粒滑移示意图

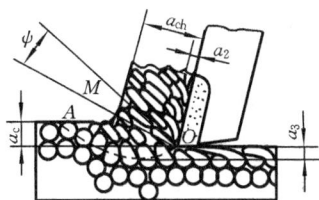

图 3-5 滑移与晶粒的伸长

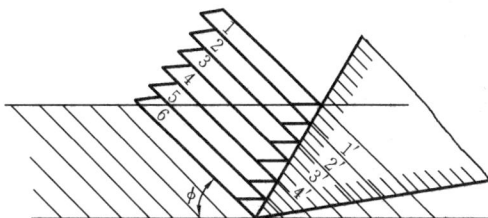

图 3-6 金属切削过程示意图

根据上述的变形过程,可以把塑性金属的切削过程粗略地模拟为如图 3-6 所示的示意图。被切材料好比一叠卡片 $1'$、$2'$、$3'$、$4'$ 等,当刀具切入时,这叠卡片受力被摞到 1、2、3、4 等位置,卡片之间发生滑移,其滑移方向就是剪切面方向。

实验证明,剪切角 ϕ 的大小和切削力的大小有直接关系。对于同一工件材料,用同样的刀具切削同样大小

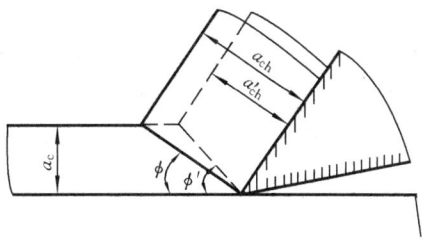

图 3-7 ϕ 角与剪切面面积的关系

的切削层,当切削速度高时,ϕ 角较大,剪切面积变小(见图 3-7),切削比较省力,说明剪切角的大小可以作为衡量切削过程情况的一个标志。可以用剪切角来作为衡量切削过程变形的参数。

3.1.2 变形程度的表示方法

切削变形程度有三种不同的表示方法,分述如下。

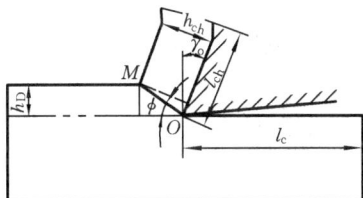

图 3-8 变形系数 Λ_h 的计算

1. 变形系数 Λ_h

在切削过程中,刀具切下的切屑厚度 h_{ch} 通常都大于工件切削层厚度 h_D,而切屑长度 l_{ch} 却小于切削层长度 l_c,如图 3-8 所示。切屑厚度 h_{ch} 与切削层厚度 h_D 之比称为厚度变形系数 Λ_{ha};而切削层长度 l_c 与切屑长度 l_{ch} 之比称为长度变形系数 Λ_{hl}。由图 3-8 知

$$\Lambda_{ha} = \frac{h_{ch}}{h_D} = \frac{\overline{OM} \cdot \sin(90° - \phi + \gamma_o)}{\overline{OM} \cdot \sin\phi} = \frac{\cos(\phi - \gamma_o)}{\sin\phi} \qquad (3\text{-}1)$$

$$\Lambda_{hl} = \frac{l_c}{l_{ch}}$$

由于切削层变成切屑后宽度变化很小,根据体积不变原理,可求得

$$\Lambda_{ha} = \Lambda_{hl}$$

Λ_{ha} 与 Λ_{hl} 可统一用符号 Λ_h 表示。变形系数 Λ_h 的值是大于 1 的数,它直观地反映了切屑的变形程度,Λ_h 越大,变形越大。Λ_h 值可通过实测求得。

由式(3-1)知,Λ_h 与剪切角 ϕ 有关,ϕ 增大,Λ_h 减小,切削变形减小。

2. 相对滑移 ε

既然切削过程中金属变形的主要形式是剪切滑移,当然就可以用相对滑移 ε(剪应变)来

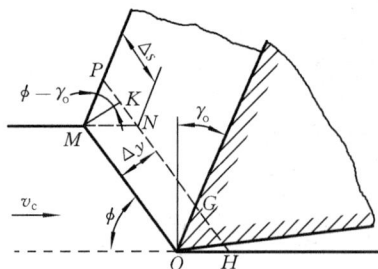

图 3-9　剪切变形示意图

衡量切削过程的变形程度。图 3-9 中,平行四边形 $OHNM$ 发生剪切变形后,变为平行四边形 $OGPM$,其相对滑移

$$\varepsilon = \frac{\Delta S}{\Delta y} = \frac{\overline{NP}}{\overline{MK}} = \frac{\overline{NK} + \overline{KP}}{\overline{MK}}$$

$$\varepsilon = \cot\phi + \tan(\phi - \gamma_\circ) \qquad (3-2)$$

3. 剪切角 ϕ

由式(3-1)知,剪切角 ϕ 与切削变形有密切关系,也可以用剪切角 ϕ 来衡量切削变形的程度。在剪切面上金属产生了滑移变形,最大剪应力就在剪切面上。根据在直角自由切削状态下的作用力分析,在垂直于切削合力 F 方向的平面内剪应力为零,切削合力 F 的方向就是主应力的方向。根据材料力学平面应力状态理论,主应力方向与最大剪应力方向的夹角应为 $45°$,即 F_s 与 F 的夹角应为 $45°$,故有

$$\phi + \beta - \gamma_\circ = \frac{\pi}{4}$$

则

$$\phi = \frac{\pi}{4} - (\beta - \gamma_\circ) \qquad (3-3)$$

式中:$\beta - \gamma_\circ$——合力与切削速度方向的夹角,称为作用角,用 ω 表示。

3.1.3　积屑瘤的形成及其对切削过程的影响

1. 积屑瘤的形成及其影响

在切削速度不高而又能形成带状切屑的情况下,加工一般钢料或铝合金等塑性材料时,常在前刀面处黏着一块剖面呈三角状(见图 3-10)的硬块,它的硬度很高,通常是工件材料硬度的 $2\sim3$ 倍,这块黏附在前刀面上的金属硬块称为积屑瘤。

切削时,切屑与前刀面接触处发生强烈摩擦,当接触面达到一定温度,同时又存在较高压力时,被切材料会黏结(冷焊)在前刀面上。连续流动的切屑从黏在前刀面上的底层金属上流过时,如果温度与压力适当,切屑底部材料也会被阻滞在已经"冷焊"在前刀面上的金属层上,黏成一体,使黏结层逐步长大,形成积屑瘤。积屑瘤的产生及其成长与工件材料的性质、切削区的温度分布和压力分布有关。塑性材料的加工硬化倾向越强,越易产生积屑瘤;切削区的温度和压力很低时,不会产生积屑瘤;温度太高时,由于材料变软,也不易产生积屑瘤。对碳钢来说,切削区温度处于 $300\sim350$ ℃时积屑瘤的高度最大,切削区温度超过 500 ℃时积屑瘤便自行消失。在背吃刀量 a_p 和进给量 f 保持一定时,积屑瘤高度 H_b 与切削速度 v_c 有密切关系,因为切削过程中产生的热是随切削速度的提高而增加的。图 3-11 中,Ⅰ区为低速区,不产生积屑瘤;Ⅱ区积屑瘤高度随 v_c 的增大而增大;Ⅲ区积屑瘤高度随 v_c 的增大

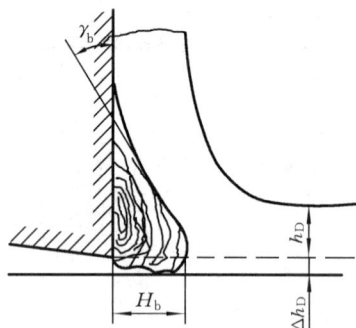

图 3-10　积屑瘤前角 γ_b 和伸出量 Δh_D

而减小；Ⅳ区不产生积屑瘤。

2. 积屑瘤对切削过程的影响

（1）使刀具前角变大。阻滞在前刀面上的积屑瘤有使刀具实际前角增大的作用（见图 3-10），使切削力减小。

（2）使切削厚度变大。积屑瘤前端超过了切削刃，使切削厚度增大，其增量为 Δh_D，如图 3-10 所示。Δh_D 将随着积屑瘤的变大逐渐增大，一旦积屑瘤从前刀面上脱落或断裂，Δh_D 值就将迅速减小。切削厚度变化必然导致切削力产生波动。

图 3-11　积屑瘤高度与切削速度的关系

（3）使加工表面粗糙度增大。积屑瘤伸出切削刃之外的部分高低不平，形状也不规则，会使加工表面粗糙度增大；破裂脱落的积屑瘤也有可能嵌入加工表面使加工表面质量下降。

（4）对刀具寿命（即刀具耐用度）的影响。黏在前刀面上的积屑瘤，可以替代刀刃切削，有减小刀具磨损、提高刀具寿命的作用；但如果积屑瘤从刀具前刀面上频繁脱落，可能会把前刀面上的刀具材料颗粒拽去（这种现象易发生在硬质合金刀具上），反而使刀具寿命下降。

3. 防止积屑瘤产生的措施

积屑瘤对切削过程的影响有积极的一面，也有消极的一面。精加工时必须防止积屑瘤的产生，可采取的控制措施有如下几种。

（1）正确选择切削速度，使切削速度避开产生积屑瘤的区域。

（2）使用润滑性能好的切削液，目的在于减小切屑底层材料与刀具前刀面间的摩擦。

（3）增大刀具前角 γ_o，减小刀具前刀面与切屑之间的压力。

（4）适当提高工件材料硬度，减小加工硬化倾向。

3.1.4　切屑的类型及控制

1. 切屑的类型及其分类

由于工件材料不同，切削过程中的变形程度也就不同，因而产生的切屑种类也就多种多样，如图 3-12 所示，其中图（a）至图（c）为切削塑性材料的切屑，图（d）为切削脆性材料的切屑。

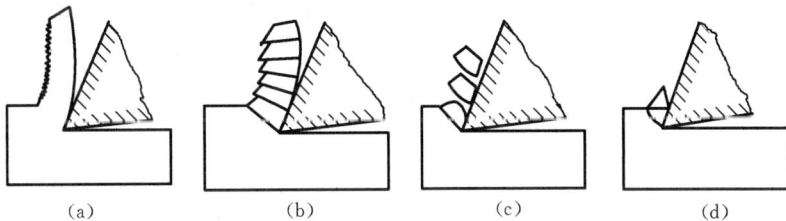

图 3-12　切屑类型
（a）带状切屑；（b）挤裂切屑；（c）单元切屑；（d）崩碎切屑

（1）带状切屑。这是最常见的一种切屑（见图 3-12（a））。它的内表面是光滑的，外表面呈毛茸状。如用显微镜观察，在外表面上也可看到剪切面的条纹，但每个单元很薄，肉眼看来大体上是平整的。加工塑性金属材料，当切削厚度较小、切削速度较高、刀具前角较大时，一般常形成这类切屑。它的切削过程平稳，切削力波动较小，已加工表面粗糙度较小。

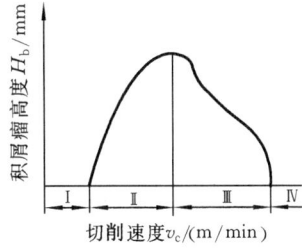

(2) 挤裂切屑。如图 3-12(b)所示,这类切屑与带状切屑不同之处在外表面呈锯齿状,内表面有时有裂纹。这类切屑之所以呈锯齿状,是由于它的第一变形区较宽,在剪切滑移过程中滑移量较大。由滑移变形所产生的加工硬化使剪切力增加,在局部达到材料的破裂强度。这种切屑大多在切削速度较低、切削厚度较大、刀具前角较小时产生。

(3) 单元切屑。如果在挤裂切屑的剪切面上,裂纹扩展到整个面上,则整个单元被切离,变为梯形的单元切屑,如图 3-12(c)所示。

以上三种切屑只有在加工塑性材料时才可能产生。其中,带状切屑的切削过程最平稳,单元切屑的切削力波动最大。在生产中最常见的是带状切屑,有时得到挤裂切屑,单元切屑则很少见。假如改变挤裂切屑的条件,如进一步减小刀具前角,减低切削速度或增大切削厚度,就可以得到单元切屑;反之,则可以得到带状切屑。这说明切屑的形态是可以随切削条件而转化的。掌握了它的变化规律,就可以控制切屑的变形、形态和尺寸,以达到卷屑和断屑的目的。

(4) 崩碎切屑。这属于脆性材料的切屑。这种切屑的形状是不规则的,加工表面是凹凸不平的,如图 3-12(d)所示。从切削过程来看,切屑在破裂前变形很小,和塑性材料的切屑形成机理也不同。它的脆断主要是由于材料所受的应力超过了它的抗拉极限。加工脆性材料,如高硅铸铁、白口铁等,特别是当切削厚度较大时常得到这种切屑。由于它的切削过程很不平稳,容易破坏刀具,也有损于机床,且已加工表面又粗糙,因此在加工中应力求避免,其方法是减小切削厚度,使切屑呈针状或片状;同时提高切削速度,以增加工件材料的塑性。

以上是四种典型的切屑,但加工现场获得的切屑,其形状是多种多样的。在现代切削加工中,切削速度与金属切削率达到了很高的水平,切削条件很恶劣,常常产生大量"不可接受"的切屑。这类切屑或拉伤已加工的表面,使表面粗糙度恶化;或划伤机床,卡在机床运动副之间;或造成刀具的早期破损;有时甚至影响操作者的安全。特别对于数控机床、生产自动线以及柔性制造系统,如不能进行有效的切屑控制,轻则限制了机床能力的发挥,重则使生产无法正常进行。所谓切屑控制(又称切屑处理,工厂中一般简称为"断屑"),是指在切削加工中采取适当的措施来控制切屑的卷曲、流出与折断,使形成"可接受"的良好屑形。

从切屑控制的角度出发,国际标准化组织(ISO)制定了切屑分类标准,如图 3-13 所示。测量切屑可控性的主要标准是:不妨碍正常的加工(即不缠绕在工件、刀具上,不飞溅到机床运动部件中);不影响操作者的安全;易于清理、存放和搬运。ISO 分类法中的 3-1、2-2、3-2、4-2、5-2、6-2 类切屑单位质量所占空间小,易于处理,属于良好的屑形。对于不同的加工场合,如不同的机床、刀具或者不同的被加工材料,有相应的可接受屑形。因而,在进行切屑控制时,要针对不同情况采取相应的措施,以得到可接受的良好屑形。

2. 切屑的控制

在生产实践中会看到不同的排屑情况。有的切屑打成螺卷状,到一定长度时自行折断;有的切屑折成 C 形、6 字形;有的呈发条状卷屑;有的碎成针状或小片,四处飞溅,影响安全;有的带状切屑缠绕在刀具和工件上,易造成事故。不良的排屑状态会影响生产的正常运行,因此切屑的控制具有重要意义,这在自动化生产线上加工时尤为重要。

切屑经第Ⅰ、第Ⅱ变形区的剧烈变形后,硬度增加,塑性下降,性能变脆。在切屑排出过程中,当碰到刀具后刀面、工件上过渡表面或待加工表面等障碍时,如某一部分的应变超过了切屑材料的断裂应变值,切屑就会折断。图 3-14 所示为切屑碰到工件或刀具后刀面折断的情况。

图 3-13　国际标准化组织的切屑分类法

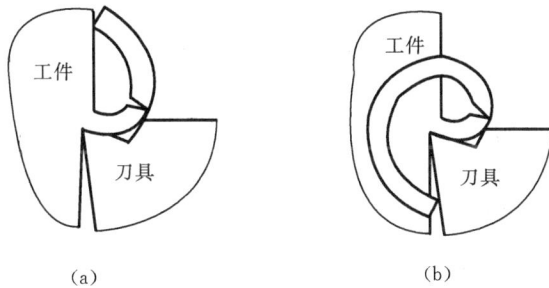

(a)　　　　　　　　　　(b)

图 3-14　切屑碰到工件或刀具后刀面折断

(a) 切屑碰到工件折断；(b) 切屑碰到刀具后刀面折断

研究表明，工件材料脆性越大（断裂应变值越小）、切屑厚度越大、切屑卷曲半径越小，切屑就越容易折断。生产中可采用以下措施对切屑实施控制。

(1) 采用断屑槽。通过设置断屑槽对流动中的切屑施加一定的约束力，使切屑应变增大，切屑卷曲半径减小。断屑槽的尺寸参数应与切削用量的大小相适应，否则会影响断屑效果。常用的断屑槽截面形状有折线形、直线圆弧形和全圆弧形，如图 3-15 所示。前角较大时，采用全圆弧形断屑槽刀具的强度较好。断屑槽位于前刀面上的形式有平行、外斜、内斜三种，如图 3-16 所示。外斜式常形成 C 形屑和 6 字形屑，能在较宽的切削用量范围内实现断屑；内斜式常形成长紧螺卷形屑，但断屑范围窄；平行式的断屑范围居于上述两者之间。

由于磨槽与压块的调整工作一般是由操作者单独进行的，因此使用效果取决于他们的经验与技术水平，往往难以获得满意的效果。一个可行的而且较为理想的解决方法就是结合推广使用可转位刀具，由专业化生产的刀具厂家和研究单位来集中解决合理的槽形设计和精确的制造工艺问题。

(2) 改变刀具角度。增大刀具主偏角 κ_r，切削厚度变大，有利于断屑。减小刀具前角 γ_o 可

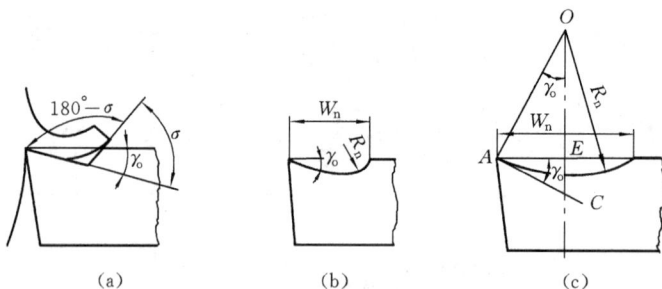

图 3-15　断屑槽截面形状
(a) 折线形；(b) 直线圆弧形；(c) 全圆弧形

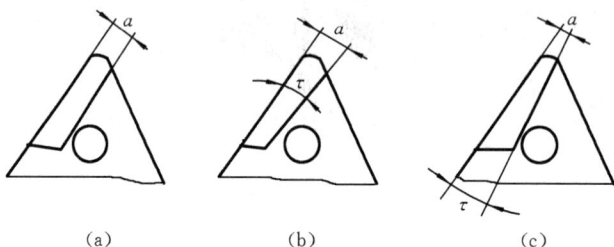

图 3-16　前刀面上的断屑槽形状
(a) 平行式；(b) 外斜式；(c) 内斜式

使切屑变形加大，切屑易于折断。刃倾角 λ_s 可以控制切屑的流向，当 λ_s 为正值时，切屑常卷曲后碰到后刀面折断形成 C 形屑或自然流出形成螺卷屑；当 λ_s 为负值时，切屑常卷曲后碰到已加工表面折断成 C 形屑或 6 字形屑。

(3) 调整切削用量。提高进给量 f 使切削厚度增大，对断屑有利；但增大 f 会增大加工表面粗糙度。适当地降低切削速度使切削变形增大，也有利于断屑，但这会降低材料切除效率。生产中须根据实际条件适当选择切削用量。

3.2　切　削　力

金属切削过程中，刀具施加于工件使工件材料产生变形，并使多余材料变为切屑所需的力称为切削力。切削力直接影响切削热、刀具磨损与耐用度，是影响加工工件质量、工艺系统强度和刚度的重要因素，是金属切削过程中的基本物理现象之一。分析研究和计算切削力，是计算切削功率，设计和使用刀具、机床、夹具以及制定合理的切削用量，优化刀具几何参数的重要依据，同时对分析切削过程并进一步弄清切削机理，指导生产实际也具有非常重要的意义。

3.2.1　切削力的来源、切削合力及分解、切削功率

1. 切削力的来源

刀具要切下金属材料，必须使被切金属产生弹性变形、塑性变形，并要克服金属材料对刀具的摩擦。因此，切削力的来源有以下三个方面(见图 3-17)：

(1) 切削层金属、切屑和工件表面金属的弹性变形所产生的抗力；

（2）切削层金属、切屑和工件表面金属的塑性变形所产生的抗力；

（3）刀具与切屑、工件表面间的摩擦阻力。

要顺利进行切削，切削力必须克服上述各力。

2. 切削力合力及分解

如图3-17所示，切削时作用在刀具上的力，有变形抗力分别作用在前、后刀面，有摩擦力分别作用在前、后刀面。对于锐利的刀具，作用在前刀面上的力是主要的，作用在后刀面上的力很小，分析时可以忽略不计。上述各力的总和形成作用在刀具上的合力F_r（国标为F），即作用在刀具上的总切削力。切削时，合力F_r作用在近切削刃空间某方向，其大小与方向都不易确定，因此，为便于测量、计算和实际应用，常将合力F_r分解成三个互相垂直的分力。

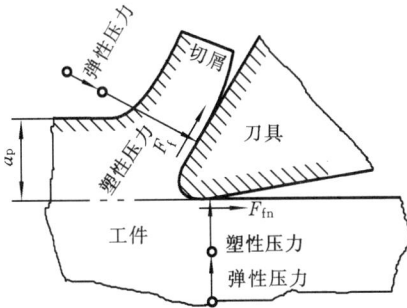

图3-17　切削力的来源　　　　　　　　　图3-18　切削合力与分力

如图3-18所示车削外圆时的切削合力与分力，三个互相垂直的分力分别为F_z（国标为F_c）、F_y（国标为F_p）和F_x（国标为F_f）。

（1）F_z——主切削力或切向力。它切于过渡表面且与基面垂直，并与切削速度v的方向一致。F_z是确定机床的电动机功率，计算车刀强度，设计主轴粗细、齿轮大小、轴承号数等机床零件所必需的。生产中所说的切削力一般都是指主切削力，该力会将刀头向下压，过大时，可能会使刀具崩刃或折断。

（2）F_y——切深抗力或背向力、径向力、吃刀力。它处于基面内并与进给方向垂直，是加工表面法线方向上的分力。该力会将刀具推离工件表面，是造成刀具在切削中"让刀"的主要原因，引起工件的弯曲，尤其是在切削加工细长工件时更为明显。它虽不做功，但能使工件变形或振动，对加工精度和已加工表面质量影响较大。

（3）F_x——进给力或轴向力、走刀力。它处于基面内并与工件轴线方向相平行，它是与进给方向相反的力。该力是检验进给机构强度，计算车刀进给功率所必需的数据。该力会将工件压向主轴，因此加工时工件和刀具都必须夹紧，以免在轴线方向产生窜动。

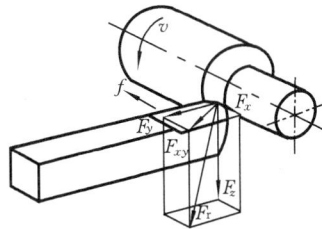

由图3-18可知，切削合力与各分力之间的关系为

$$F_r = \sqrt{F_z^2 + F_{xy}^2} = \sqrt{F_z^2 + F_y^2 + F_x^2} \qquad (3-4)$$

$$F_y = F_{xy}\cos\kappa_r \qquad (3-5)$$

$$F_x = F_{xy}\sin\kappa_r \qquad (3-6)$$

随着刀具材料、刀具几何角度、切削用量及工件材料等加工情况的不同，这三个分力之间的比例可在较大范围内变化，其中F_y约为$(0.15\sim0.7)F_z$，F_x约为$(0.1\sim0.6)F_z$。例如，通过实验可知：当$\kappa_r=45°$、$\gamma_o=15°$、$\lambda_s=0°$时，$F_z:F_y:F_x=1:(0.4\sim0.5):(0.3\sim0.4)$，$F_r=$

$(1.12\sim1.18)F_z$，总切削力 F_r 的大小主要取决于主切削力 F_z，F_z 在各分力中最大。

3. 切削功率

消耗在切削过程中的功率称为切削功率，用 P_m（国标为 P_c）表示。计算切削功率主要用于核算加工成本和计算能量消耗，并在设计机床时根据它来选择机床主电动机功率。

切削加工中，主运动消耗的功率为 $F_z v_c \times 10^{-3}(\text{kW})$，进给运动消耗的功率为 $\dfrac{F_x n_w f}{1\ 000} \times 10^{-3}(\text{kW})$，因为在 F_y 分力方向没有位移，故 F_y 不消耗功率，因此总切削功率 $P_m(\text{kW})$ 为 F_z 和 F_x 所消耗功率之和，于是

$$P_m = \left(F_z v_c + \frac{F_x n_w f}{1\ 000}\right) \times 10^{-3} \tag{3-7}$$

式中：F_z——主切削力（N）；

$\quad\quad F_x$——进给力（N）；

$\quad\quad v_c$——切削速度（m/s）；

$\quad\quad n_w$——工件转速（r/s）；

$\quad\quad f$——进给量（mm/r）。

其中，F_z 所消耗功率占总切削功率的 95% 左右，F_x 所消耗功率占总切削功率的 5% 左右。由于消耗在进给运动中的功率所占比例很小，通常可略而不计。即

$$P_m = F_z v_c \times 10^{-3} \tag{3-8}$$

计算出切削功率后，可以进一步计算出机床电动机的功率 P_E，以便选择机床电动机，此时还应考虑到机床的传动效率。

机床电动机功率 P_E 应满足：

$$P_E = P_m / \eta_m \tag{3-9}$$

式中：η_m——机床的传动效率，一般取为 $0.75\sim0.85$，大值适用于新机床，小值适用于旧机床。

由式(3-9)可检验和选取机床电动机的功率。

3.2.2 切削力的测量

在生产实际中，切削力的大小一般使用由实验结果建立起来的经验公式进行计算。但是在需要较为准确地知道某种切削条件下的切削力时，还需进行实际测量。随着测试手段的现代化，切削力的测量方法有了很大的发展，在很多场合下已经能很精确地测量切削力。当前采用测力仪直接测量切削力是一种研究切削力行之有效的手段。

测力仪必须具备以下性能：足够的刚度；较高的固有频率；足够的灵敏度；各分力间相互干扰要小；测力仪的输出应不受作用点位置变化的影响；测力仪的输出应具有较好的线性及较小的滞后现象。

测力仪按其工作原理可以分为机械式测力仪、油压式测力仪和电测力仪。电测力仪又可分为电阻应变式测力仪、电感式测力仪、电容式测力仪及压电式测力仪，目前常用的是电阻应变式测力仪和压电式测力仪。

就电阻应变式测力仪而言，尽管它种类繁多、结构各异，但其工作原理是一样的，即在测力仪弹性元件的适当位置上粘贴具有一定电阻值 R 的电阻应变片，然后将电阻应变片连接成电桥。如图 3-19 所示的电阻应变片组成的电桥，设电桥各臂的电阻分别为 R_1、R_2、R_3 和 R_4。如

果 $\dfrac{R_1}{R_2} = \dfrac{R_3}{R_4}$，则电桥平衡，B、D 两点间电位差为 0，电流表中没有电流通过。切削时，弹性元件受力变形，于是紧贴在其上的电阻应变片也随之变形，电阻值 R 发生了变化（$R \pm \Delta R$）。当电阻应变片受拉伸变形时，长度增大，截面积缩小，电阻值增大（$R + \Delta R$）；当电阻应变片受压缩变形时，长度缩短，截面积增大，电阻值减小（$R - \Delta R$）。在上述两种情况下，电桥的平衡条件受到破坏，于是，B、D 两点之间产生电位差。由于电阻应变片的电阻变化很小，所以一般还需要用电阻应变仪将其放大。一般还要通过

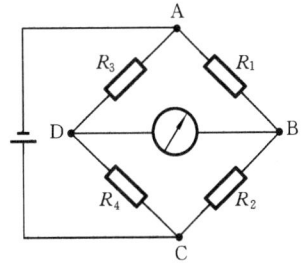

图 3-19　电阻应变片组成的电桥

其他仪表将这两点间的电流、电压或电功率的数值放大、显示和记录下来。这几个电参数与切削力成正比，经过机械标定和电标定，可以得到电参数与切削力之间的关系曲线。测力时，只要知道电参数，便能从标定曲线上查得切削力的数值。当测得了三个方向的分力后，还应通过计算扣除相互间的干扰误差，获得真实的各方向分力和总切削力。

压电式测力仪的工作原理是基于石英晶体的正压电效应。当晶体受力的作用时，产生变形，从而在晶体表面产生电荷，所产生的电荷量与外力成正比，这种现象称为压电效应。三向压电晶体传感器由三组石英晶片所组成，当空间任意方向的力作用于传感器上时，能自动地将作用力分解为三个相互垂直的分力。由于在力的作用下压电式测力仪的石英晶片所产生的电荷很少，因此尚需配用电荷放大器进行放大，再用光线示波器或数字电压表进行记录。由于压电式测力仪刚度好、灵敏度高，且可以测量动态切削力，因此应用逐渐增多。

除此之外，还可通过测定机床功率来计算切削力。根据上面分析，用功率表测出机床电动机在切削过程中所消耗的功率 P_E 后则可计算出切削功率；当切削速度 v_c 为已知时，即可求出主切削力。但这种方法只能粗略估算切削力的大小，不够精确。

随着计算机的广泛应用，也可以利用计算机对切削力进行辅助测试。

3.2.3　切削力的计算及经验公式

目前计算切削力多采用经验公式，它是通过大量的实验，用切削力测量仪测得切削力后，对所得数据用图解法、线性回归法等方法进行处理而得到的。

在生产中计算切削力的经验公式可分为两类：一类是指数公式；一类是按单位切削力进行计算的公式。

1. 计算切削力的指数公式

常用的指数公式形式如下：

$$\left.\begin{array}{l} F_z = C_{F_z} \cdot a_p^{x_{F_z}} \cdot f^{y_{F_z}} \cdot v_c^{n_{F_z}} \cdot K_{F_z} \\[4pt] F_y = C_{F_y} \cdot a_p^{x_{F_y}} \cdot f^{y_{F_y}} \cdot v_c^{n_{F_y}} \cdot K_{F_y} \\[4pt] F_x = C_{F_x} \cdot a_p^{x_{F_x}} \cdot f^{y_{F_x}} \cdot v_c^{n_{F_x}} \cdot K_{F_x} \end{array}\right\} \tag{3-10}$$

式中：F_z——主切削力；

　　　F_y——切深抗力（背向力）；

　　　F_x——进给抗力（进给力）；

C_{F_z}、C_{F_y}、C_{F_x}——与被加工金属材料和切削条件有关的系数；

x_{F_z}、x_{F_y}、x_{F_x}——背吃刀量 a_p 的影响指数；

y_{F_z}、y_{F_y}、y_{F_x}——进给量 f 的影响指数；

n_{F_z}、n_{F_y}、n_{F_x}——切削速度 v_c 的影响指数；

K_{F_z}、K_{F_y}、K_{F_x}——计算条件与实验条件不同时的总修正系数。

　　金属切削用量手册记录了在某特定加工条件下对应的各系数、指数的值,式(3-10)中的系数和指数可在手册中查得。手册中的数值是在特定的刀具几何参数(包括几何角度和刀尖圆弧半径等)条件下针对不同的加工材料、刀具材料和加工形式,由大量的实验结果处理得到的。表 3-1 列出了车削时切削力指数公式中的系数和指数,其中对硬质合金刀具,$\kappa_r = 45°$,$\gamma_o = 10°$,$\lambda_s = 0°$;对高速钢刀具,$\kappa_r = 45°$,$\gamma_o = 20° \sim 25°$,刀尖圆弧半径 $r_\varepsilon = 1.0$ mm。从表 3-1 可以看出,对于大部分加工形式,在计算主切削力时,背吃刀量 a_p 的影响指数 x_{F_z} 大部分为 1.0,进给量 f 的影响指数 y_{F_z} 大部分为 0.75,切削速度 v_c 的影响指数 n_{F_z} 大部分为 0。这是一组最典型的数值,它反映了切削用量三要素对切削力的影响,可以指导我们的生产实际。当实际加工条件与所求得的经验公式的条件不符时,各种因素应用修正系数进行修正。对于 F_z、F_y、F_x,所有相应修正系数的乘积就是 K_{F_z}、K_{F_y}、K_{F_x}。各个修正系数的值或者计算公式也可由切削用量手册查得。表 3-2 至表 3-4 列出了计算条件与实验条件不同时对切削力的修正系数。

表 3-1　切削力指数公式中的系数和指数

加工材料	刀具材料	加工形式	公式中的系数及指数											
			主切削力 F_z				背向力 F_y				进给力 F_x			
			C_{F_z}	x_{F_z}	y_{F_z}	n_{F_z}	C_{F_y}	x_{F_y}	y_{F_y}	n_{F_y}	C_{F_x}	x_{F_x}	y_{F_x}	n_{F_x}
结构钢及铸钢 ($\sigma_b = 0.673$ GPa)	硬质合金	外圆纵车、横车及镗孔	1 433	1.0	0.75	−0.15	572	0.9	0.6	−0.3	561	1.0	0.5	−0.4
		切槽及切断	3 600	0.72	0.8	0	1 393	0.73	0.67	0	—	—	—	—
		车螺纹	23 879	—	1.7	0.71	—	—	—	—	—	—	—	—
	高速钢	外圆纵车、横车及镗孔	1 766	1.0	0.75	0	922	0.9	0.75	0	530	1.2	0.65	0
		切槽及切断	2 178	1.0	1.0	0	—	—	—	—	—	—	—	—
		成形车削	1 874	1.0	0.75	0	—	—	—	—	—	—	—	—
不锈钢 (1Cr18Ni9Ti, 141 HBS)	硬质合金	外圆纵车、横车及镗孔	2 001	1.0	0.75	0	—	—	—	—	—	—	—	—
灰铸铁 (190 HBS)	硬质合金	外圆纵车、横车及镗孔	903	1.0	0.75	0	530	0.9	0.75	0	451	1.0	0.4	0
		车螺纹	29 013	—	1.8	0.82	—	—	—	—	—	—	—	—
	高速钢	外圆纵车、横车及镗孔	1 118	1.0	0.75	0	1 167	0.9	0.75	0	500	1.2	0.65	0
		切槽及切断	1 550	1.0	1.0	0	—	—	—	—	—	—	—	—

续表

加工材料	刀具材料	加工形式	公式中的系数及指数											
			主切削力 F_z				背向力 F_y				进给力 F_x			
			C_{F_z}	x_{F_z}	y_{F_z}	n_{F_z}	C_{F_y}	x_{F_y}	y_{F_y}	n_{F_y}	C_{F_x}	x_{F_x}	y_{F_x}	n_{F_x}
可锻铸铁 (150 HBS)	硬质合金	外圆纵车、横车及镗孔	795	1.0	0.75	0	422	0.9	0.75	0	373	1.0	0.4	0
	高速钢	外圆纵车、横车及镗孔	981	1.0	0.75	0	863	0.9	0.75	0	392	1.2	0.65	0
		切槽及切断	1 364	1.0	1.0	0	—				—			
中等硬度不匀质铜合金 (120 HBS)	高速钢	外圆纵车、横车及镗孔	540	1.0	0.66	0	—				—			
		切槽及切断	736	1.0	1.0	0	—				—			
铝及铝硅合金	高速钢	外圆纵车、横车及镗孔	392	1.0	0.75	0	—				—			
		切槽及切断	491	1.0	1.0	0	—				—			

表 3-2 钢和铸铁的强度、硬度改变时，切削力的修正系数

加工材料	结构钢和铸钢	灰 铸 铁	可锻铸铁
系数 K_{mF}	$K_{mF} = \left(\dfrac{\sigma_b}{0.637} \right)^{n_F}$	$K_{mF} = \left(\dfrac{\text{HBS}}{190} \right)^{n_F}$	$K_{mF} = \left(\dfrac{\text{HBS}}{150} \right)^{n_F}$

上列公式中的指数 n_F

加工材料		刀 具 材 料					
		硬 质 合 金			高 速 钢		
		切 削 力					
		F_z	F_y	F_x	F_z	F_y	F_x
		指数 n_F					
结构钢及铸钢	$\sigma_b \leqslant 0.588$ GPa	0.75	1.35	1.0	0.35	2.0	1.5
	$\sigma_b > 0.588$ GPa				0.75		
灰铸铁及可锻铸铁		0.4	1.0	0.8	0.55	1.3	1.1

表 3-3 铜及铝合金的物理力学性能改变时，切削力的修正系数

铜合金的系数 K_{mF}							铝合金的系数 K_{mF}			
不均质的		非均质的铝合金和铅的质量分数不足 10% 的均质合金	均质合金	铜	铅的质量分数大于 15% 的合金	铝及铝硅合金	硬 铝			
中等硬度 (120 HBS)	高硬度 > (120 HBS)						$\sigma_b = 0.245$ GPa	$\sigma_b = 0.343$ GPa	$\sigma_b > 0.343$ GPa	
1.0	0.75	0.65~0.70	1.8~2.2	1.7~2.1	0.25~0.45	1.0	1.5	2.0	0.75	

表 3-4　加工钢及铸铁时刀具几何参数改变对切削力的修正系数

参　数		刀具材料	修　正　系　数			
			名　称	切　削　力		
名　称	数　值			F_z	F_y	F_x
主偏角	30°	硬质合金	$K_{\kappa_r F}$	1.08	1.30	0.78
	45°			1.0	1.0	1.0
	60°			0.94	0.77	1.11
	75°			0.92	0.62	1.13
	90°			0.89	0.50	1.17
	30°	高速钢		1.08	1.63	0.7
	45°			1.0	1.0	1.0
	60°			0.98	0.71	1.27
	75°			1.03	0.54	1.51
	90°			1.08	0.44	1.82
前角	−15°	硬质合金	$K_{\gamma_o F}$	1.25	2.0	2.0
	−10°			1.2	1.8	1.8
	0°			1.1	1.4	1.4
	10°			1.0	1.0	1.0
	20°			0.9	0.7	0.7
	12°~15°	高速钢		1.15	1.6	1.7
	20°~25°			1.0	1.0	1.0
刃倾角	+5°	硬质合金	$K_{\lambda F}$	1.0	0.75	1.07
	0°				1.0	1.0
	−5°				1.25	0.85
	−10°				1.5	0.75
	−15°				1.7	0.65
刀尖圆弧半径/mm	0.5	高速钢	$K_{\gamma_e F}$	0.87	0.66	1.0
	1.0			0.93	0.82	
	2.0			1.0	1.0	
	3.0			1.04	1.14	
	5.0			1.1	1.33	

2. 用单位切削力计算主切削力

单位切削力指的是单位切削面积上的主切削力,用 $p(\text{N/mm}^2)$ 表示:

$$p = \frac{F_z}{A_c} = \frac{F_z}{a_p f} = \frac{F_z}{a_c a_w} \tag{3-11}$$

式中：F_z——主切削力（N）；

　　　A_c——切削面积（mm^2）；

　　　a_p——背吃刀量（mm）；

　　　f——进给量（mm/r）；

　　　a_c——切削厚度（mm）；

　　　a_w——切削宽度（mm）。

如果单位切削力已知，则 F_z、F_y、F_x 可以通过单位切削力用下列公式计算：

$$\left. \begin{array}{l} F_z = p a_p f K_{f_p} K_{v_{F_z}} K_{F_z} \\ F_y = p a_p f K_{f_p} K_{v_{F_z}} (F_y/F_z) K_{F_y} \\ F_x = p a_p f K_{f_p} K_{v_{F_z}} (F_x/F_z) K_{F_x} \end{array} \right\} \tag{3-12}$$

式中：K_{f_p}——进给量对单位切削力的修正系数；

　　　$K_{v_{F_z}}$——切削速度改变时对主切削力的修正系数；

　　　F_y/F_z、F_x/F_z——主偏角不同时，F_y、F_x 与 F_z 的比值；

　　　K_{F_z}、K_{F_y}、K_{F_x}——刀具几何参数不同时对切削力的修正系数。

实验结果表明，对于不同材料，单位切削力不同；即使是同一材料，如果切削用量、刀具几何参数不同，单位切削力也不相同。因此，在利用单位切削力的实验值计算切削力时，如果切削条件与实验条件不同，必须引入修正系数加以修正。表 3-5 列举了硬质合金外圆车刀切削几种常见材料的单位切削力。用单位切削力计算主切削力是一种更简便的形式。在同一切削条件下，用单位切削力计算出的切削力与用指数公式算出的切削力基本相同。在某些场合需要粗略地估计一下切削力，可以暂时忽略其他因素的影响，用初选的切削层面积乘单位切削

表 3-5　硬质合金外圆车刀切削几种常用材料时的单位切削力

工件材料				单位切削力 /(N/mm²) (kgf/mm²)	实验条件		
名称	牌号	制造、热处理状态	硬度/HBS		刀具几何参数		切削用量范围
钢	45	热轧或正火	187	1 962 (200)	$\gamma_o = 15°$, $\kappa_r = 75°$, $\lambda_s = 0$	前刀面带卷屑槽	$b_{\gamma1} = 0$	$v_c = 1.5 \sim 1.7$ m/s (90~105 m/min)，$a_p = 1 \sim 5$ mm，$f = 0.1 \sim 0.5$ mm/r
		调质（淬火及高温回火）	229	2 305 (235)			$b_{\gamma1} = 0.1 \sim 0.15$ mm，$\gamma_{o1} = -20°$	
		淬硬（淬火及低温回火）	44 (HRC)	2 649 (270)			$b_{\gamma1} = 0$	
	40Cr	热轧或正火	212	1 962 (200)			$b_{\gamma1} = 0.1 \sim 0.15$ mm，$\gamma_{o1} = -20°$	
		调质（淬火及高温回火）	285	2 305 (235)				
灰铸铁	HT20~HT40	退火	170	1 118 (114)		$b_{\gamma1} = 0$，平前刀面，无卷屑槽		$v_c = 1.17 \sim 1.42$ m/s (70~85 m/min)，$a_p = 2 \sim 10$ mm，$f = 0.1 \sim 0.5$ mm/r

力即可。例如用硬质合金刀具车削钢材时,单位切削力可大约取为 2 000 N/mm²,若 $a_p=$ 5 mm,$f=0.4$ mm/r,则 F_z 大约为 2 000×5×0.4 N=4 000 N。

3.2.4　影响切削力的因素

实践证明,切削力的影响因素很多,主要有工件材料、切削用量、刀具几何参数、刀具材料、刀具磨损状态和切削液等。总之,凡是影响切削过程变形和摩擦的因素均影响切削力。

1. 切削用量的影响

1) 背吃刀量和进给量的影响

由式(3-11)可知,切削力是随着切削面积的增大而增大的,切削面积 $A_c=a_p f$,因此切削力随着背吃刀量 a_p 和进给量 f 的增大而增大。在车削力的经验公式中,多数加工情况下,a_p 的指数 $x_{F_z}=1.0$,即当 a_p 加大一倍时,F_z 也增大一倍;而 f 的指数 $y_{F_z}=0.75$,即当 f 加大一倍时,F_z 只增大 68% 左右。由此可见,背吃刀量 a_p 和进给量 f 对切削力的影响程度不同。这是因为当 a_p 加大一倍时,切削宽度 a_w 也增大一倍,切削力成正比例增大;而 f 加大一倍时,虽然切削厚度 a_c 也成正比例增加一倍,但平均变形有所减少,使切削力增大不到一倍。因此,切削加工中,如从切削力和切削功率角度考虑,加大进给量比加大背吃刀量有利。生产中可在不减小切削层面积(金属切削量不变)的条件下,减小 a_p,增大 f,从而减小切削力。如强力切削、轮切式拉削、阶梯铰削、铣削等。

图 3-20 所示为背吃刀量 a_p 和进给量 f 对切削力的影响。

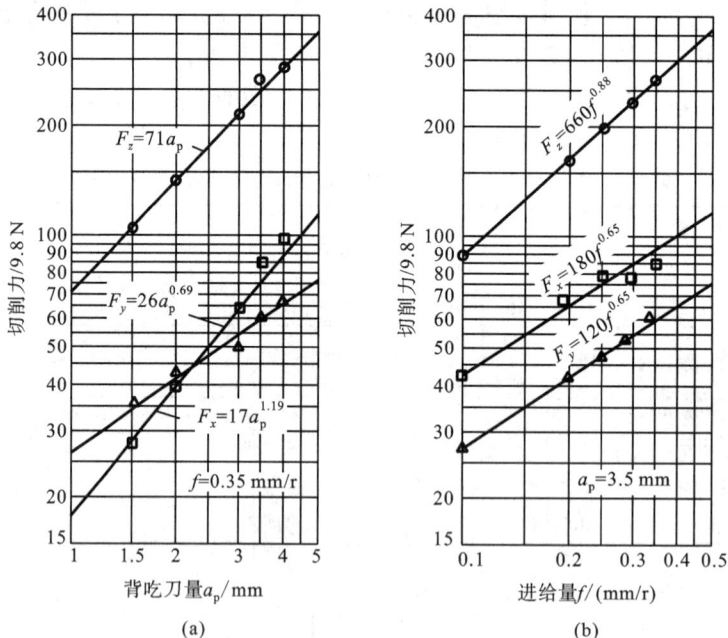

图 3-20　背吃刀量 a_p 和进给量 f 对切削力的影响

(a) 背吃刀量 a_p 对切削力的影响;(b) 进给量 f 对切削力的影响

切削条件:工件材料,正火 45 钢;刀具材料,YT15;

刀具几何参数:$\gamma_o=15°$,$a_o=6°\sim8°$,$a'_o=4°\sim6°$,$\kappa_r=75°$,$\kappa'_r=10°\sim12°$,$\lambda_s=0°$,$b_{\gamma1}=0$,$r_\varepsilon=0.2$ mm;

切削速度:$v_c=115$ m/min

2）切削速度的影响

切削速度对切削力的影响因材料不同而异。加工塑性金属时,切削速度对切削力的影响规律是受积屑瘤和摩擦作用制约的。如图 3-21 所示切削速度对切削力的影响规律,以 YT15 硬质合金车刀加工 45 钢为例,当切削速度 v_c 在 $5\sim17$ m/min 的范围内时,随着速度的增加,产生积屑瘤并且积屑瘤的高度逐渐增加,这时刀具的实际前角加大,故切削力逐渐减小;约在 $v_c=17$ m/min 处,积屑瘤最大,切削力最小;当 $v_c>17$ m/min 时,由于积屑瘤减小,刀具的实际前角也在减小,切削力逐步增大;当 $v_c>30$ m/min 时,积屑瘤消失,随着切削速度的增大,摩擦系数减小,变形系数减小,切削力逐步减小,且随着切削速度增大,切削温度升高,使被加工金属的强度和硬度降低,从而导致切削力的降低。由此可见,加工塑性金属时,受积屑瘤的影响,切削速度对切削力的影响是波浪形的。切削铸铁等脆性金属材料时形成崩碎切屑,因脆性金属材料的塑性变形很小,切屑与前刀面的摩擦也很小,所以切削速度对切削力没有显著的影响。在切削用量三要素中,切削速度对切削力的影响不及切削深度和进给量的影响;对切削力影响最大的是切削深度的变化。

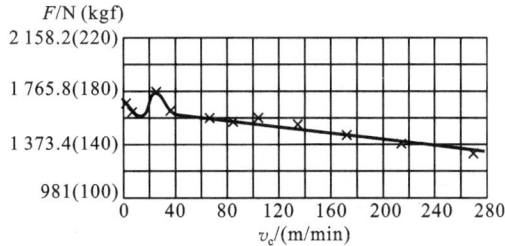

图 3-21 切削速度对切削力的影响

切削条件:工件材料,45 钢;刀具材料,YT15

2. 工件材料的影响

工件材料的力学性能、热处理状态、加工硬化能力等对变形和摩擦都有很大的影响,它们将影响切削力的大小,因此工件材料也是影响切削力大小的主要因素之一。

对于塑性金属,材料的强度、硬度越高,其剪切屈服强度越大,虽然变形系数有所下降,但总体上切削力还是增大的。当材料的强度相同时,材料塑性、韧度越高,切屑不易折断,切屑与刀具前刀面间的摩擦越大,切削力会增大。例如,不锈钢 1Cr18Ni9Ti 的硬度接近 45 钢的硬度,但其伸长率是 45 钢的 4 倍,导致在同样的加工条件下产生的切削力比加工 45 钢产生的切削力大 25%。切削铸铁及其他脆性材料时,因为其材料的结构疏松,塑性变形小,崩碎切屑与前刀面摩擦小,故切削力较小,所以铸铁便于加工。铸铁按牌号不同,硬度和强度有高有低,也影响切削力的大小。

当然,切削力的大小不是单纯地受材料原始强度和硬度的影响,它还受材料的加工硬化大小的影响。即使加工材料的原始强度、硬度都较低,但若其强化系数大,加工硬化的能力强,较小的变形都会导致硬度大大提高,则会使切削力增大。另外,同一材料在不同的热处理状态下的金相组织不同也会影响切削力的大小。如 45 钢,其正火、调质、淬火状态下的硬度不同,切削力的大小也不同。

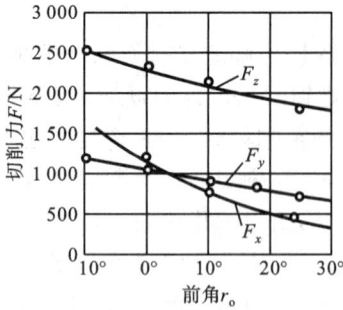

图 3-22 前角对切削力的影响

切削条件:工件材料,正火 45 钢;

刀具材料,YT15;刀具几何参数:$\kappa_r=75°$,

$\kappa_r'=10°\sim12°$,$\alpha_o=6°\sim8°$,$\alpha_o'=4°\sim6°$,

$\lambda_s=0°$,$b_{\gamma1}=0$,$r_\epsilon=0.2$ mm;

切削用量:$a_p=4$ mm,$f=0.25$ mm/r,

$v_c=96.5\sim105$ m/min

3. 刀具几何参数的影响

1) 前角的影响

刀具几何参数中,前角对切削力的影响最大。前角加大,能使刀刃变得锋利,切屑变形减小,有利于切屑的顺利排出,前刀面与切屑之间的摩擦力和正应力也有所下降,使切削更为轻快,切削力减小。尤其是加工材料的韧度、延伸率越高,前角的影响更为显著,切削力降低较多。从省力省功这一点出发,希望选用大的前角,但还应考虑刀刃的强度及其刀头的散热条件。图 3-22 所示的是前角对切削力的影响情况。

在加工脆性材料时,由于切屑变形和加工硬化很小,故前角的变化对切削力影响不显著。

2) 主偏角的影响

主偏角 κ_r 对切削层形状的影响如图 3-23 所示。当主偏角 κ_r 增大时,切削厚度 a_c 增加,切削层变形减小,故主切削力 F_z 减小;但主偏角 κ_r 增大后,刀尖圆弧在切削刃上所占的比例增大,使切屑变形和挤压摩擦加剧,从而使主切削力 F_z 又增大。

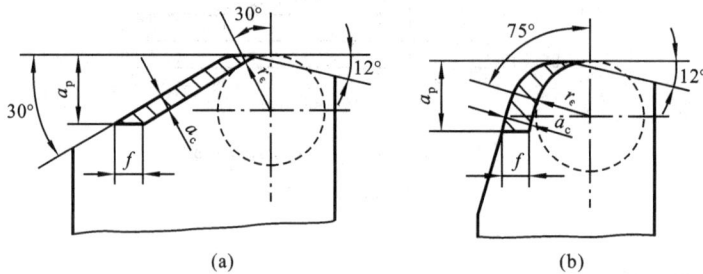

图 3-23 主偏角 κ_r 对切削层形状的影响

(a) $\kappa_r=30°$;(b) $\kappa_r=75°$

随着主偏角的变化,影响切削分力 F_x、F_y 变化从而改变它们之间的比值。径向分力随着主偏角的增大而减小,轴向分力随着主偏角的增大而增大。由于径向分力容易顶弯零件,使加工时产生振动,影响加工精度与表面粗糙度,因此当工艺系统刚性较差时,应尽可能使用大的主偏角刀具进行切削。例如,车削轴类零件,尤其是细长轴时,为了减小径向分力的作用,往往采用较大主偏角($\kappa_r>60°$)的车刀切削。图 3-24 所示为主偏角 κ_r 对切削力的影响情况。一般情况下,主偏角 $\kappa_r=60°\sim75°$ 时主切削力最小。

3) 负倒棱的影响

负倒棱可以提高切削刃的强度和散热能力,增加刀具的耐用度。但金属变形增大,会使切削力有所增加。进给量不变时,负倒棱宽度越大,切削力也越大。当切屑除了与负倒棱接触外,还与前面接触,前面仍起作用时,此时切削力比无负倒棱的大。当切屑只与负倒棱接触,不与前面接触,则此时的切削力相当于用负前角车刀加工时的切削力大小。

4) 刃倾角的影响

刃倾角 λ_s 的绝对值增大时,主切削刃参加工作的长度增加,摩擦加剧;但在法剖面中刃口圆

弧半径 r_β 减小,切削刃锋利,切削变形小,上述作用的结果使主切削力变化很小。实验证明,刃倾角在很大范围(从 $-45°\sim+10°$)内变化均对主切削力 F_z 没有什么影响,但对切深抗力 F_y、进给力 F_x 的影响很大(F_y 随着刃倾角减小而增大,F_x 随着刃倾角减小而减小),如图 3-25 所示。

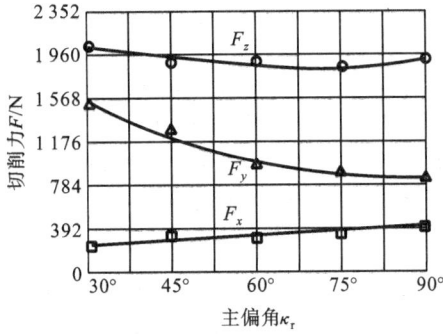

图 3-24 主偏角 κ_r 对切削力 F 的影响

切削条件:工件材料,正火 45 钢;刀具材料,YT15;

刀具几何参数:$\gamma_o=15°$,$\kappa_r=10°\sim12°$,

$\alpha_o=6°\sim8°$,$\lambda_s=0°$,$r_\varepsilon=0.2$ mm;

切削用量:$a_p=3$ mm,$f=0.3$ mm/r,$v_c=100$ m/min

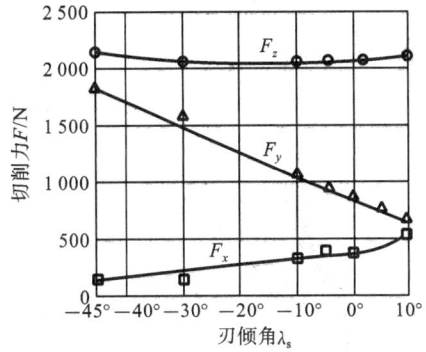

图 3-25 刃倾角 λ_s 对切削力 F 的影响

切削条件:工件材料,正火 45 钢;刀具材料,YT15;

刀具几何参数:$\gamma_o=18°$,$\kappa_r=75°$,$\kappa_r'=10°\sim12°$,

$\alpha_o=6°$,$\alpha_o'=4°\sim6°$,$r_\varepsilon=0.2$ mm;

切削用量:$a_p=3$ mm,$f=0.35$ mm/r,$v_c=100$ m/min

5) **刀尖圆弧半径**

通常,刀尖圆弧半径对 F_x、F_y 的影响较大,对 F_z 的影响较小。刀尖圆弧半径增大相当于主偏角减小对切削力的影响。如果刀尖圆弧半径增大,则参加切削的圆弧刃长度增加,使圆弧刃部分的平均主偏角减小,因此不宜采用太大的刀尖圆弧半径。

4. 刀具磨损的影响

在加工过程中,随着刀具的磨损,切削力增大。刀具后刀面磨损形成后角为零且有一定宽度的小棱面,使后刀面与加工表面的接触面积增大,从而导致后刀面的正压力和摩擦力都增大,使切削力增大。

5. 切削液的影响

切削液的使用,可以明显降低切削力的大小。特别是润滑作用强的切削液,其润滑作用可以减小切屑与刀具前刀面及其工件表面与后刀面之间的摩擦,从而使切削力减小。例如,当使用高速钢刀具以小于 40 m/min 的切削速度加工钢材料时,用矿物油作切削液可使切削力减少 12%~15%;采用润滑性较好的植物油,则可使切削力减少 20%~25%。但硬质合金和陶瓷刀具对热裂敏感,一般不加切削液。

由以上的分析可知,切削过程中切削力的大小变化是由许多因素综合影响的结果。因此,要减小切削力,应在分析各因素的影响的基础上,找出主要影响因素,兼顾一些次要因素,合理调整加工条件,以达到减小切削力的目的。

3.3 切削热与切削温度

切削热和由它所引起的切削加工区温度的升高是切削过程中的又一个重要物理现象,它直接影响刀具的磨损和耐用度(寿命),限制切削速度的提高,影响工件加工精度和表面质量。研究切削热和切削温度的产生及其变化规律是研究切削过程的一个重要方面。

3.3.1 切削热的产生和传导

1. 切削热的产生

切削热是由切削功转化的,切削时所消耗的能量的 $98\% \sim 99\%$ 转换为切削热。一方面,切削层金属在刀具的作用下发生弹性变形、塑性变形而耗功;另一方面,切屑与前刀面、工件与后刀面之间的摩擦也要耗功,这两个方面都产生了大量的热。具体来讲,切削时共有三个发热区域,如图 3-26 所示。这三个发热区域与三个变形区相对应,即剪切区的变形功转变的热 Q_p;切屑与前刀面接触区的摩擦功转变的热 $Q_{\gamma f}$;已加工表面与后刀面接触区的摩擦功转变的热 $Q_{\alpha f}$。故产生的总热量 Q 为

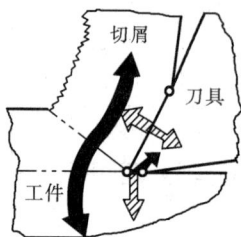

图 3-26 切削热的来源和传导

$$Q = Q_p + Q_{\gamma f} + Q_{\alpha f} \qquad (3\text{-}13)$$

一般而言,切削塑性金属时,切削热主要来自剪切区的变形热和前刀面的摩擦热;切削脆性金属时,则切削热主要来自后刀面的摩擦热。

若忽略进给运动所消耗的功,并假定主运动所消耗的功全部转化为热能,则单位时间内产生的切削热可由下式算出:

$$Q = F_z v_c \qquad (3\text{-}14)$$

式中:Q——单位时间内产生的切削热(J/s);

F_z——主切削力(N);

v_c——切削速度(m/s)。

2. 切削热的传导

切削区域的热量由切屑、工件、刀具及周围的介质传出。大部分的切削热被切屑传走,其次被工件和刀具传走。以下是影响切削热传导的一些主要因素。

(1) 工件、刀具材料的导热性能。工件、刀具材料的导热系数高,则由切屑和工件、刀具传导出去的热量就较多,从而降低了切削区温度,提高了刀具耐用度;工件、刀具材料的导热系数低,则切削热不易从切屑和工件、刀具传导出去,从而切削区域温度升高,刀具磨损加剧,刀具耐用度降低。例如,航空工业中常用的钛合金,它的导热系数只有碳素钢的 $1/4 \sim 1/3$,切削时产生的热量不易传导出去,切削区域温度增高,刀具易磨损,属于难加工材料。

(2) 加工方式。不同的加工方式中,切屑与刀具接触的时间长短不同。由于切屑中含有大量的热,若不能及时脱离切削区域,则不能迅速把热量带走,将带来不好的影响。如外圆车削时,切屑形成后迅速脱离车刀,切屑与刀具的接触时间短,切屑的热传给刀具的不多。车削加工时,切削热由切屑、刀具、工件和周围介质传出的比例大致如下:$50\% \sim 86\%$ 由切屑带走,$40\% \sim 10\%$ 由车刀传出,$9\% \sim 3\%$ 传入工件,1% 传入介质(空气)。切削速度越高或切削厚度越大,则切屑带走的热量就越多。而对于钻削或其他半封闭式容屑的加工,切屑形成后仍与刀具相接触,切屑与刀具的接触时间长,切屑的热传导给刀具的多。钻削加工时,切削热由切屑、刀具、工件和周围介质传出的比例大致如下:28% 由切屑带走,14.5% 传给刀具,52.5% 传入工

件,5%传给周围介质。可见,钻削与车削相比,由切屑带走的热量所占比例减少了很多,而刀具、工件传出的热量所占比例增大,对加工带来影响。

（3）周围介质的状况。若不使用切削液,由周围介质传出的热量很少,所占比例在 1% 以下;若采用冷却性能好的切削液并采用好的冷却方法,就能吸收大量的热。

3.3.2　切削温度的测量

切削温度一般指前刀面与切屑接触区域的平均温度。在生产中,切削热对切削过程的影响是通过切削温度起作用的。研究人员在进行切削理论研究、刀具切削性能试验及被加工材料加工性能试验等研究时,对切削温度的测量非常重视。测量切削温度时,既可测定切削区域的平均温度,也可测量出切屑、刀具和工件中的温度分布。

切削温度的测量方法很多,目前常用的测量方法是热电偶法。热电偶法的工作原理是:当两种不同材质组成的材料副(如切削加工中的刀具-工件)接近并受热时,会因表层电子溢出而产生溢出电动势,并在材料副的接触界面间形成电位差(即热电势);由于特定材料副在一定温升条件下形成的热电势是一定的,因此可根据热电势的大小来测定材料副(即热电偶)的受热状态及温度变化情况。采用热电偶法的测温装置结构简单,测量方便,是目前较成熟也较常用的切削温度测量方法,其中应用较广且简单可靠的方法有自然热电偶法和人工热电偶法。

自然热电偶法主要用于测定切削区域的平均温度。自然热电偶法是利用刀具和工件分别作为热电偶的两极,连接测量仪表,组成测量电路测量切削温度。测温时,刀具与工件引出端应处于室温下,且刀具和工件应分别与机床绝缘。切削加工时,刀具与工件接触区因切削热而产生高温,从而形成热电偶的热端,与刀具、工件各自引出端的室温(冷端)形成温差电动势,利用电位差计或毫伏计测出其值;切削温度越高,该电势值就越大。切削温度与热电动势之间的曲线关系应事先标定得到。根据切削实验中测出的热电动势,可在标定曲线上查出对应的温度值。采用自然热电偶法测量切削温度简便可靠,可方便地研究切削条件(如切削速度、进给量等)对切削温度的影响。值得注意的是,用自然热电偶法只能测出切削区的平均温度,无法测得切削区指定点的温度;同时,当刀具材料或工件材料变换后,切削温度-热电动势曲线也必须重新标定。

人工热电偶法(也称热电偶插入法)可用于测量刀具、切屑和工件上指定点的温度,并可测得温度分布场和最高温度的位置。人工热电偶法的测温方法是在刀具或工件被测点处钻一个小孔(孔径越小越好),孔中插入一对标准热电偶并使其与孔壁之间保持绝缘。切削时,热电偶接点感受出被测点温度,并通过串接在回路中的毫伏计测出电势值,然后参照热电偶标定曲线得出被测点的温度。人工热电偶法的优点是:对于特定的人工热电偶材料只需标定一次;热电偶材料可灵活选择,以改善热电偶的热电敏感性和动态响应速度,提高热电偶传感质量。但由于将人工热电偶埋入超硬刀具材料(如陶瓷、PCBN、PCD 等)内比较困难,因此限制了该方法的推广应用。此外,还有半人工热电偶法(将自然热电偶法和人工热电偶法结合起来即组成了半人工热电偶法)及等效热电偶法等,都有较广泛的应用。

除上述切削温度测量方法外,常见的测温方法还有辐射温度计法、热敏颜料法、金属组织观察法等。

各种测量切削温度的方法各有其优缺点和不同的适用范围。因此,为了在生产现场对切削温度进行更精确、更方便、更及时的测量,应根据具体情况选用最适当的切削温度测量方法。

在切削碳素结构钢时,还可以按照切屑的颜色大致来识别切削温度的高低。一般,当切屑呈淡黄色时约为220 ℃,呈深蓝色时约为300 ℃,呈淡灰色时约为400 ℃。

3.3.3　切削温度的分布

前面所分析的切削温度是前刀面与切屑接触区域的平均温度。实际上,工件、切屑和刀具上各点的温度都是变化的,存在一个温度场。图 3-27 所示的是直角自由切削低碳钢时工件、切屑和刀具上的切削温度分布情况,图中的曲线称为等温线,等温线上各点的温度相同。图 3-28 所示的是车削不同的工件材料时,主剖面内前、后刀面上的温度分布情况。

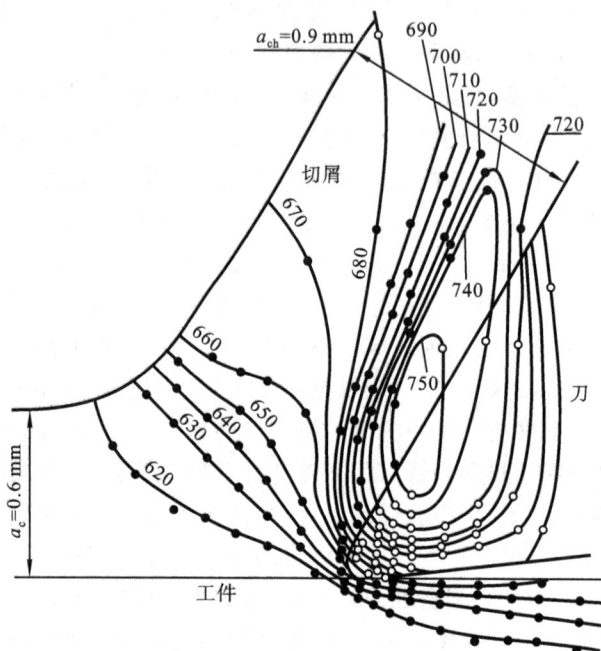

图 3-27　直角自由切削时切削温度(单位:℃)分布
工件材料:低碳钢;刀具几何参数:$\gamma_o = 30°$,$\alpha_o = 7°$;
切削用量:$a_c = 0.6$ mm,$a_w = 6.4$ mm,$v_c = 22.9$ m/min;
不加切削液;预热温度 611 ℃

切削时的温度场对刀具磨损的部位、工件材料性能的变化、已加工表面质量都有很大的影响。根据对图 3-27 和图 3-28 的分析以及对温度分布的研究,可以归纳出下面的温度分布规律。

(1)剪切面上各点温度几乎相同。由此可以推断剪切面上各点的应力应变规律基本上是变化不大的。图中与剪切面近似平行的一条条等温线,说明切削温度在这一区域内迅速提高。

(2)前刀面和后刀面上的最高温度都不在刀刃上,而是在离刀刃有一定距离的地方。这是因为切屑在通过第一变形区后,温度已经升高。而在流过前刀面的过程中,切屑底层金属还在继续变形,产生热量,摩擦热沿着刀面不断增加,在离开刀刃一段距离处出现最大摩擦,此处的切削温度也最高。

(3)在切屑靠近前刀面的底层上,离前刀面 0.1~0.2 mm,温度就可能下降一半。此处的等温线密集,温度梯度很大。这说明前刀面上的摩擦热量是集中在切屑的底层。切屑上层的温度较低,相对来看也较均衡,说明在切屑流过前刀面的短时间内,切屑底层的热量来不及向上层传导。很明显,摩擦热对切屑底层金属的剪切强度将有很大的影响。因此,切削温度对前刀面的摩擦系数有很大的影响。

（4）后刀面的接触长度较小,因此温度的升降是在极短时间内完成的。加工表面受到的是一次热冲击。

（5）工件材料的导热系数愈低,则刀具的前、后刀面的温度愈高。这是一些高温合金和钛合金切削加工性低的主要根源之一。工件材料的塑性越大,则前刀面上的接触长度愈大,切削温度的分布也就较均匀;反之,工件材料的脆性愈大,则最高温度所在的点离刀刃愈近。

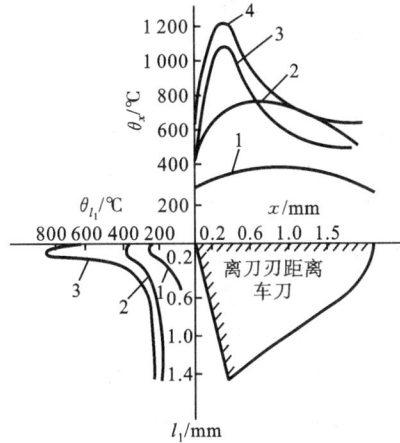

图 3-28　切削不同材料的温度分布
切削速度 $v_c = 30$ m/min,进给量 $f = 0.2$ mm/r;
1—45钢-YT15;2—GCr15-YT14;
3—钛合金 BT2-YG8;4—BT2-YT15

3.3.4　影响切削温度的主要因素

前面分析了切削热的产生和传导,在产生相同的切削热的情况下,若工件、刀具材料的导热性好,切屑与刀具接触时间短,使用切削液,则切削区域的热量传出较多,切削区域温度随之降低。这就告诉我们,切削温度的高低不仅取决于产生多少切削热,同时受到切削热传散情况的影响,是产生的热和传出的热两方面综合作用的结果。因此,凡是影响切削热产生与传出的因素都会影响切削温度的高低。

1. 切削用量对切削温度的影响

切削用量是影响切削温度的主要因素。由实验得到的切削温度经验公式为

$$\theta = C_\theta v_c^{z_\theta} f^{y_\theta} a_p^{x_\theta} K_\theta \tag{3-15}$$

式中:x_θ、y_θ、z_θ——切削用量三要素对切削温度的影响指数;

C_θ——与实验条件有关的影响系数;

K_θ——切削条件改变后的修正系数。

表 3-6 列出了用高速钢和硬质合金刀具切削中碳钢时,不同加工方法对应的指数与系数。从表中可看出 $z_\theta > y_\theta > x_\theta$,即 v_c 的指数最大,f 的指数其次,a_p 的指数最小,这说明切削速度对切削温度的影响最大,进给量的影响次之,背吃刀量的影响最小。

表 3-6　切削温度的系数和指数

刀具材料	加工方法	C_θ	z_θ		y_θ	x_θ
高速钢	车削	140～170	0.35～0.45		0.2～0.3	0.08～0.10
	铣削	80				
	钻削	150				
硬质合金	车削	320	$f/(\text{mm/r})$		0.15	0.05
			0.1	0.41		
			0.2	0.31		
			0.3	0.26		

这是因为随着切削速度的提高,在短时间内切屑底层与前刀面发生强烈摩擦而产生的大量切削热来不及向切屑内部传导散出,于是大量切削热积聚在切屑底层,从而使切削温度升高,同时,随着切削速度的提高,单位时间内的金属切除量成正比例增加,切削功率增大,切削热也会增大,故使切削温度上升。随着进给量的增大,切削温度略有上升。因为随着进给量的增大,单位时间内的金属切除量增多,切削功率增大,切削热增多,同时刀具与切屑接触长度增大,摩擦热增大,使切削温度上升;另一方面进给量增大后,切屑变厚,切屑的热容量增大,由切屑带走的热量增多。各因素综合作用的结果使切削区的温度略有上升,不甚显著。背吃刀量增加,切削区产生的热量虽增加,但切削刃参加工作长度增加,切削宽度按比例增加,刀具的传热面积也按比例增加,散热条件改善,故切削温度升高不明显,背吃刀量对切削温度的影响很小。

综上所述,为了有效控制切削温度,在机床功率允许的情况下,在选择切削用量时,为使切削温度较低,选用较大的背吃刀量或进给量,比选用大的切削速度有利。但对于硬质合金刀具而言,由于常温下刀具材料太脆,而适当的切削温度能提高刀具材料的韧度,可以提高刀具的耐用度(寿命),但是切削温度又不能太高,否则刀具会急剧磨损。车削碳钢时,其速度一般不宜低于 50 m/min,不大于 200～300 m/min。高速钢刀具的切削速度一般小于30 m/min。

2. 工件材料对切削温度的影响

工件材料是通过材料强度、硬度和导热系数等性能的不同对切削温度产生影响的。工件材料的硬度和强度高,切削时切削力大,所消耗的功多,产生的热量多,切削温度就高。材料塑性好、变形大,切削时产生的热量多,切削温度就高。工件材料导热系数大,热量容易传出,则切削温度低。

例如,低碳钢的强度、硬度低,热导率大,因此产生的热量少,热量传散快,切削温度低;而高碳钢的强度、硬度高,切削时产生的热量多,热量传散慢,切削温度高。又如,不锈钢 1Cr18Ni9Ti 和高温合金 GH131,不仅导热系数小,且在高温下仍有较高的强度和硬度,故其切削温度高于一般钢料的切削温度。切削灰铸铁等脆性材料时,金属塑性变形小,形成崩碎切屑,与前刀面摩擦小,产生切削热少,故切削温度一般都低于切削钢料时的温度。

3. 刀具几何参数对切削温度的影响

图 3-29 所示为刀具前角对切削温度的影响曲线,当前角增大时,变形和摩擦减少,产生的热量少,切削温度低;反之,前角小,切削温度就高。实验证明:切削中碳钢时,当前角从 10° 增加到 18° 时,切削温度将下降约 15%;但当前角达 18°～20° 后,若继续增大,会使楔角变小,使刀具散热条件变差,反而使切削温度升高。

图 3-30 所示为主偏角与切削温度的关系曲线,随着主偏角的减小,切削温度降低。这是因为主偏角 κ_r 减小时,切削宽度增大,切削刃工作长度加大,刀具散热条件改善,切削温度降低。而主偏角 κ_r 加大后,切削宽度减小,切削刃工作长度缩短,切削热相对集中,同时刀尖角减小,散热条件变差,切削温度将升高。因此,适当减小主偏角,既能使切削温度较大幅度降低,又能提高刀具强度,对提高刀具耐用度起到一定的作用,但是工艺系统应有足够的刚度。

刀尖圆弧半径 r_ε 增大,刀具切削刃的平均主偏角会减小,切削宽度增大,刀具散热能力增强,切削温度降低。刀具的其余几何参数对切削温度的影响较小。

4. 刀具磨损对切削温度的影响

刀具磨损后切削刃变钝,刀具后刀面磨损处后角等于零,与工件的摩擦挤压加剧,刀具磨

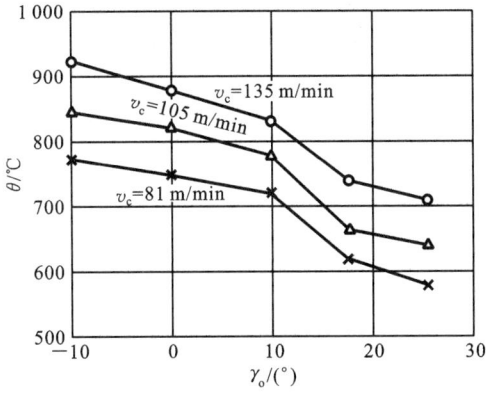

图 3-29 前角与切削温度的关系

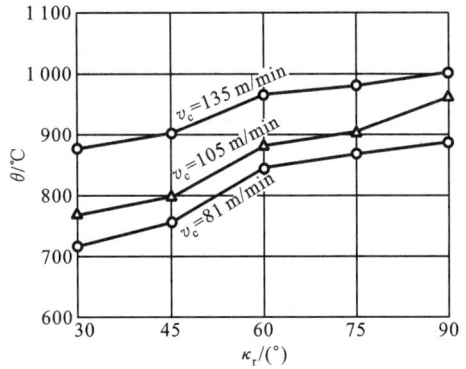

图 3-30 主偏角与切削温度的关系

损后切削温度上升。图 3-31 所示为后刀面磨损量与切削温度的关系。

5. 切削液对切削温度的影响

采用冷却性能良好的切削液能吸收大量的热量,可明显降低切削温度。图 3-32 所示为切削液对切削温度的影响。

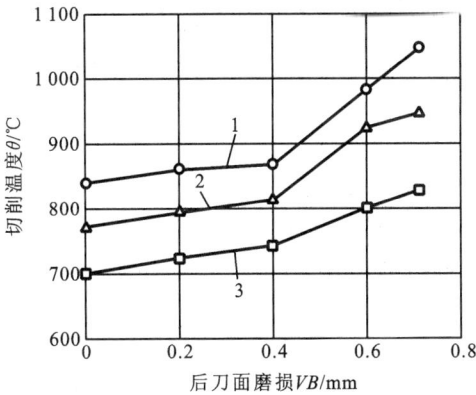

图 3-31 后刀面磨损量与切削温度的关系

1—v_c=117 m/min;2—v_c=94 m/min;3—v_c=71 m/min

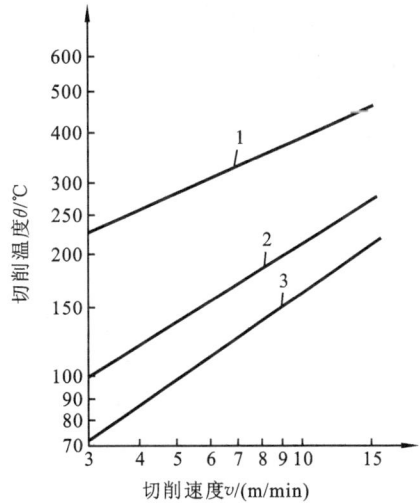

图 3-32 用 ϕ21.5 mm 钻头钻削 45 钢时,切削液对切削温度的影响

1—无冷却;2—10%乳化液;

3—1%硼酸钠及 0.3%磷酸钠的水溶液

3.4 刀具磨损及刀具耐用度

刀具在切削金属的过程中与切屑、工件之间产生了剧烈的摩擦和挤压,切削刃由锋利逐渐变钝甚至有时会突然损坏。刀具磨损程度超过允许值后,必须及时进行重磨或更换新刀。刀具损坏的形式主要有磨损和破损两类。前者是刀具正常的连续逐渐磨损;后者则是刀具在切

削过程中突然或过早产生的损坏现象。刀具磨损后,导致切削力加大,切削温度上升,切屑颜色改变,甚至产生振动,使工件加工精度降低,表面粗糙度增大,不能继续正常切削。因此,刀具磨损直接影响加工效率、质量和成本。

3.4.1　刀具磨损形态及其原因

1. 刀具磨损形态

刀具正常磨损时,按其发生的部位不同,可分为前刀面磨损、后刀面磨损及边界磨损三种形式,如图 3-33 所示。

1) 前刀面磨损

所谓前刀面磨损是指切屑沿前刀面流出时,在刀具前刀面上经常会磨出一个月牙洼,如图 3-34 所示,月牙洼发生在刀具前刀面上切削温度最高的地方。在连续磨损过程中,月牙洼的宽度、深度不断增大,并逐渐向切削刃方向发展(见图 3-35),当接近刃口时,会使刃口突然崩去。

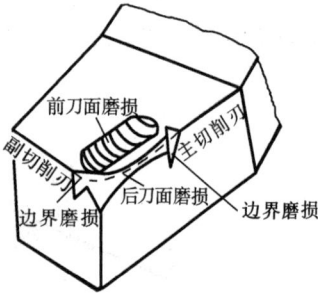

图 3-33　刀具的磨损形态

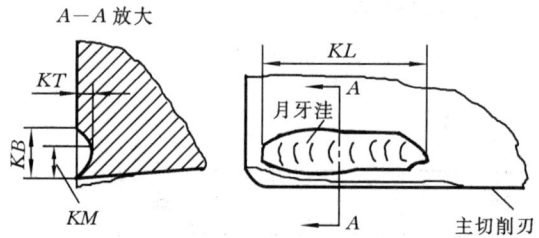

图 3-34　前刀面磨损形态

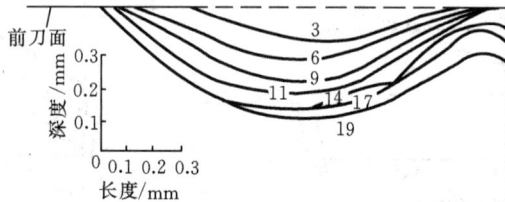

图 3-35　前刀面的磨损痕迹随时间而变化(单位:min)

切削塑性材料时,当切削速度较高,切削厚度较大时较容易产生前刀面的磨损。

前刀面磨损量的大小,用月牙洼的宽度 KB 和深度 KT 来表示。

2) 后刀面磨损

切削加工中,后刀面沿主切削刃与工件加工表面实际上是小面积接触,它们之间的接触压力很大,存在着强烈的挤压摩擦,在后刀面上毗邻切削刃的地方很快被磨损出后角为零的小棱面,这种形式的磨损就是后刀面磨损。

如图 3-36 所示,在切削刃参加切削工作的各点上,一般后刀面磨损是不均匀的。C 区刀尖部分强度较低,散热条件又差,磨损比较严重,其最大值为 VC。主切削刃靠近工件外表面处的 N 区,由于加工硬化层或毛坯表面硬层等影响,往往被磨成比较严重的深沟,以 VN 表示。在后刀面磨损带中间部位的 B 区上,磨损比较均匀,平均磨损带宽度以 VB 表示,而最大磨损带宽度以 VB_{max} 表示。加工脆性材料时,由于形成崩碎切屑,一般出现后刀面的磨损;切削塑性材料时,当切削速度较低、切削厚度较薄时较容易产生后刀面的磨损。

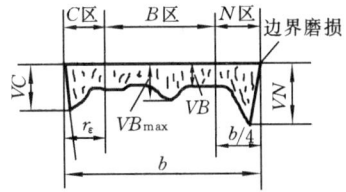

图 3-36 后刀面的磨损

当采用中等切削速度及中等切削厚度加工塑性金属时,会经常出现前、后刀面同时磨损的形式。这种磨损发生时,月牙洼与刀刃之间的棱边和楔角逐渐减小,切削刃强度下降,因此多数情况下伴随着崩刃的发生。

3) 边界磨损

切削时,在刀刃附近的前、后刀面上,应力与温度都较高,但在工件外表面处的切削刃上的应力突然下降,温度也较低,造成了较高的应力梯度和温度梯度,因此常在主切削刃靠近工件外皮处以及副切削刃靠近刀尖处的后刀面上磨出较深的沟纹,这就是边界磨损。这两处分别是在主、副切削刃与工件待加工或已加工表面接触的地方。

另外,在加工铸件、锻件等外皮粗糙的工件时,也容易发生边界磨损。由于在大多数情况下,后刀面都有磨损,而且磨损量 VB 的大小对加工精度和表面质量的影响较大,测量也比较方便,故一般常以后刀面磨损带的平均宽度 VB 来衡量刀具的磨损程度。

2. 刀具磨损的原因

切削时刀具的磨损是在高温高压条件下产生的,而且由于工件材料、刀具材料和切削条件变化很大,刀具磨损形式又各不相同,因此刀具磨损原因比较复杂,但是究其对温度的依赖程度,刀具磨损是机械的、热的和化学的三种作用的综合结果。

1) 磨料磨损

由于切屑或工件表面经常含有一些硬度极高的微小的硬质颗粒,如一些碳化物(Fe_3C、TiC)、氮化物(Si_3N_4、AlN)和氧化物(SiO_2、Al_2O_3)等硬质点以及积屑瘤碎片等,它们不断滑擦前、后刀面,在刀具表面划出沟纹,这就是磨料磨损。这是一种纯机械的作用。

实践证明,由磨料磨损产生的磨损量与刀具和工件相对滑移距离或切削路程成正比。而且,虽然磨料磨损在各种切削速度下都存在,但由于低速切削时,切削温度比较低,其他原因产生的磨损还不显著,因此磨料磨损往往是低速切削刀具磨损的主要原因。刀具抵抗磨料磨损的能力主要取决于其硬度和耐磨性。例如,高速钢及工具钢刀具材料的硬度和耐磨性低于硬质合金、陶瓷刀具材料的硬度和耐磨性等,故其发生这种磨损的比例较大。

减少磨粒磨损的措施有:尽量用硬质合金代替高速钢;采用高速钢刀具时,应进行表面处理或用超硬度高速钢。另外,应避免在硬皮层中切削。

2) 黏结磨损

黏结是指刀具与工件材料接触到原子间距离时所产生的结合现象。切削时,工件表面、切屑底面与前刀面、后刀面之间,存在着很大的压力和强烈的摩擦,形成新鲜表面的接触,在足够大的压力和温度的作用下发生冷焊黏结。由于摩擦面之间的相对运动,黏结处将被撕裂,刀具表面上强度较低的微粒被切屑或工件带走,而在刀具表面上形成黏结凹坑,造成刀具的黏结磨损。在产生积屑瘤的条件下,切削刃可能很快因黏结磨损而损坏。

黏结磨损的程度与压力、温度和材料之间的亲和力有关。一般在中等偏低的切削速度下切削塑性材料金属时,黏结磨损比较严重。又如用 YT 类硬质合金刀具加工钛合金或含钛不锈钢时,在高温作用下钛元素之间的亲和作用也会产生黏结磨损;高速钢有较大的抗剪、抗拉强度,因而有较大的抗黏结磨损能力。

要减小黏结磨损,一般采用降低刀具表面粗糙度,减小切削力和摩擦,选用与工件材料亲和力小的刀具材料等措施。

3) 相变磨损

刀具材料都有一定的相变温度。当刀具上最高温度超过材料相变温度时,刀具表面金相组织发生变化,如马氏体组织转变为奥氏体,使刀具硬度显著下降,磨损加剧。工具钢刀具在高温时易产生相变磨损。它们的相变温度为:合金工具钢,300～350 ℃;高速钢,550～600 ℃。

4) 扩散磨损

扩散磨损是指在切削金属材料时,切削高温下,在刀具表面与切出的工件、切屑新鲜表面的接触过程中,双方金属中的化学元素会从高浓度处向低浓度处迁移,互相扩散到对方去,使两者的原来材料的化学成分和结构发生改变,刀具表层因此变得脆弱,使刀具容易被磨损。这是在更高温度下产生的一种化学性质的磨损。

例如用硬质合金刀具切削钢料时,在高温下硬质合金中的碳化钨分解,钨、碳、钴等元素扩散到切屑、工件中去,而切屑中的铁元素会向硬质合金刀具表面扩散,形成低硬度、高脆性的复合碳化物。随着切削过程的进行,切屑和工件都在高速运动,它们和刀具表面在接触区内始终保持着扩散元素的浓度梯度,从而使扩散现象得以持续。扩散的结果使刀具磨损加剧。

扩散磨损的快慢和程度与刀具材料中化学元素的扩散速率关系密切。如硬质合金中,钛元素的扩散速率低于钴元素、钨元素的扩散速率,故 YT 类合金的抗扩散磨损能力优于 YG 类合金的抗扩散磨损能力,YG 类硬质合金的扩散温度为 850～900 ℃,YT 类硬质合金的扩散温度为 900～950 ℃。氧化铝陶瓷和立方氮化硼的抗扩散磨损能力较强。

减少扩散磨损的措施有:选择相互扩散速度较低的刀具材料;硬质合金表面涂覆 TiC、TiN、Al_2O_3 等。另外,还应尽量避免采用过高的切削速度。

5) 化学磨损

化学磨损是指在一定温度下,刀具材料与空气中的氧、切削液中的硫和氯等某些周围介质之间起化学作用,在刀具表面形成一层较软的化合物,从而使刀具表面层硬度下降,较软的氧化物被切屑或工件带走,加速了刀具的磨损。由于空气不易进入刀-屑接触区,化学磨损中因氧化而引起的磨损最容易在主、副切削刃的工作边界处形成,从而产生较深的磨损沟纹。例如,硬质合金中的碳化钨、钴与空气中的氧化合成为脆性、低强度的氧化膜(WO)磨料,它受到工件表层中的氧化皮、硬化皮等的摩擦和冲击作用,形成了化学磨损。

减少化学磨损的措施是,选用化学稳定性好的刀具材料,并适当控制极压添加剂的含量。

6) 热电磨损

热电磨损是指刀具与工件两种不同材料在切削区高温下会产生一个热电势(1～20 mV),并通过机床产生一个热电流(电流在几十毫安以内)。实验表明,这会加速刀具的磨损。如将刀具或工件对机床绝缘,并且不影响机床-工件-刀具-夹具系统的刚度,则在不同程度上会提高刀具的耐用度。例如,用 W18Cr4V 钻头钻铬镍不锈钢时,如果将钻套绝缘(绝缘的方法是在钻套表面涂一层塑料),则钻头的耐用度可提高 2～6 倍。

不同的刀具材料在不同的使用条件下造成磨损的主要原因是不同的。对高速钢刀具来说,磨料磨损和黏结磨损是使它产生正常磨损的主要原因,相变磨损是使它产生急剧磨损的主要原因。对硬质合金刀具来说,在中、低速切削时,磨料磨损和黏结磨损是使它产生正常磨损的主要原因;在高速切削时,刀具磨损主要由磨料磨损、扩散磨损和化学磨损所造成,而扩散磨损是使它产生急剧磨损的主要原因。其他工具钢刀具低速切削时,磨粒磨损是主要原因。当碳素工具钢切削温度高至 200～250 ℃,合金工具钢切削温度高至 300～350 ℃时,将发生相变磨损。

3.4.2　刀具磨损过程及磨钝标准

1. 刀具磨损过程

根据切削实验,可得图 3-37 所示的刀具磨损过程的典型磨损曲线。该图分别以切削时间和后刀面上 B 区平均磨损量 VB 为横坐标与纵坐标。由图可知,刀具磨损过程可分为以下三个阶段。

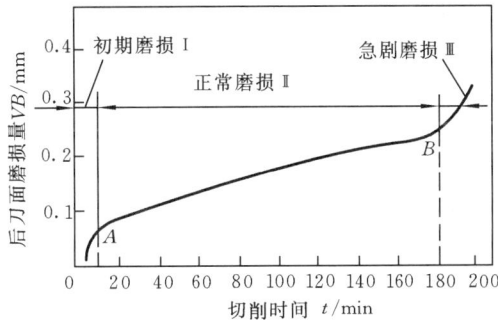

图 3-37　典型的刀具磨损曲线

1) 初期磨损阶段

这一阶段的磨损较快。因为新刃磨的刀具切削刃较锋利而且其主后刀面存在着粗糙不平、显微裂纹、氧化及其脱碳层等缺陷,所以主后刀面与加工表面之间为凸峰点接触,实际接触面积很小,压应力较大,导致在极短的时间内 VB 上升很快。初期磨损量 VB 的大小与刀具主后刀面刃磨质量关系较大。经过仔细研磨的刀具,其初期磨损量较小而且耐用。初期磨损量 VB 的值一般为 0.05～0.10 mm。

2) 正常磨损阶段

经过初期磨损阶段后,刀具主后刀面的粗糙表面已经磨平,主后刀面与工件接触面积增大,压应力减小,所以使磨损速率明显减小,进入到正常磨损阶段。这个阶段的时间较长,是刀具工作的有效阶段。这一阶段中,磨损曲线基本上是一条上行的斜线,刀具的磨损量随切削时间延长而近似成比例增加,其斜率代表刀具正常工作时的磨损强度。磨损强度是衡量刀具切削性能的重要指标之一。

3）急剧磨损阶段

刀具经过一段时间的正常使用后,切削刃逐渐变钝。当磨损带宽度增加到一定限度后,刀具与工件接触情况恶化,摩擦增加,切削力、切削温度均迅速升高,VB 在较短的时间内增加很快,以致刀具损坏而失去切削能力。生产中为合理使用刀具,保证加工质量,应当在这个阶段到来之前,及时更换刀具或重新刃磨刀具。

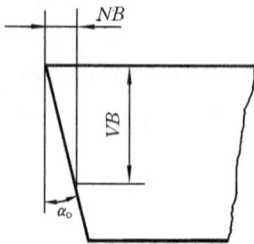

图 3-38　车刀的磨损量

2. 刀具的磨钝标准

刀具磨损到一定限度就不能继续使用,这个磨损限度称为刀具的磨钝标准。在生产中评定刀具材料切削性能和研究实验都需要规定刀具的磨钝标准。由于主后刀面磨损最常见,且易于控制和测量,因此通常按主后刀面磨损宽度来制定磨钝标准。国际标准化组织(ISO)统一规定以 1/2 背吃刀量处主后刀面上测定的磨损带宽度 VB 作为刀具磨钝标准(见图 3-38)。表 3-7 是几种刀具的后刀面磨钝标准 VB 的参考值。

表 3-7　几种刀具的后刀面磨钝标准 VB 的参考值　　　　(单位:mm)

刀具名称	磨损部位	工件材料	刀 具 材 料			
			高 速 钢		硬 质 合 金	
			粗 加 工	精 加 工	粗 加 工	精 加 工
外圆车刀	后刀面	钢	有切削液,1.0~2.0;无切削液,0.3~0.5	0.1~0.3	0.6~0.8	0.1~0.3
		铸铁	2.0~3.0	0.1~0.3	0.8~1.2	0.1~0.3
端铣刀	后刀面	钢	1.2~1.5	0.2~0.4	0.8~1.0	0.2~0.4
		铸铁	1.5~1.8	0.2~0.4	1.0~1.2	0.2~0.4
麻花钻(d_0 >20 mm)	后刀面转角处	钢	1.0~1.4	—	—	—
		铸铁	1.2~1.6	—	0.8~1.0	—

对于粗加工和半精加工,为充分利用正常磨损阶段的磨损量,充分发挥刀具的切削性能,充分利用刀具材料,减少换刀次数,使刀具的切削时间达到最大,其磨钝标准较大,一般取正常磨损阶段终点处的磨损量 VB 作为磨钝标准,该标准称为经济磨损限度。

对于精加工,为了保证零件的加工精度及其表面质量,应根据加工精度和表面质量的要求确定磨钝标准,此时,磨钝标准应取较小值,该标准称为工艺磨损限度。

自动化生产中用的精加工刀具,常以沿工件径向的刀具磨损尺度作为衡量刀具的磨钝标准,称为刀具径向磨损量,以 NB 表示(见图 3-38)。

在柔性加工设备上,经常用切削力的数值作为刀具的磨钝标准,从而实现对刀具磨损状态的自动监控。

当机床-夹具-刀具-工件组成的工艺系统刚度较差时,应规定较小的磨钝标准,否则会使加工过程产生振动,影响加工过程的进行。

加工难加工材料时,由于切削温度较高,因此一般选用较小的磨钝标准。

3.4.3　刀具耐用度及其经验公式

1. 刀具耐用度的定义

所谓刀具耐用度(又称刀具寿命)是指刃磨后的刀具自开始切削直到磨损量达到磨钝标准为止的切削时间,以 T 表示,单位为 min。在生产实际中,经常卸刀来测量磨损量是否达到磨钝标准是不现实的,采用刀具耐用度是确定换刀时间的重要依据。

刀具耐用度所指的切削时间是不包括在加工中用于对刀、测量、快进、回程等非切削时间的,一般单位为 min。此外,刀具耐用度还可以用达到磨损限度时刀具所经过的切削路程 L_m 来定义,L_m 等于切削速度 v_c 和耐用度 T 的乘积,即 $L_m = v_c T$;或者可以用加工出来的零件数 N 来表示。一把新刀从开始投入切削到报废为止总的实际切削时间,称为刀具总寿命。因此刀具总寿命等于这把刀的刃磨次数(包括新刀开刃)乘以刀具耐用度。

刀具耐用度也是衡量工件材料切削加工性、刀具切削性能好坏、刀具几何参数和切削用量选择是否合理等的重要指标。在相同切削条件下切削某种工件材料时,可以用耐用度来比较不同刀具材料的切削性能;同一刀具材料切削各种工件材料时,可以用耐用度来比较工件材料的切削加工性的好坏,还可以用耐用度来判断刀具几何参数是否合理。在一定的加工条件下,当工件、刀具材料和刀具几何形状选定之后,切削用量是影响刀具耐用度的主要因素。

2. 刀具耐用度的经验公式

为了合理地确定刀具的耐用度,必须首先求出刀具耐用度与切削速度的关系。由于切削速度对切削温度影响最大,因而对刀具磨损影响最大,因此切削速度是影响刀具耐用度的最主要因素。它们的关系是用试验方法求得的。试验中,在一定的加工条件下,在常用的切削速度范围内,取不同的切削速度 v_{c1},v_{c2},v_{c3},…进行刀具磨损试验,得到一组刀具磨损曲线,如图 3-39 所示,选定刀具主后刀面的磨钝标准,在各条磨损曲线上根据规定的磨钝标准 VB 求出在各种切削速度下所对应的刀具耐用度 T_1,T_2,T_3,…

如果将 T-v_c 画在双对数坐标上,则在一定的切削速度范围内,可发现这些点基本上在一条直线上,如图 3-40 所示不同刀具材料的 T-v_c 曲线。

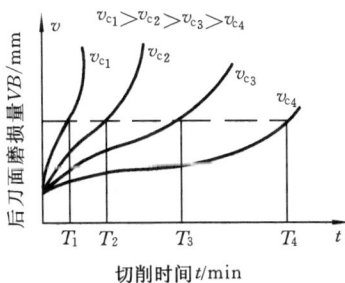

图 3-39　不同速度下的刀具磨损曲线

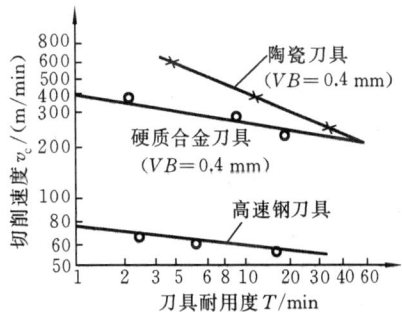

图 3-40　各种刀具材料的 T-v_c 曲线

经过处理,T-v_c 关系式可以写成

$$v_c T^m = C_0 \tag{3-16}$$

式中:m——直线的斜率,表示 T-v_c 影响的程度;

　　　C_0——与刀具、工件材料和切削条件有关的系数。

T-v_c 关系式反映了切削速度与刀具耐用度之间的关系。耐热性越低的刀具材料,指数 m 越小,斜率应该越小,表示切削速度对刀具耐用度的影响越大,即切削速度稍稍改变一点,刀具耐用度的变化就很大。例如:高速钢刀具,一般 $m=0.1\sim0.125$;硬质合金刀具,$m=0.2\sim0.3$;陶瓷刀具,$m\approx0.4$;陶瓷刀具的曲线斜率比硬质合金刀具和高速钢刀具的都大,表示陶瓷刀具的耐热性很高。

同样地,按照求 T-v_c 关系式的方法,固定其他切削条件,分别改变进给量和背吃刀量,求得 T-f 和 T-a_p 关系式:

$$fT^{m_1}=C_1 \tag{3-17}$$

$$a_pT^{m_2}=C_2 \tag{3-18}$$

综合整理后,得出下列刀具耐用度的经验公式:

$$T=\frac{C_T}{v^{\frac{1}{m}}f^{\frac{1}{m_1}}a_p^{\frac{1}{m_2}}} \tag{3-19}$$

式中:C_T——与工件材料、刀具材料和其他切削条件有关的常数。

例如:用 YT5 硬质合金车刀切削 $\sigma_b=0.63\ \text{GPa}(65\ \text{kgf/mm}^2)$ 的碳钢时,切削用量三要素的指数分别为:$1/m=5$,$1/m_1=2.25$,$1/m_2=0.75$,它们分别表示各切削用量对刀具耐用度的影响程度。可见,切削速度 v_c 对刀具耐用度的影响最大,进给量 f 次之,背吃刀量 a_p 最小。这与三者对切削温度的影响顺序完全一致,说明切削温度对刀具耐用度有着重要的影响。在保证一定刀具耐用度的条件下,为提高生产率,首先尽量选用大的背吃刀量,然后根据加工条件和加工要求选取允许的最大进给量,最后才在刀具耐用度或机床功率允许的情况下选取最大的切削速度。

3.4.4　影响刀具耐用度的因素

1. 切削用量

从前面的分析中我们已经知道切削用量三要素对刀具耐用度的影响先后顺序。

将式(3-19)经过整理,可得切削速度 v_T(单位为 m/min)的计算公式为

$$v_T=\frac{C_v}{T^m a_p^{x_v} f^{y_v}}K_v \tag{3-20}$$

式中:C_v——与耐用度实验条件有关的系数;

m、x_v、y_v——表示 T、a_p、f 的影响程度的指数;

K_v——切削条件与实验条件不同时的修正系数。

纵车外圆时计算 v_T 的系数和指数值可参考表 3-8,或参考有关手册资料选取。

2. 刀具几何参数

合理选择刀具的几何参数,可提高刀具的耐用度。

(1)前角。刀具前角增大,切削温度降低,刀具耐用度增高;但前角太大,切削刃强度低、散热差,且易于破损,刀具耐用度 T 反而下降。

(2)主、副偏角,刀尖圆弧半径。主偏角减小,刀具强度增加,散热条件得到改善,故刀具耐用度 T 增高。适当减小副偏角和增大刀尖圆弧半径都能提高刀具强度,改善散热条件,使刀具耐用度 T 增高。

表 3-8　纵车外圆时计算 v_T 的系数和指数值

加工材料	刀具材料	进给量/(mm/r)	C_v	x_v	y_v	m
碳钢和合金钢	YT15（干切削）	$f \leqslant 0.30$	291	0.15	0.20	0.2
		$f \leqslant 0.70$	242		0.35	
		$f > 0.70$	235		0.45	
	W18Cr4V（加切削液）	$f \leqslant 0.25$	67.2	0.25	0.33	0.125
		$f > 0.25$	43		0.66	
灰铸铁	YG6（干切削）	$f \leqslant 0.40$	189.8	0.15	0.20	0.20
		$f > 0.40$	158		0.40	
	W18Cr4V（干切削）	$f \leqslant 0.25$	24	0.15	0.30	0.10
		$f > 0.25$	22.7		0.40	

表 3-9 至表 3-11 分别为主偏角及副偏角和刀尖圆弧半径改变时对切削速度 v_T 的修正系数值。

表 3-9　主偏角改变时对切削速度 v_T 的修正系数值

修正系数　　　主偏角　　　工件材料	30°	45°	60°	75°	90°
结构钢,可锻铸铁	1.13	1.0	0.92	0.86	0.81
灰铸铁,铜合金	1.20	1.0	0.88	0.83	0.73

表 3-10　副偏角改变时对切削速度 v_T 的修正系数值

副偏角	10°	15°	20°	30°	45°
修正系数	1.0	0.97	0.94	0.91	0.87

表 3-11　刀尖圆弧半径改变时对切削速度 v_T 的修正系数值

刀尖圆弧半径/mm	1	2	3	4
修正系数	0.94	1.0	1.03	1.13

3. 工件材料

工件材料的强度或硬度越大,切削力、切削时消耗的功率及产生的切削热越多,切削温度越高,刀具的磨损就会加剧,从而使刀具耐用度下降。特别是切削高温强度和硬度大的材料时,刀具耐用度更低。

工件材料的塑性越大,切削时的金属变形和切削力就越大,消耗的切削功率及产生的切削热越多,切削温度越高。此外,塑性越大的材料,冷加工硬化现象越严重,刀具的磨损就越严重。但工件材料的塑性太小时,切屑与前刀面接触长度较短,切削力和切削热集中在刃口附近,且切削力波动较大,使刀具易于磨损。因此,工件材料的塑性太大或太小时,刀具耐用度都会降低。

工件材料的导热系数大,则由工件和切屑传导出去的切削热亦多,使切削温度降低,热磨损较轻,刀具耐用度较高;反之,工件材料的导热系数小,则刀具耐用度降低。

工件材料中的硬质点(如高温碳化物)越多,形状越尖锐,则刀具的磨粒磨损就越严重,刀具耐用度降低。

提高刀具耐用度,可在不影响零件使用性能的前提下,调整工件材料的化学成分,或进行适当的热处理,以改变材料的物理力学性能,改善切削加工性。

表 3-12 至表 3-14 分别为工件材料不同、加工表面状态和毛坯供应状况不同以及车削方式不同时切削速度 v_T 的修正系数。

表 3-12　加工材料强度 σ_b 和硬度(HBS)改变时切削速度 v_T 的修正系数

加工材料	硬质合金刀具			高速钢刀具
碳钢和合金钢	$K_{Mv} = \dfrac{0.637}{\sigma_b}$			$K_{Mv} = C_M \left(\dfrac{0.637}{\sigma_b} \right)^{n_v}$
灰铸铁	$K_{Mv} = \left(\dfrac{190}{HBS} \right)^{1.25}$			$K_{Mv} = \left(\dfrac{190}{HBS} \right)^{n_v}$
公式中的系数及指数	加工材料	C_M		n_v
	碳钢($w(C) \leqslant 0.6\%$)	1.0		1.75
	碳钢($w(C) > 0.6\%$)、锰钢	0.9		1.75
	铬钢	0.8		1.75
	灰铸铁	—		1.7

注:当 $\sigma_b < 0.441\,\mathrm{GPa}$ 时,$n_v = -1.0$;当 $\sigma_b < 0.539\,\mathrm{GPa}$ 时,$n_v = -0.9$。

表 3-13　毛坯表面状态改变时切削速度 v_T 的修正系数

表面状态	无外皮	棒料	锻件	铸钢及铸铁	
				一般	带砂外皮
修正系数	1.0	0.9	0.8	0.8~0.85	0.5~0.6

表 3-14　车削方式改变时切削速度 v_T 的修正系数

车削方式	外圆纵车	横车($d:D$)			切断	切槽($d:D$)	
		0~0.4	0.5~0.7	0.8~1.0		0.5~0.7	0.8~0.95
修正系数	1.0	1.24	1.18	1.04	1.0	0.96	0.84

4. 刀具材料

刀具材料的性能对刀具耐用度的影响,仅次于工件材料的切削加工性对刀具耐用度的影响。刀具材料的高温硬度越高,耐磨性越好,刀具耐用度也越高。但在有冲击切削、重型切削和难加工材料切削时,影响刀具耐用度的主要因素是冲击韧度和抗弯强度。韧性越好,抗弯强度越高,刀具耐用度越高,越不易产生破损。另外,实践证明:未经研磨的刀具,表面及刃口的细微缺陷是导致裂纹、缺口和崩刃的重要原因。经研磨后的刀具由于消除了上述缺陷,刀具耐用度可成倍提高。表 3-15 为刀具材料改变时切削速度 v_T 的修正系数。

表 3-15　刀具材料改变时切削速度 v_T 的修正系数

修正系数　　刀具牌号　加工材料	YT5	YT14	YT15	YT30	YG8	YG6	YG3
结构钢、铸钢	0.65	0.8	1.0	1.4	—	0.4	—
灰铸铁、可锻铸铁	—	—	—	—	0.83	1.0	1.15

5. 切削液对刀具耐用度的影响

正确选用切削液的种类和冷却润滑方式，可以减轻黏结磨损，降低切削温度，从而减小刀具的磨损，提高刀具耐用度。

其他如切削方式、加工系统的刚度、排屑顺利与否等都会影响刀具的耐用度。

3.4.5　刀具耐用度的选择

从以上的分析可以得知，刀具磨损到磨钝标准后即需要重磨或换刀。刀具切削多长时间换刀比较合适？刀具耐用度采用的数值为多大比较合理？这些都要从生产率和加工成本两个角度来考虑。

从生产率的角度看，若刀具耐用度选得过高，即规定的切削时间过长，则在其他加工条件不变时，切削用量势必被限制在很低的水平，使切削工时增加，虽然此时刀具的消耗及其费用较少，但过低的加工效率也会使经济效果变得很差。若刀具耐用度选得过低，即规定的切削时间过短，虽可提高切削用量，可以降低切削工时，但由于刀具磨损加快而使装刀、卸刀刃磨的工时及其调整机床的时间和费用显著增加，同样达不到高效率、低成本的要求，生产率反而会下降。因此，在生产实际中存在着最大生产率所对应的耐用度 T_p。

从加工成本的角度看，若刀具耐用度选得过高，同样切削用量被限制在很低的水平，使用机床费用及工时费用增大，因而加工成本提高；若刀具耐用度选得过低，提高切削用量，可以降低切削工时，但由于刀具磨损加快而使刀具消耗以及与磨刀有关的成本也在增加，机床因换刀停车的时间也增加，加工成本也增高。在生产实际中就存在着最低加工成本所对应的耐用度 T_c。

因此，可以分别从满足最高生产率与最低加工成本的两个不同的原则方面来制定刀具耐用度的合理数值。

1. 最大生产率耐用度

最大生产率耐用度是以单位时间内加工工件的数量为最多，或以加工每个零件所消耗的生产时间为最少的原则来确定的刀具耐用度，用 T_p 表示。

通常分析单件工序的工时时，建立工时与刀具耐用度之间的关系式。

完成一道工序所需的工时 t_w 为

$$t_w = t_m + t_1 + t_c \frac{t_m}{T} \tag{3-21}$$

式中：t_m——工序的切削时间（机动工时，min）；

t_1——除换刀时间外的其他辅助时间(与 T、v_c 无关，min)；

t_c——一次换刀所需的工时(包括卸刀、装刀、对刀等时间，min)。

以纵车外圆为例，若工件切削长度为 L(mm)，直径为 d(mm)，加工余量为 Z(mm)，切削速度、进给量和切削深度(背吃刀量)分别为 v_c、f 和 a_p，则有

$$t_m = \frac{LZ}{nfa_p} = \frac{LZ\pi d}{1\ 000v_c fa_p} \tag{3-22}$$

将式(3-16)、式(3-22)代入式(3-21)整理后得

$$t_w = \frac{LZ\pi dT^m}{1\ 000fa_p C_0} + t_1 + t_c \frac{LZ\pi dT^{m-1}}{1\ 000fa_p C_0} \tag{3-23}$$

设 $K = \dfrac{LZ\pi d}{1\ 000fa_p C_0}$，则

$$t_w = KT^m + t_1 + t_c KT^{m-1} \tag{3-24}$$

令 $\mathrm{d}t_w/\mathrm{d}T = 0$，可求出最大生产率耐用度

$$T_p = t_c\left(\frac{1-m}{m}\right) \tag{3-25}$$

2. 最低成本耐用度

最低成本耐用度是以每件产品或工序的加工费用为最低的原则来确定的刀具耐用度，用 T_c 表示。它是分析每道工序的成本，然后建立成本与刀具耐用度的关系式。一个零件在一道工序中的加工费用是由与机动工时有关的费用，与换刀工时有关的费用，与其他辅助工时有关的费用，以及与刀具消耗有关的费用四部分组成。

于是，每个工件的工序成本为

$$C = t_m M + t_1 M + t_c \frac{t_m}{T}M + C_t \frac{t_m}{T} \tag{3-26}$$

式中：M——该工序单位时间内所分担的全厂开支；

C_t——每次刃磨刀具后分摊的费用，包括刀具、砂轮消耗和工人工资等(元)。

式(3-26)可写为

$$C = KT^m M + t_1 M + t_c KT^{m-1}M + C_t KT^{m-1} \tag{3-27}$$

令 $\mathrm{d}C/\mathrm{d}T = 0$，求出最低成本耐用度 T_c：

$$T_c = \left(t_c + \frac{C_t}{M}\right)\left(\frac{1-m}{m}\right) \tag{3-28}$$

比较 T_p 与 T_c，可知 $T_p < T_c$。刀具成本 C_t 越低，则 T_c 越接近 T_p。

通常，根据最低成本耐用度来确定刀具耐用度，当任务紧迫或生产中出现不平衡的薄弱环节时才采用最大生产率耐用度。另外，简单的刀具，如车刀、钻头等，耐用度选得低些；结构复杂和精度高的刀具，如拉刀、齿轮刀具等，耐用度选得高些；装卡、调整比较复杂的刀具，如多刀车床上的车刀，组合机床上的钻头、丝锥、铣刀，以及自动机及自动线上的刀具，耐用度应选得高一些，一般为通用机床上同类刀具的 2～4 倍；生产线上的刀具耐用度应规定为一个班或两个班，以便能在换班时间内换刀。如有特殊快速换刀装置时，可将刀具耐用度减少到正常数值；精加工尺寸很大的工件时，刀具耐用度应按零件精度和表面粗糙度要求决定。为避免在加工同一表面时中途换刀，耐用度应规定至少能完成一次走刀。

表 3-16 列出了常用刀具耐用度的参考值。

表 3-16 常用刀具耐用度的参考值

刀 具 类 型	耐用度 $T/\min$	刀 具 类 型	耐用度 $T/\min$
高速钢车刀、刨刀、镗刀	$30\sim60$	硬质合金面铣刀	$90\sim180$
硬质合金焊接车刀	$15\sim60$	齿轮刀具	$200\sim300$
硬质合金可转位车刀	$15\sim45$	自动机、组合机床、自动线刀具	$240\sim480$
钻头	$80\sim120$		

3.5 切削用量的合理选择

3.5.1 切削用量的选用原则

选择切削用量就是根据切削条件和加工要求,确定合理的背吃刀量 a_p、进给量 f 和切削速度 v_c。所谓合理的切削用量,就是指在保证加工质量的前提下,能获得较高生产率和较低生产成本的切削用量。

1. 制定切削用量时考虑的因素

切削用量的合理选择对生产率和刀具耐用度有着重要的影响。机床的切削效率可以用单位时间内切除的材料体积 $Q(\mathrm{mm}^3/\min)$ 表示:

$$Q = a_p f v_c \tag{3-29}$$

由式(3-29)可知,Q 同切削用量三要素 a_p、f、v_c 均有着线性关系,它们对机床切削效率影响的权重是完全相同的。仅从提高生产率看,切削用量三要素 a_p、f、v_c 中任一要素提高一倍,机床切削效率都能提高一倍,但 v_c 提高一倍与 f、a_p 提高一倍对刀具耐用度的影响却是大不相同的。由式(3-19)可知,切削用量三要素中对刀具耐用度影响最大的是 v_c,其次是 f,最小的是 a_p。因此,制定切削用量时不能仅仅单一地考虑生产率,还要兼顾到刀具耐用度。

2. 切削用量的选用原则

据上述分析可知,在保证刀具耐用度一定的条件下,提高背吃刀量 a_p 比提高进给量 f 的生产率高,比提高切削速度 v_c 的生产率更高。由此,切削用量选用的基本原则可以从切削加工的两个阶段来考虑。

1) 粗加工阶段切削用量的选用原则

粗加工阶段的主要特点是:加工精度要求和表面质量要求都低,毛坯余量大且不均匀。此阶段的主要目的是,在保证刀具耐用度一定的前提下,尽可能提高单位时间内的金属切除量,即尽可能提高生产效率。因此,粗加工阶段切削用量应根据切削用量对刀具耐用度的影响大小,首先选取尽可能大的背吃刀量 a_p,其次选取尽可能大的进给量 f,最后按照刀具耐用度的限制确定合理的切削速度 v_c。

2) 精加工阶段切削用量的选用原则

精加工阶段的主要特点是:加工精度要求和表面质量要求都较高,加工余量小而均匀。此阶段的主要目的是,应在保证加工质量的前提下,尽可能提高生产效率。而切削用量三要素 a_p、f、v_c 对加工精度和表面粗糙度的影响是不同的:提高切削速度 v_c 可使切削变形和切削力减小,且能有效地控制积屑瘤的产生;进给量 f 受残留面积高度(即表面质量要求)的限制;背

吃刀量 a_p 受预留精加工余量大小的控制。因此,精加工阶段切削用量应选用较高的切削速度 v_c、尽可能大的背吃刀量 a_p 和较小的进给量 f。

3.5.2　切削用量三要素的选用

1. 背吃刀量 a_p 的选用

背吃刀量 a_p 根据加工余量确定。

粗加工时,一般是在保留半精加工和精加工余量的前提下,尽可能用一次进给切除全部加工余量,以使走刀次数最少。在中等功率的机床上,a_p 可达 8～10 mm。只有在加工余量太大,导致机床动力不足或刀具强度不够;加工余量不均匀,导致断续切削;工艺系统刚度不足等的情况下,为了避免振动才分成两次或多次走刀。采用两次走刀时,通常第一次走刀取 $a_{p1} =$ (2/3～3/4)加工余量,第二次走刀取 $a_{p2} =$ (1/4～1/3)加工余量。切削表层有硬皮的铸锻件或切削冷硬倾向较为严重的材料(如不锈钢)时,应尽量使 a_p 值超过硬皮或冷硬层深度,以免刀具过快磨损。

半精加工时,通常取 $a_p = 0.5～2$ mm。精加工时背吃刀量不宜过小,若背吃刀量太小,因刀具刃口都有一定的钝圆半径,使切屑形成困难,已加工表面与刃口的挤压、摩擦变形加大,反而会降低加工表面的质量。所以精加工时,通常取 $a_p = 0.1～0.4$ mm。

2. 进给量 f 的选用

粗加工时,对加工表面粗糙度的要求不高,进给量 f 的选用主要受切削力的限制。在工艺系统刚度和机床进给机构强度允许的情况下,合理的进给量应是它们所能承受的最大进给量。

半精加工和精加工时,进给量 f 的选用主要受表面粗糙度和加工精度要求的限制。因此,进给量 f 一般选得较小。

实际生产中,经常采用查表法确定进给量。粗加工时,根据加工材料、车刀刀杆直径、工件直径及已确定的背吃刀量 a_p 由《切削用量手册》即可查得进给量 f 的取值,表 3-17 列出了用硬质合金车刀粗车外圆及端面的进给量 f 的推荐值。半精加工和精加工时,需按表面粗糙度选择进给量 f,此时可参考表 3-18。使用该表时,一般要参照下列情况,先预估一个切削速度:硬质合金车刀,$v_y > 50$ m/min(在加工表面的表面粗糙度 $Ra = 1.25～2.5$ μm 时,取 $v_y > 100$ m/min);高速钢车刀,$v_y < 50$ m/min。待实际切削速度 v_c 确定后,如发现 v_y 与 v_c 相差太大,再修正进给量 f。

表 3-17　硬质合金车刀粗车外圆及端面的进给量 f 的推荐值

工件材料	车刀刀杆尺寸/(mm×mm)	工件直径/mm	背吃刀量 a_p/mm				
			≤3	>3～5	>5～8	>8～12	>12
			进给量 f/(mm/r)				
碳素结构钢、合金结构钢及耐热钢	16×25	20	0.3～0.4	—	—	—	—
		40	0.4～0.5	0.3～0.4	—	—	—
		60	0.5～0.7	0.4～0.6	0.3～0.5	—	—
		100	0.6～0.9	0.5～0.7	0.5～0.6	0.4～0.5	—
		400	0.8～1.2	0.7～1.0	0.6～0.8	0.5～0.6	—

续表

工件 材料	车刀刀 杆尺寸 /(mm×mm)	工件直径 /mm	背吃刀量 a_p/mm				
			≤3	>3~5	>5~8	>8~12	>12
			进给量 f/(mm/r)				
碳素结构 钢、合金结 构钢及耐 热钢	20×30 25×25	20	0.3~0.4	—	—	—	—
		40	0.4~0.5	0.3~0.4	—	—	—
		60	0.6~0.7	0.5~0.7	0.4~0.6	—	—
		100	0.8~1.0	0.7~0.9	0.5~0.7	0.4~0.7	—
		400	1.2~1.4	1.0~1.2	0.8~1.0	0.6~0.9	0.4~0.6
铸铁及钢 合金	16×25	40	0.4~0.5	—	—	—	—
		60	0.6~0.8	0.5~0.8	0.4~0.6	—	—
		100	0.8~1.2	0.7~1.0	0.6~0.8	0.5~0.7	—
		400	1.0~1.4	1.0~1.2	0.8~1.0	0.6~0.8	—
	20×30 25×25	40	0.4~0.5	—	—	—	—
		60	0.6~0.9	0.5~0.8	0.4~0.7	—	—
		100	0.9~1.3	0.8~1.2	0.7~1.0	0.5~0.8	—
		400	1.2~1.8	1.2~1.6	1.0~1.3	0.9~1.1	0.7~0.9

注：① 加工断续表面及有冲击的工件时，表内进给量应乘系数 $k=0.75$；② 在无外皮加工时，表内进给量应乘系数 $k=1.1$；③ 加工耐热钢及其合金时，进给量不大于1；④ 加工淬硬钢时，进给量应减小。当钢的硬度为44~56 HRC时，乘系数 $k=0.8$；当钢的硬度为57~62 HRC 时，乘系数 $k=0.5$。

表 3-18　按表面粗糙度选择进给量 f 的参考值

工件材料	表面粗糙度 $Ra/\mu m$	切削速度范围 v_c/(m/min)	刀尖圆弧半径 $r_ε$/mm		
			0.5	1	2
			进给量 f/(mm/r)		
铸铁、青铜、 铝合金	10~5	不限	0.25~0.40	0.40~0.50	0.50~0.60
	5~2.5		0.15~0.25	0.25~0.40	0.40~0.60
	2.5~1.25		0.10~0.15	0.15~0.20	0.20~0.35
碳钢及 合金钢	10~5	<50	0.30~0.50	0.45~0.60	0.55~0.70
		>50	0.40~0.55	0.55~0.65	0.65~0.70
	5~2.5	<50	0.18~0.25	0.25~0.30	0.30~0.40
		>50	0.25~0.30	0.30~0.35	0.35~0.50
	2.5~1.25	<50	0.1	0.11~0.15	0.15~0.22
		50~100	0.11~0.16	0.16~0.25	0.25~0.35
		>100	0.16~0.20	0.20~0.25	0.25~0.35

3. 切削速度 v_c 的选用

粗加工时，切削速度 v_c 受刀具耐用度和机床功率的限制；精加工时，机床功率足够，切削

速度 v_c 主要受刀具耐用度的限制。

（1）用公式计算切削速度 v_c。

根据已经选定的背吃刀量 a_p、进给量 f 及刀具耐用度 T，可以用公式计算切削速度 v_c。

车削速度的计算公式为

$$v_c = \frac{C_v}{T^m a_p^{x_v} f^{y_v}} K_v \tag{3-30}$$

式中：C_v——切削速度系数；

　　　m、x_v、y_v——T、a_p 和 f 的指数；

　　　K_v——切削速度的修正系数（即工件材料、毛坯表面状态、刀具材料、加工方式、主偏角 κ_r、副偏角 κ_r'、刀尖圆弧半径 r_ε 及刀杆尺寸对切削速度的修正系数的乘积）。

上述系数、指数和各项修正系数均可由有关资料查得。

（2）用查表法确定切削速度 v_c。

切削速度 v_c 还可以用查表法确定。表 3-19 列出了车削加工切削速度 v_c 的参考值，其他加工方式 v_c 的参考值可参见有关文献。由表 3-19 可知：

① 粗加工的切削速度通常选得比精加工的小，这是由于粗加工的背吃刀量和进给量比精加工的大；

② 刀具材料的切削加工性能越好，切削速度选得就越高；

③ 硬质合金可转位车刀的切削速度明显高于焊接车刀的切削速度；

④ 工件材料的切削加工性越差，切削速度选得就越低。

（3）在确定切削速度时，还应考虑以下几点：

① 精加工时，应尽量避开产生积屑瘤的速度区；

② 断续切削时，应适当降低切削速度；

③ 在易产生振动的情况下，机床主轴转速应避开共振转速，选择能进行稳定切削的转速区进行；

④ 加工大件、细长件、薄皮件及带铸、锻外皮的工件时，应选较低的切削速度。

例 3-1　工件在 CA6140 型车床上车外圆，如图 3-41 所示。

（1）毛坯：直径 $d=50$ mm，材料为 45 钢，$\sigma_b=0.637$ GPa；

（2）加工要求：车外圆至 $\phi 44_{-0.062}^{\ 0}$，表面粗糙度 Ra 为 3.2 μm；

（3）刀具：焊接式硬质合金外圆车刀，刀片材料为 YT15，刀杆截面尺寸为 16 mm×25 mm；

（4）车刀切削部分几何参数：$\gamma_o=15°$，$\alpha_o=8°$，$\kappa_r=75°$，$\kappa_r'=10°$，$\lambda_s=0°$，$r_\varepsilon=1$ mm。

试求该车削工序的切削用量。

解　为达到规定的加工要求，此工序应安排粗车和半精车两次走刀，粗车时将 $\phi 50$ mm 外圆车至 $\phi 45$ mm；半精车时将 $\phi 45$ mm 外圆车至 $\phi 44_{-0.062}^{\ 0}$ mm。

（1）确定粗车切削用量。

① 背吃刀量 a_p。$a_p=(50-45)\div 2$ mm$=2.5$ mm。

② 进给量 f。根据已知条件，从表 3-17 中查得 $f=0.4\sim 0.5$ mm/r，按 CA6140 车床说明书中实有的进给量，确定 $f=0.48$ mm/r。

③ 切削速度 v_c。切削速度可由式（3-30）计算，也可查表确定，本例采用查表法确定。

表 3-19　车削加工的切削速度参考值

加工材料	硬度/HBS	背吃刀量 a_p/mm	高速钢刀具 v_c/(m/min)	高速钢刀具 f/(mm/r)	硬质合金刀具 未涂层 v_c/(m/min) 焊接式	硬质合金刀具 未涂层 v_c/(m/min) 可转位	硬质合金刀具 未涂层 f/(mm/r)	硬质合金刀具 涂层 材料	硬质合金刀具 涂层 v_c/(m/min)	硬质合金刀具 涂层 f/(mm/r)	陶瓷(超硬材料)刀具 v_c/(m/min)	陶瓷(超硬材料)刀具 f/(mm/r)	说　明
易切钢	100	1	55~90	0.18~0.20	185~240	220~275	0.18	YT15	320~410	0.18	550~700	0.13	切削条件较好时
	~200	4	41~70	0.40	135~185	160~215	0.50	YT14	215~275	0.40	425~580	0.25	可用冷压 Al_2O_3 陶
		8	34~55	0.50	110~145	130~170	0.75	YT5	170~220	0.50	335~490	0.40	瓷,切削条件较差时
中碳钢	175	1	52	0.20	165	200	0.18	YT15	305	0.18	520	0.13	宜用 Al_2O_3＋TiC
	~225	4	40	0.40	125	150	0.50	YT14	200	0.40	395	0.25	热压混合陶瓷,下同
		8	30	0.50	100	120	0.75	YT5	160	0.50	305	0.40	
碳钢 低碳	125	1	43~46	0.18	140~150	170~195	0.18	YT15	260~290	0.18	520~580	0.13	
	~225	4	34~38	0.40	115~125	135~150	0.50	YT14	170~190	0.40	365~425	0.25	
		8	27~30	0.50	88~100	105~120	0.75	YT5	135~150	0.50	275~365	0.40	
碳钢 中碳	175	1	34~40	0.18	115~130	150~160	0.18	YT15	220~240	0.18	460~520	0.13	
	~275	4	23~30	0.40	90~100	115~125	0.50	YT14	145~160	0.40	290~350	0.25	
		8	20~26	0.50	70~78	90~100	0.75	YT5	115~125	0.50	200~260	0.40	
碳钢 高碳	175	1	30~37	0.18	115~130	140~155	0.18	YT15	215~230	0.18	460~520	0.13	
	~275	4	24~27	0.40	88~95	105~120	0.50	YT14	145~150	0.40	275~335	0.25	
		8	18~21	0.50	69~76	84~95	0.75	YT5	115~120	0.50	185~245	0.40	
合金钢 低碳	125	1	41~46	0.18	135~150	170~185	0.18	YT15	220~235	0.18	520~580	0.13	
	~225	4	32~37	0.40	105~120	135~145	0.50	YT14	175~190	0.40	365~395	0.25	
		8	24~27	0.50	84~95	105~115	0.75	YT5	135~145	0.50	275~335	0.40	
合金钢 中碳	175	1	34~41	0.18	105~115	130~150	0.18	YT15	175~200	0.18	460~520	0.13	
	~275	4	26~32	0.40	85~90	105~120	0.40~0.50	YT14	135~160	0.40	280~360	0.25	
		8	20~24	0.50	67~73	82~95	0.50~0.75	YT5	105~120	0.50	220~265	0.40	
合金钢 高碳	175	1	30~37	0.18	105~115	135~145	0.18	YT15	175~190	0.18	460~520	0.13	
	~275	4	24~27	0.40	84~90	105~120	0.50	YT14	135~150	0.40	275~335	0.25	
		8	18~21	0.50	66~72	82~95	0.75	YT5	105~120	0.50	215~245	0.40	
高强度钢	225	1	20~26	0.18	90~105	115~135	0.18	YT15	150~185	0.18	380~440	0.13	＞300 HBS 时宜用 W12Cr4V5Co5 及
	~350	4	15~20	0.40	69~84	90~105	0.4	YT14	120~135	0.4	205~265	0.25	W2Mo9Cr4VCo8
		8	12~15	0.50	53~66	69~84	0.5	YT5	90~105	0.5	145~205	0.40	

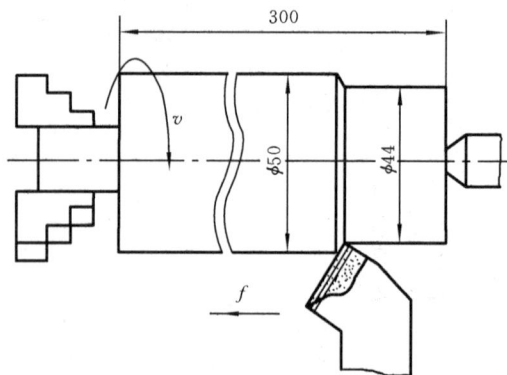

图 3-41　工序草图

从表 3-19 查得 $v_c = 100$ m/min，由此可推算出机床主轴转速为

$$n = \frac{1\ 000 v_c}{\pi d} \approx \frac{1\ 000 \times 100}{3.14 \times 50}\ \text{r/min} = 637\ \text{r/min}$$

按 CA6140 车床说明书选取实有的机床主轴转速为 560 r/min，故实际的切削速度为

$$v_c = \frac{\pi n d}{1\ 000} \approx \frac{3.14 \times 560 \times 50}{1\ 000}\ \text{m/min} = 87.9\ \text{m/min}$$

④ 校核机床功率。由有关手册查出相关系数和计算公式，先计算出主切削力 F_z，再将主切削力 F_z 代入公式计算出切削功率 P_m。通过计算，本例的主切削力 $F_z = 1\ 800$ N，切削功率 $P_m = 2.64$ kW。查阅机床说明书知，CA6140 车床主电动机功率 $P_E = 7.5$ kW，取机床传动效率 $\eta_m = 0.8$，则

$$\frac{P_m}{\eta_m} = \frac{2.64}{0.8}\ \text{kW} = 3.3\ \text{kW} < P_E = 7.5\ \text{kW}$$

校核结果表明，机床功率是足够的。

⑤ 校核机床进给机构强度。由上可知，主切削力 $F_z = 1\ 800$ N，再由同样方法，分别计算出本例的背向力 $F_y = 392$ N，进给力 $F_x = 894$ N。考虑到机床导轨和溜板之间由 F_z 和 F_y 所产生的摩擦力，设摩擦系数 $\mu_s = 0.1$，则机床进给机构承受的力为

$$F_j = F_x + \mu_s (F_z + F_y) = [894 + 0.1 \times (1\ 800 + 392)]\text{N} = 1\ 113.2\ \text{N}$$

查阅机床说明书知，CA6140 车床纵向进给机构允许作用的最大抗力为 3 500 N，远大于机床进给机构承受的力 F_j。校核结果表明，机床进给机构的强度是足够的。

粗车的切削用量为：$a_p = 2.5$ mm，$f = 0.48$ mm/r，$v_c = 87.9$ m/min。

（2）确定半精车切削用量。

① 背吃刀量 a_p。$a_p = (45 - 44)/2$ mm $= 0.5$ mm。

② 进给量 f。根据表面粗糙度 Ra 为 3.2 μm，$r_\varepsilon = 1$ mm，从表 3-18 中查得 $f = 0.30 \sim 0.35$ mm/r（预估切削速度 $v_y > 50$ m/min），按 CA6140 车床说明书中实有的进给量，确定 $f = 0.30$ mm/r。

③ 切削速度 v_c。根据已知条件，从表 3-19 中选用 $v_c = 130$ m/min，然后算出机床主轴转速为

$$n \approx \frac{1\ 000 \times 130}{3.14 \times (50 - 5)}\ \text{r/min} = 920\ \text{r/min}$$

按 CA6140 车床说明书选取实有的机床主轴转速为 900 r/min,故实际的切削速度为

$$v_c \approx \frac{3.14 \times (50-5) \times 900}{1\,000} \text{ m/min} = 127.2 \text{ m/min}$$

半精车、精车时,切削力很小,通常情况下,可不校核机床功率和机床进给机构的强度。

半精车的切削用量为:$a_p = 0.5$ mm,$f = 0.30$ mm/r,$v_c = 127.2$ m/min。

3.5.3 提高切削用量的途径

提高切削用量对于提高生产率有着重大意义。切削用量的提高,主要从以下几个方面考虑。

1. 提高刀具耐用度,以提高切削速度

刀具耐用度是限制提高切削用量的主要因素,尤以对切削速度的影响最大。因而,如何提高刀具耐用度,提高切削速度以实现高速切削成为提高切削用量的首要考虑。而新的刀具材料的开发和使用,给这一目的带来了希望。目前,硬质合金刀具的切削速度已达 200 m/min;陶瓷刀具的切削速度可达 500 m/min;聚晶金刚石和聚晶立方氮化硼新型刀具材料,切削普通钢材时切削速度可达 900 m/min,加工 60 HRC 以上的淬火钢时切削速度在 90 m/min 以上。

2. 进行刀具改革,加大进给量和背吃刀量

由于种种原因,新型刀具材料的广泛使用还有待时日。因此,对刀具本身的几何参数加以改进,从加大进给量和背吃刀量方面予以突破,是提高切削用量的又一途径。强力切削这种高效率的加工方法便是这一途径的成功范例。

3. 改进机床,使其具有足够的刚度

从刀具的因素着手固然是提高切削用量的主要途径,但与此同时,机床的因素也不容忽视。由于切削用量的提高(往往是正常量的几倍或几十倍),切削力也相应增长,因而,机床必须具有高转速、高刚度、大功率和抗振性好等性能。否则,零件的加工质量难以得到保证,切削用量的提高也就失去了意义。

3.6 切 削 液

3.6.1 切削液的作用机理

切削液在金属切削、磨削加工过程中具有相当重要的作用。实践证明,选用合适的金属切削液,能降低切削温度和切削力,减小已加工表面粗糙度值,减少工件热变形,还可以减少切屑、工件与刀具的摩擦,减缓刀具磨损,成倍地提高刀具和砂轮的使用寿命,并能把铁屑和灰末从切削区冲走,因而提高了生产效率和产品质量,故它在机械加工中应用极为广泛。

1. 切削液的冷却作用

切削液的冷却作用是通过将切削液浇注到切削区域,使它和因切削而发热的刀具(或砂轮)、切屑和工件间的对流和汽化作用把切削热从刀具和工件处带走,使切屑、刀具、工件上的热量散逸,起到冷却作用,从而有效地降低切削温度,尤其是降低前刀面上的最高温度,减少工件和刀具的热变形,保持刀具硬度和尺寸,提高加工精度和刀具耐用度(刀具寿命)。

机械制造技术基础(第三版)

JIXIE ZHIZAO JISHU JICHU

切削液的导热系数、比热、汽化热、汽化速度、流量、流速等物理性能决定了其冷却性能的好坏。上述各量值越大,则其冷却性能就越好。如水的导热系数、比热均高于油的,故水的冷却性能要比油类的好。另外,改变液体的流动条件,如提高流速和加大流量,可以有效地提高切削液的冷却效果,特别对于冷却效果差的油基切削液,加大切削液的供液压力和流量,可有效提高其冷却性能。

2. 切削液的润滑作用

切削液在切削过程中能渗入刀具与工件和切屑的接触表面,形成部分润滑膜,可以减小前刀面与切屑、后刀面与已加工表面间的摩擦,从而减小切削力、表面摩擦和功率消耗,降低刀具与工件坯料摩擦部位的表面温度和刀具磨损,改善工件材料的切削加工性能。

切削液的润滑性能与其成膜能力、润滑膜强度及渗透性有关。表面张力小、黏度低、与金属亲和力强的切削液的渗透性好。切削液吸附性能的好坏取决于其成膜能力、润滑膜强度。在切削液中添加油性添加剂或含硫、氯等元素的极压添加剂后,会与金属表面形成物理吸附膜或化学吸附膜,使边界润滑层保持较好的润滑性能。

3. 切削液的清洗作用

在金属切削过程中,要求切削液有良好的清洗作用。它可以冲走黏附在机床、刀具、夹具及其工件上的细碎切屑或磨屑以及铁粉、砂粒,防止污染机床和工件、刀具,使刀具或砂轮的切削刃口保持锋利,防止划伤已加工表面和机床导轨,不致影响切削效果。精密磨削加工和自动线加工更是要求切削液具有良好的清洗作用。

清洗性能的好坏,与切削液的渗透性和使用的压力有关。为了提高切削液的渗透性和流动性,可加入剂量较大的表面活性剂和少量润滑油,用大的稀释比(水占95%左右)制成乳化液或水溶液以提高清洗效果。另外,使用中施加一定的压力,提高流量,也可提高清洗和冲刷能力。

4. 切削液的防锈作用

为防止环境介质及残存在切削液中的油泥等腐蚀性物质对工件、机床、刀具产生侵蚀,要求切削液有一定的防锈能力。防锈作用的好坏,取决于切削液本身的性能和所加入防锈添加剂的性质。例如,油比水的防锈性能好,而加入防锈添加剂,可提高防锈能力。在我国南方地区潮湿多雨季节,更应注意工序间的防锈措施。

上述切削液的冷却、润滑、清洗、防锈四个作用并不是每一种切削液都能完全满足,如切削油的润滑、防锈性能较好,但冷却、清洗性能较差;水溶液的冷却、洗涤性能较好,但润滑和防锈性能差。因此,在选用切削液时要全面权衡利弊,针对具体加工要求选用合适的切削液。

除了上述作用外,切削液还应当具备性能稳定,不污染环境,对人体无害、价廉、易配制等要求。

3.6.2 切削液的类型及选用

1. 常用切削液种类

1)水溶性切削液

水溶性切削液(水基切削液)有良好的冷却作用和清洗作用,主要包括水溶液和乳化液、离子型切削液等。

· 134 ·

水溶液的主要成分为水和一定的添加剂,其冷却性能最好,加入防锈添加剂和油性添加剂后又具有一定的润滑和防锈性能,呈透明状,便于操作者观察,广泛应用于普通磨削和粗加工中。表 3-20 所示为常用的水溶液。

表 3-20 常用的水溶液

碳酸钠水溶液			磷酸三钠水溶液		
水	亚硝酸钠	碳酸钠	水	磷酸三钠	亚硝酸钠
99%	0.3%~0.2%	0.7%~0.8%	99%	0.75%	0.25%

乳化液是由 95%~98% 的水加入适量的乳化油(由矿物油、乳化剂及其他添加剂配制而成)形成的乳白色或半透明切削液。乳化油是一种油膏,由矿物油和表面活性乳化剂配制而成。表面活性乳化剂的分子上带极性一头与水亲和,不带极性一头与油亲和,由它使水油均匀混合,添加乳化稳定剂使乳化液中的油水不分离。乳化液中加入一定量的油性添加剂、防锈添加剂和极压添加剂,可配成防锈乳化液或极压乳化液,磨削难加工材料时就宜采用润滑性能较好的极压乳化液。按乳化油的含量不同,可配制成不同浓度的乳化液。低浓度乳化液主要起冷却作用,适用于磨削、粗加工;高浓度乳化液主要起润滑作用,适用于精加工及复杂工序的加工。表 3-21 列出了加工碳钢时不同浓度乳化液的用途。

表 3-21 乳化液的选用

加工要求	粗车、普通磨削	切割	粗铣	铰孔	拉削	齿轮加工
浓度/%	3~5	10~20	5	10~15	10~20	15~20

离子型切削液是由阴离子型、非离子型表面活性剂和无机盐配制而成的母液加水稀释而成。母液在水溶液中能离解成各种强度的离子,通过切削液的离子反应,可迅速消除在切削或磨削中由于强烈摩擦所产生的静电荷,使刀具和工件不产生高热,起到良好的冷却效果,以提高刀具耐用度(刀具寿命)。这类离子型切削液已广泛用作高速磨削和强力磨削的冷却润滑液。

2)非水溶性切削液

非水溶性切削液(油基切削液)主要包括切削油、极压切削油及固体润滑剂等。

切削油有各种矿物油(如机械油、轻柴油、煤油等)、动植物油(如豆油、猪油等)和加入矿物油与动植物油的混合油,主要起润滑作用。其中动植物油易变质,故较少使用。生产中常使用矿物油,其资源丰富、热稳定性好、价格便宜,但其润滑性能较差,主要用于切削速度较低的加工,以及易切削钢和非铁金属的切削。而机械油的润滑性能较好,故在普通精车、螺纹精加工中使用甚广。纯矿物油不能在摩擦界面上形成坚固的润滑膜,通常在其中加入油性添加剂、防锈添加剂和极压添加剂,以提高润滑和防锈性能。

极压切削油是在切削油中加入硫、氯、磷等极压添加剂组成的。它在高温下不破坏润滑膜,具有较好的润滑、冷却效果,特别是在精加工、关键工序和切削难加工材料时更是如此。

固体润滑剂的主要成分为二硫化钼、硬脂酸和石蜡,常做成蜡棒,涂在刀具上,切削时减小摩擦,起润滑作用,可用于车、铣、钻、拉和攻螺纹等加工,也可添加在切削液中使用,能防止黏结和抑制积屑瘤的形成,减小切削力,显著延长刀具寿命和减小加工表面粗糙度。

2. 切削液的选用

金属切削过程中,要根据加工性质、工件材料、刀具材料和加工方法等来合理选择切削液。

如选用不当,就得不到应有的效果。

一般选用切削液的步骤大致如下。首先根据工艺条件及要求,初步判定是选用油基(切削液)还是水基(切削液)。对产品质量要求高、刀具复杂时用油基(切削液),用油基(切削液)可获得较低的产品表面粗糙度、较长的刀具寿命;但加工速度高时用油基(切削液)会造成严重烟雾。希望有效地降低切削温度、提高加工效率时,用水基(切削液)。其次,应考虑到有关消防的规定、车间的通风条件、废液处理方法及能力,以及前后加工工序的切削液使用情况,考虑工序间是否有清洗及防锈处理等措施。最后,再根据加工方法及条件、被加工材料以及对加工产品的质量要求选用具体品种,根据切削时的供液条件及冷却要求选用切削油的黏度等。具体选用可参照以下方式进行。

粗加工时,切削用量大,以降低切削温度为主,应选用冷却性能好的切削液,如水溶液、离子型切削液或3%～5%乳化液。精加工时,为减小工件表面粗糙度值和提高加工精度,选用的切削液应具有良好的润滑性能,如高浓度乳化液或切削油等。

使用高速钢刀具时同样遵循上述原则,粗加工时以冷却为主,精加工时以润滑为主;使用硬质合金刀具一般不用切削液,如要使用切削液,可使用低浓度乳化液或水溶液,但需注意应连续地、充分地浇注,以免因冷热不均产生很大的内应力,从而导致裂纹,损坏刀具。

钻孔、攻丝、拉削等加工属于半封闭、封闭状态的排屑方式,其摩擦严重,易用乳化液或极压切削油。成形刀具、齿轮刀具由于要求保持形状及尺寸精度,因此要采用润滑性能好的极压切削油或高浓度极压切削油。

磨削加工时温度高,大量的细屑、砂末会划伤已加工表面。因而,磨削时使用的切削液应具有良好的冷却清洗作用,并有一定的润滑性能和防锈作用,故一般常用乳化液和离子型切削液。

加工高强度钢、高温合金等难加工材料时,其在切削加工时处于高温高压边界摩擦状态,对冷却和润滑都有较高的要求,因此选用极压切削油或极压乳化液较好。

由于硫能腐蚀铜,所以在切削铜件时,不宜用含硫的切削液。切削镁合金时,严禁使用乳化液作为切削液,以防燃烧引起事故。

螺纹加工时,为了减少刀具磨损,可采用润滑性良好的蓖麻油或豆油。轻柴油具有冷却和润滑作用,黏度小,流动性好,可在自动机上兼作自身润滑液和切削液用。

3.7　刀具角度的选用

在切削过程中,刀具的切削能力直接影响着生产率、加工质量及加工成本,而刀具的切削能力主要取决于刀具材料的性能和刀具的合理几何参数。

1. 刀具种类的选择

刀具种类主要根据被加工表面的形状、尺寸、精度、加工方法、所用机床及要求的生产率等进行选择。

2. 刀具材料的选择

刀具材料主要根据被加工工件材料、刀具形状和类型及加工要求等进行选择(参见本书2.3.4节相关内容)。

（1）高速钢的特点是强度高、韧度好、工艺性好、刃磨性好，常用于复杂、小型、刚度差（如钻头、丝锥、成形刀具、拉刀、齿轮刀具等）及中、低速切削的各种刀具和精加工的刀具。

（2）硬质合金的特点是硬度高、热硬性高、耐磨性好，但较脆，常用于刚度好、刃形简单的刀具，具体选择如下。

① YG 类（≈ISO 的 K 类）：数字越大，韧度越好；切铸铁、非铁金属、非金属、高温合金。

② YT 类（≈ISO 的 P 类）：数字越小，韧度越好；切碳素钢、合金钢。

③ YW 类（≈ISO 的 M 类）：数字越大，韧度越好；切耐热钢、不锈钢、普通钢和铸铁。

④ YN 类：数字越大，韧度越好；切钢和铸铁。

⑤ 粗加工：选韧度好、耐冲击的材料。

⑥ 精加工：选硬度高、耐高温、细晶粒的材料。

（3）陶瓷的特点是硬度高，耐高温，可高速切削，但脆性大，常用于钢、铸铁、非铁金属材料的精加工、半精加工。

（4）人造金刚石的特点是硬度高、与金属摩擦系数小，但不太耐高温、不宜切钢铁材料，常用于高硬度耐磨材料、非铁金属、非金属的超精加工或作磨具。

（5）立方氮化硼的特点是硬度高、耐高温，磨削性能较好，但焊接性能差些，其抗弯强度较硬质合金的低，常用于加工高温合金、淬硬钢、冷硬铸铁。

3. 刀具角度的选择

刀具角度的选择直接影响切削效率、刀具寿命、表面质量和加工成本。因此必须重视刀具角度的合理选择，以充分发挥刀具的切削性能。刀具角度的选择主要包括刀具的前角、后角、主偏角和刃倾角的选择。

1）前角

前角 γ_o 对切削的难易程度有很大影响。增大前角能使刀刃变得锋利，使切削更为轻快，并减小切削力和切削热。但前角过大，刀刃和刀尖的强度下降，刀具导热体积缩小，影响刀具使用寿命。前角的大小对表面粗糙度、排屑和断屑等也有一定影响。工件材料的强度、硬度低，前角应选得大些，反之则小；刀具材料韧度好（如高速钢），前角可选得大些，反之应选得小些（如硬质合金）；精加工时，前角可选得大些；粗加工时应选得小些。

2）后角

后角 α_o 的主要功用是减小后刀面与工件间的摩擦和后刀面的磨损，其大小对刀具耐用度和加工表面质量都有很大影响。一般来说，切削厚度越大，刀具后角越小；工件材料越软，塑性越大，后角就越大。工艺系统刚度较差时应适当减小后角，尺寸精度要求较高的刀具，后角宜取小值。

3）主偏角

主偏角 κ_r 的大小影响切削条件和刀具耐用度。在工艺系统刚度很好时，减小主偏角可提高刀具耐用度、减小已加工表面粗糙度，所以 κ_r 宜取小值；在工件刚度较差时，为避免工件的变形和振动，应选用较大的主偏角。

4）副偏角

副偏角 κ_r' 的作用是可减小副切削刃和副后刀面与工件已加工表面之间的摩擦，防止切削振动。κ_r' 的大小主要影响已加工表面粗糙度，为了减小工件表面粗糙度值，通常取较小的副偏角。

5）刃倾角

刃倾角 λ_s 主要影响刀头的强度和切屑流动的方向。当 $\lambda_s > 0°$ 时,切屑流向待加工表面;当 $\lambda_s < 0°$ 时,切屑流向已加工表面;当 $\lambda_s = 0°$ 时,切屑沿正交平面方向流出。

增大 λ_s 可增加实际工作前角和刃口锋利程度,可提高加工质量。选用负刃倾角,可提高刀具强度,改变刀刃受力方向,提高刀刃抗冲击能力,但负刃倾角过大会使背向力增大。

一般钢、铸铁精加工时,取 $\lambda_s = 0° \sim +5°$,粗加工时,取 $\lambda_s = -5° \sim 0°$。在加工高硬质、高强度金属,加工断续表面或有冲击载荷时,取 $\lambda_s = -5° \sim -15°$。

拓 展 阅 读

刀具的破损

刀具状态监控

工件材料的
切削加工性

磨削过程及
磨削机理

本章重点、难点和知识拓展

本章重点 金属切削过程中所产生的物理现象及其内在规律及应用;刀具的磨损过程和原因及刀具耐用度和刀具总寿命;合理选择切削用量的原则和方法;常用刀具的类型及选用要领,选择常用刀具材料的基本原则和方法;磨削过程及磨削机理。

本章难点 金属切削过程中内在规律的应用;切削用量的实际选择。

知识拓展 结合生产实习,在深刻理解金属切削过程中所产生的物理现象及其内在规律的基础上,能对实际加工中的切削用量做出初步的选择;通过对磨削加工的参观,加深对磨削过程和磨削机理的理解,提高对扩大磨削工艺使用范围的重要性的认识。

思考题与习题

3-1 金属切削过程中切削力的来源是什么?

3-2 车削时切削合力为什么常分解为三个相互垂直的分力来分析?各分力对加工有何影响?

3-3 影响切削力的主要因素有哪些?

3-4 切削热是如何产生和传出的?仅从切削热产生的多少能否说明切削区温度的高低?

　　3-5　背吃刀量和进给量对切削力和切削温度的影响是否一样？如何运用这一规律指导生产实践？

　　3-6　增大前角可以使切削温度降低的原因是什么？是不是前角越大切削温度就越低？

　　3-7　切削液的主要作用有哪些？应当如何正确选用切削液？

　　3-8　刀具的正常磨损过程可分为几个阶段？为何出现这种规律？刀具使用时磨损应限制在哪一阶段？

　　3-9　试述刀具磨损的各种原因。高速钢刀具、硬质合金刀具各自比较容易发生的磨损是什么？

　　3-10　何谓刀具耐用度？实际生产中如何来确定刀具已经磨钝了？

　　3-11　何谓最大生产率刀具耐用度和最低成本刀具耐用度？如何选用？

　　3-12　在关系式 $vT^m = C_0$ 中，指数 m 的物理意义是什么？不同刀具的 m 值为什么不同？

　　3-13　刀具破损的主要形式有哪些？高速钢刀具和硬质合金刀具的破损形式有何不同？

　　3-14　何谓材料的切削加工性？为什么说它是一个相对的概念？V_T 代表什么意义？

　　3-15　材料的切削加工性通常从哪些方面来衡量？试述改善材料切削加工性的方法。

　　3-16　试用单个磨料的最大切削厚度计算公式来说明有关磨削要素对磨削效果的影响。

　　3-17　磨削与切削加工相比，有何特点？

　　3-18　磨削外圆时三个分力中以背向力 F_y 最大，车削外圆时三个分力中以切削力 F_z 最大，这是为什么？

第4章 机械加工精度

产品的质量与零件的加工质量、产品的装配质量密切相关,而零件的加工质量是保证产品质量的基础。零件的加工质量一般包括机械加工精度和加工表面质量两个指标。实际加工时不可能也没有必要把零件做得与理想零件完全一致,而总会有一定的偏差,即所谓加工误差。如图 1-1 所示的小轴,在一批工件中随意挑选几个,经实测其左端外圆直径分别为 $\phi16.985$、$\phi16.992$、$\phi16.988$、$\phi16.989$、$\phi16.992$、$\phi16.983$ 等,可以看出在实际加工过程中存在加工误差,那么,这批零件是否合格? 如何减少加工误差,以保证零件的加工精度? ……这些都是与零件加工质量相关的问题。本章就是研究如何将各种误差控制在允许范围内,分析各种因素对加工精度的影响规律,从而找出减少加工误差、提高加工精度的途径和针对性的措施。

4.1 机械加工精度概述

1. 加工精度与加工误差

加工精度是指零件加工后的实际几何参数(尺寸、几何形状和各表面间的相互位置)与理想几何参数的符合程度。符合程度愈高,加工精度就愈高;符合程度愈低,加工精度就愈低。零件的加工精度包括尺寸精度、形状精度和相互位置精度。

加工误差是指零件加工后的实际几何参数(尺寸、几何形状和各表面间的相互位置)与理想几何参数的偏离程度。加工误差愈小,则加工精度愈高;反之,亦然。所以说,加工误差的大小反映了加工精度的高低,而生产中加工精度的高低是用加工误差的大小表示的。实际加工中采用任何加工方法所得到的实际几何参数都不会与理想几何参数完全相同。生产实践中,在保证机器工作性能的前提下,零件存在一定的加工误差是允许的,而且只要这些误差在规定的范围内,就认为是保证了加工精度。

加工精度和加工误差是从两个不同的角度来评定加工零件的几何参数的,加工精度的低和高就是通过加工误差的大和小来表示的。研究加工精度的目的,就是要弄清各种原始误差对加工精度的影响规律,掌握控制加工误差的方法,从而找出减少加工误差、提高加工精度的途径。

2. 加工经济精度

由于在加工过程中有很多因素影响加工精度,所以同一种加工方法在不同的工作条件下所能达到的精度是不同的。任何一种加工方法,只要细心操作、精心调整,并选用合适的切削参数进行加工,都能使加工精度得到较大的提高,但这样做会降低生产率,增加加工成本,是不经济的。

加工误差与加工成本总是成反比关系的。用同一种加工方法,如欲获得较高的精度(即加工误差较小),成本就会提高。但对某种加工方法,当加工误差较小时,即使很细心地操作,很精心地调整,精度却提高得很少,甚至不能提高,然而成本却会提高很多;相反,对某种加工方法,即使工件精度要求很低,加工成本也不会无限制的降低,而必须耗费一定的最低成本。通常所说的加工经济精度是指在正常加工条件下(采用符合质量标准的设备、工艺装备和标准技术等级的工人,不延长加工时间)所能保证的加工精度。某种加工方法的加工经济精度一般指的是一个精度范围,在这个范围内都可以说是经济的。当然,加工方法的经济精度并不是固定不变的,随着工艺技术的发展,设备及工艺装备的改进,以及生产中科学管理水平的不断提高等,各种加工方法的加工经济精度等级范围亦将随之不断提高。

3. 原始误差

机械加工中,机床、夹具、刀具和工件构成了一个相互联系的统一系统,此系统称为工艺系统。

由于工艺系统的各组成部分本身存在误差,同时加工中多方面的因素都会对工艺系统产生影响,从而造成各种各样的误差。这些误差都会引起工件的加工误差,把工艺系统的各种误差称为原始误差。这些误差,一部分与工艺系统本身的结构形状有关,一部分与切削过程有关。

按照这些误差的性质,可归纳为以下四个方面。

(1) 工艺系统的几何误差:包括加工方法的原理误差,机床的几何误差,夹具的制造误差,工件的装夹误差以及工艺系统磨损所引起的误差。

(2) 工艺系统受力变形所引起的误差。

(3) 工艺系统热变形所引起的误差。

(4) 工件的内应力引起的误差。

为清晰起见,可将加工过程中可能出现的各种原始误差归纳如下:

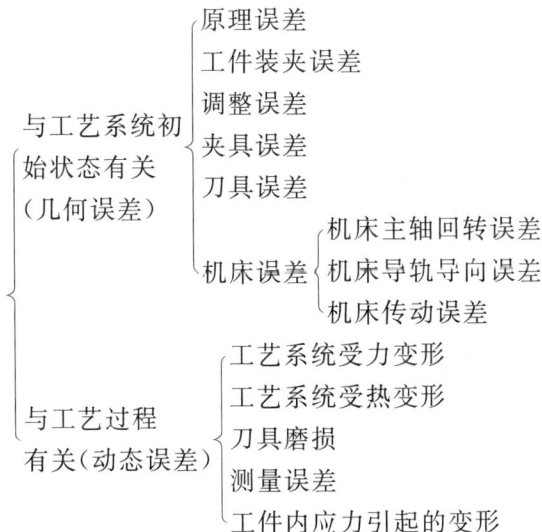

```
                        ┌ 原理误差
                        │ 工件装夹误差
          与工艺系统初   │ 调整误差
          始状态有关     ┤ 夹具误差
         (几何误差)     │ 刀具误差
                        │            ┌ 机床主轴回转误差
                        └ 机床误差 ──┤ 机床导轨导向误差
                                     └ 机床传动误差
                        ┌ 工艺系统受力变形
          与工艺过程     │ 工艺系统受热变形
          有关(动态误差)┤ 刀具磨损
                        │ 测量误差
                        └ 工件内应力引起的变形
```

4. 加工精度的研究方法

研究机械加工精度的方法主要有分析计算法和统计分析法。分析计算法是在掌握各种原始误差对加工精度影响规律的基础上,分析工件加工中所出现的误差可能是由哪一种或哪几种主要原始误差所引起的,并找出原始误差与加工误差之间的影响关系,通过估算来确定工件加工误差的大小,再通过试验测试来加以验证。统计分析法是对具体加工条件下得到的几何参数进行实际测量,然后运用数理统计学方法对这些测试数据进行分析处理,找出工件加工误差的规律和性质,进而控制加工质量。分析计算法主要是在对单项原始误差进行分析计算的基础上进行的。统计分析法则是在对有关的原始误差进行综合分析的基础上进行的。在实际生产中,上述两种方法常常结合起来使用,可先用统计分析法寻找加工误差产生的规律,初步判断产生加工误差的可能原因,再运用分析计算法进行分析、试验,以便迅速有效地找出影响工件加工精度的主要原因。

4.2　工艺系统的几何误差

工艺系统的几何误差主要有加工原理误差,机床、刀具、夹具的制造误差和磨损,以及机床、刀具、夹具和工件的安装调整误差等。

1. 加工原理误差

加工原理误差是指由于采用了近似的加工方法、近似的成形运动或近似的刀具轮廓进行加工所产生的误差。为了获得规定的加工表面,刀具和工件之间必须实现准确的成形运动,机械加工中称此为加工原理。理论上应采用理想的加工原理和完全准确的成形运动以获得精确的零件表面。但在实际工作中,完全精确的加工原理常常很难实现;有时加工效率很低;有时会使机床或刀具的结构极为复杂,制造困难;有时由于结构环节多,造成机床传动中的误差增加,或使机床刚度和制造精度很难保证。因此,采用近似的加工原理以获得较高的加工精度是保证加工质量,提高生产率和经济性的有效工艺措施。

例如,齿轮滚齿加工用的滚刀就有两种原理误差:一是近似廓型原理误差,即由于制造上的困难,采用阿基米德基本蜗杆或法向直廓基本蜗杆代替渐开线基本蜗杆;二是由于滚刀刀刃数有限,所切出的齿形实际上是一条由微小折线组成的折线段,和理论上的光滑渐开线有差异。这些都会产生加工原理误差。又如,用模数铣刀成形铣削齿轮时,模数相同而齿数不同的齿轮,其齿形参数是不同的。理论上,对于同一模数、不同齿数的齿轮,就要用相应的锯齿形刀具加工。实际上,为精简刀具数量,常用一把模数铣刀加工某一齿数范围内的齿轮,即采用了近似的刀刃轮廓,同样产生了加工原理误差。

2. 机床的几何误差

机械加工中刀具相对于工件的切削成形运动一般是通过机床完成的,因此工件的加工精度在很大程度上取决于机床的精度。

机床的切削成形运动主要有两大类,即主轴的回转运动和移动件的直线运动。因此,机床的制造误差对工件加工精度影响较大的主要是主轴的回转运动误差、导轨的直线运动误差以及传动链误差。

1) 主轴回转误差

(1) 主轴回转误差的概念及基本形式。

机床主轴是用以装夹工件或刀具的基准,并将运动和动力传递给工件和刀具。因此主轴的回转误差,对工件的加工精度有直接影响。所谓主轴的回转误差,是指主轴的实际回转轴线相对于其理想回转轴线(一般用平均回转轴线来代替)的漂移或偏离量。

理论上,主轴回转时,其回转轴线的空间位置是固定不变的,即瞬时速度为零。而实际上,由于主轴部件在加工、装配过程中的各种误差和回转时的受力、受热等因素,使主轴在每一瞬时回转轴线的空间位置处于变动状态,造成轴线相对于平均回转轴线的漂移,也即产生了回转误差。

主轴的回转误差可分为以下三种基本形式。

① 轴向窜动:主轴实际回转轴线沿平均回转轴线方向的轴向运动,如图 4-1(a)所示。它主要影响端面形状和轴向尺寸精度。

② 径向跳动:主轴实际回转轴线始终平行于平均回转轴线方向的径向运动,如图 4-1(b)所示。

③ 角度摆动:瞬时回转轴线与平均回转轴线成一角度倾斜,交点位置固定不变的运动,如图 4-1(c)所示。它主要影响工件的形状精度,车外圆时,会产生锥形;镗孔时,会使孔呈椭圆形。

主轴工作时,其回转运动误差常常是以上三种基本形式的合成运动造成的。

(2) 主轴回转误差的影响因素。

影响主轴回转精度的主要因素是主轴轴颈的同轴度误差、轴承的误差、轴承的间隙、与轴承配合零件的误差及主轴系统的径向不等刚度和热变形等。

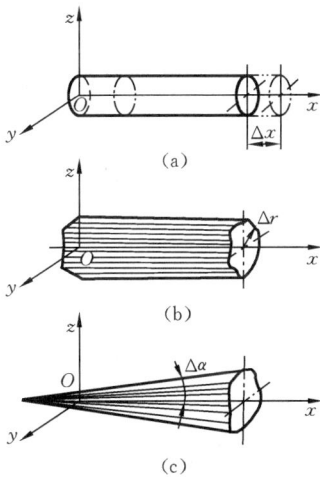

图 4-1　主轴回转误差的基本形式

(a) 轴向窜动;(b) 径向跳动;

(c) 角度摆动

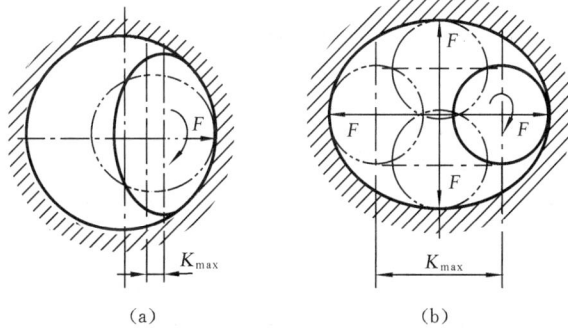

图 4-2　主轴采用滑动轴承的径向跳动

(a) 工件回转类机床;(b) 刀具回转类机床

K_{max}——最大跳动量

当主轴采用滑动轴承时,轴承误差主要是指主轴轴颈和轴承内孔的圆度误差和波度。对于工件回转类机床(如车床、磨床等),切削力的方向大体上是不变的,主轴在切削力的作用下,主轴轴颈以不同部位与轴承内孔的某一固定部位相接触。因此,影响主轴回转精度的主要是主轴轴颈的圆度误差和波度误差,而轴承孔的形状误差影响较小。如果主轴轴颈是椭圆形的,那么,主轴每回转一周,主轴回转轴线就径向圆跳动两次,如图 4-2(a)所示。主轴轴颈表面如有波度,主轴回转时将产生高频的径向圆跳动。对于刀具回转类机床(如镗床等),由于切削力方向随主轴的回转而回转,主轴轴颈在切削力作用下总是以其某一固定部位与轴承内表面的不同部位相接触。因此,对主轴回转精度影响较大的是轴承孔的圆度误差。如果轴承孔是椭圆形的,则主轴每回转一周,就径向圆跳动一次,如图 4-2(b)所示。轴承内孔表面如有波度,同样会使主轴产生高频径向圆跳动。

主轴采用滚动轴承时,轴承内、外圈滚道的圆度误差和波度对回转精度的影响与上述滑动轴承的情况相似。分析时可视外圈滚道相当于轴承孔,内圈滚道相当于轴颈。因此,对工件回转类机床,滚动轴承内圈滚道圆度误差对主轴回转精度影响较大,主轴每回转一周,径向圆跳动两次;对刀具回转类机床,外圈滚道圆度误差对主轴精度影响较大,主轴每回转一周,径向圆跳动一次。

滚动轴承的内、外圈滚道如有波度,则不管是工件回转类机床还是刀具回转类机床,主轴回转时都将产生高频径向圆跳动。

滚动轴承滚动体的尺寸误差会引起主轴回转的径向圆跳动。当最大的滚动体通过承载区一次时,就会使主轴回转轴线发生一次最大的径向圆跳动。回转轴线的跳动周期与保持架的转速有关。由于保持架的转速近似为主轴转速的 1/2,所以主轴每回转两周,主轴轴线就径向圆跳动一次。

推力轴承滚道端面误差会造成主轴的端面圆跳动。圆锥滚子轴承、向心推力球轴承的内、外滚道的倾斜既会造成主轴的端面圆跳动,又会引起径向圆跳动和摆动。

主轴轴承的间隙过大,会使主轴工作时油膜厚度增大,刚度降低(油膜承载能力降低)。当工作条件(载荷、转速等)变化时,油膜厚度变化较大,主轴轴线的跳动量增大。

除轴承本身之外,与轴承相配的零件(主轴轴颈、箱体孔等)的精度和装配质量都对主轴回转精度产生影响。如主轴轴颈的尺寸和形状误差会使轴承内圈变形。主轴前后轴颈之间,箱体前后轴承孔之间的同轴度误差会使轴承内、外圈滚道相对倾斜,引起主轴回转轴线的径向跳动和轴向跳动。此外,轴承定位端面与轴心线的垂直度误差、轴承端面之间的平行度误差等都会引起主轴回转轴线产生轴向窜动。

(3) 提高主轴回转精度的措施。

主轴回转精度是影响加工精度的重要因素之一。为了提高回转精度,主要可采取以下几方面措施。

① 提高主轴部件的精度。根据机床精度要求,选择相应的高精度轴承,并合理确定主轴轴颈、箱体主轴孔、调整螺母等零件的尺寸精度和形状精度。这样可以减少影响回转精度的原始误差。

② 使主轴回转精度不依赖于主轴部件。由于组成主轴部件的零件多,对于累积误差大、对回转精度要求很高的主轴,用进一步提高零件精度的方法来满足要求就比较困难。因此,可以考虑使主轴部件的定位功能和驱动功能分开的办法来提高回转精度。例如,磨外圆时,工件由死顶尖定位,主轴仅起驱动作用。由于用高精度的定位基准来满足回转精度要求,主轴部件的误差就不再产生影响;同时这种方法所用零件少,误差累积也少,所以能提高回转精度,但使用中须注意保持定位元件的精度。

③ 对滚动轴承进行预紧,以消除间隙。

④ 提高主轴箱体支承孔、主轴轴颈和与轴承相配合的零件的有关表面的加工精度。

2）机床导轨误差

机床导轨是机床中确定某些主要部件相对位置的基准，也是某些主要部件的运动基准，它的各项误差直接影响被加工工件的精度。在机床的精度标准中，直线导轨的导向精度一般包括导轨在水平面内的直线度、在垂直面内的直线度以及前后导轨的平行度（扭曲度）等几项主要内容。

机床安装得不正确、水平调整得不好，会使床身产生扭曲，破坏导轨原有的制造精度，特别是长床身机床，如龙门刨床、导轨磨床，以及重型、刚度差的机床。机床安装时要有良好的基础，否则将因基础下沉而造成导轨弯曲变形。

导轨误差的另一个重要因素是导轨磨损。因机床在使用过程中，由于机床导轨磨损不均匀，使导轨产生直线度、平行度等误差，从而导致溜板分别在水平面内和垂直面内发生位移。

导轨误差对加工精度产生的影响如下。

（1）在水平面内，车床导轨的直线度误差或导轨对主轴轴心线的平行度误差会使被加工的工件产生鼓形或鞍形。图 4-3(a)表示导轨在水平方向的直线度误差；图 4-3(b)表示由于导轨的直线度误差使工件产生的鞍形误差。由图 4-3(b)知，这个鞍形误差与车床导轨上的直线度误差完全一致，即机床导轨误差将直接反映到被加工的工件上。

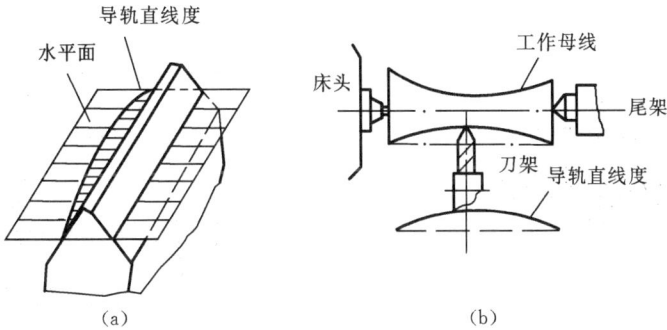

图 4-3 导轨在水平面内的直线度误差引起的加工误差

（2）在垂直面内车床导轨的直线度误差也同样能使工件产生直径方向的误差，但是这个误差不大（处在误差非敏感方向）。因为当刀尖沿切线方向偏移 Δz 时（见图 4-4），工件的半径由 R 增至 R'，其增加量为 ΔR，从图可知：

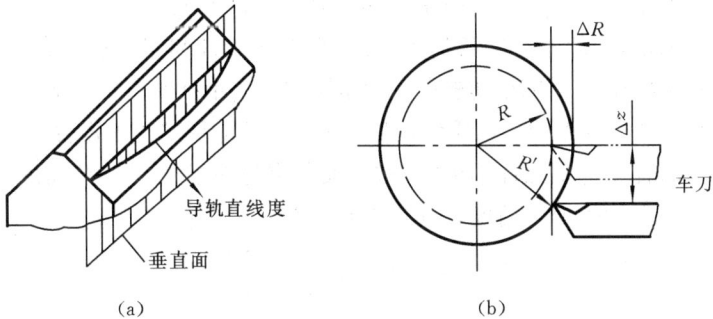

图 4-4 导轨在垂直面内的直线度误差

$$R' = \sqrt{R^2 + (\Delta z)^2} \approx R + \frac{(\Delta z)^2}{2R}$$

故

$$\Delta R = R' - R = \frac{(\Delta z)^2}{2R} = \frac{(\Delta z)^2}{D} \qquad (4-1)$$

由于 Δz 很小，$(\Delta z)^2$ 就更小，而 D 比较大，所以式(4-1)中 ΔR 是很小的，可以说对零件的形状精度影响很小。但对平面磨床、龙门刨床及铣床等来说，导轨在垂直面的直线度误差会引起工件相对砂轮(刀具)的法向位移，其误差将直接反映到被加工零件上，形成形状误差(见图4-5)。

(3) 车床导轨的平行度误差也会使刀尖相对工件产生偏移(在水平方向和垂直方向的位移)。如图4-6所示，设车床中心高为 H，导轨宽度为 B，则导轨扭曲量 Δ 引起的刀尖在工件径向的变化量为

$$\Delta d = 2\Delta y \approx \frac{2H}{B} \cdot \Delta$$

这一误差将使工件产生圆柱度误差。

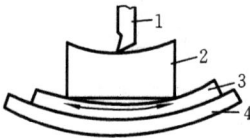

图 4-5　龙门刨床导轨在垂直面
内的直线度误差

1—刨刀；2—工件；3—工作台；4—床身导轨

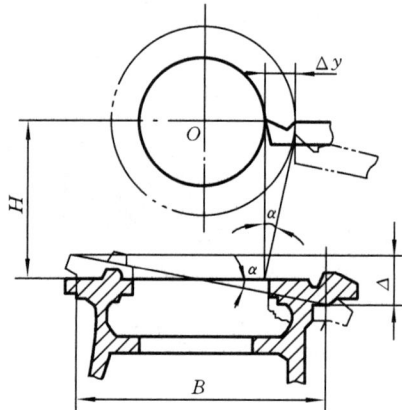

图 4-6　车床导轨的扭曲对工件
形状精度的影响

3) 机床传动链误差

机床传动链误差是指内连传动链始末两端传动元件间相对运动的误差。传动链误差对圆柱表面和平面加工来说，一般不影响其加工精度，但对于工件和刀具运动有严格内联系的加工表面，如车螺纹、滚齿等加工，机床传动链误差则是影响加工精度的主要因素之一。

图4-7所示为一台滚齿机的传动系统简图，被加工齿轮装夹在工作台上，它与蜗轮同轴回转。由于传动链中的各个传动元件不可能制造、安装得绝对准确，每个传动元件的误差都将通过传动链影响被加工齿轮的加工精度。其工件转角为

$$\phi_n(\phi_g) = \phi_d \times \frac{64}{16} \times \frac{23}{23} \times \frac{23}{23} \times \frac{46}{46} \times i_c \times i_f \times \frac{1}{96}$$

式中：$\phi_n(\phi_g)$——工件转角；

ϕ_d——滚刀转角；

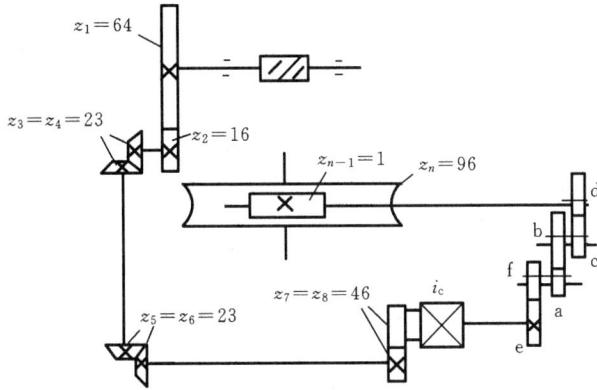

图 4-7   滚齿机传动链图

i_c——差动轮系的传动比,在滚切直齿时,$i_c = 1$;

i_f——分度挂轮传动比。

传动链传动误差一般可用传动链末端元件的转角误差来衡量,但由于各传动件在传动链中所处的位置不同,它们对工件加工精度(即末端件的转角误差)的影响程度也是不同的。假设滚刀轴均匀旋转,若齿轮 z_1 有转角误差 $\Delta\phi_1$,而其他各传动件无误差,则传到末端件(亦即第 n 个传动元件)上所产生的转角误差为

$$\Delta\phi_{1n} = \Delta\phi_1 \times \frac{64}{16} \times \frac{23}{23} \times \frac{23}{23} \times \frac{46}{46} \times i_c \times i_f \times \frac{1}{96} = k_1\Delta\phi_1$$

式中:k_1——齿轮 z_1 到末端件的传动比。

由于它反映了 z_1 的转角误差对末端元件传动精度的影响,故又称为误差传递系数。

同理,若第 j 个传动元件有转角误差 $\Delta\phi_j$,则该转角误差通过相应的传动链传递到工作台上的转角误差为

$$\Delta\phi_{jn} = k_j\Delta\phi_j$$

式中:k_j——第 j 个传动件的误差传递系数。

由于所有的传动件都存在误差,因此,各传动件对工件精度影响的总和 $\Delta\phi_\Sigma$ 为各传动元件所引起的末端元件转角误差的叠加:

$$\Delta\phi_\Sigma = \sum_{j=1}^{n}\Delta\phi_{jn} = \sum_{j=1}^{n}k_j\Delta\phi_j$$

从上式可知,为了减小传动误差,可采取以下措施。

(1)提高传动元件,特别是末端件的制造精度和装配精度。如滚齿机的工作台部件中,作为末端传动件的分度蜗轮副的精度要比传动链中其他齿轮的精度高 1~2 级。

(2)减少传动件数目,缩短传动链,使误差来源减少。

(3)消除传动链中齿轮的间隙。各传动副零件间存在的间隙会使末端件的瞬时速度不均匀,速比不稳定,从而产生传动误差。例如数控机床的进给系统,在反向时传动链间的间隙会使运动滞后于指令脉冲,造成反向死区,从而影响传动精度。

(4)采用误差校正机构(校正尺、偏心齿轮、行星校正机构、数控校正装置、激光校正装置等)对传动误差进行补偿。采用此方法是根据实测准确的传动误差值,采用修正装置让机床作附加的微量位移,其大小与机床传动误差相等,但方向相反,以抵消传动链本身的误差。在精

密螺纹加工机床上都有此校正装置。

（5）尽可能采用降速传动。因为传动件在同样原始误差的情况下，采用降速传动时，$k_j<1$，传动误差被缩小，其对加工误差的影响较小。速度降得越多，对加工误差的影响就越小。

3. 刀具几何误差

机械加工中常用的刀具有：一般刀具、定尺寸刀具、成形刀具以及展成法刀具。不同的刀具误差对工件加工精度的影响情况不一样。

一般刀具（如普通车刀、单刃镗刀和面铣刀、刨刀等）的制造误差对加工精度没有直接影响，但对于用调整法加工的工件，刀具的磨损对工件尺寸或形状精度有一定影响。这是因为加工表面的形状主要是由机床精度来保证，加工表面的尺寸主要由调整决定。

定尺寸刀具（如钻头、铰刀、圆孔拉刀、键槽铣刀等）的尺寸误差和形状误差直接影响被加工工件的尺寸精度和形状精度。这类刀具如果安装和使用不当，也会影响加工精度。

成形刀具（如成形车刀、成形铣刀、盘形齿轮铣刀、成形砂轮等）的误差主要影响被加工面的形状精度。

展成法刀具（如齿轮滚刀、花键滚刀、插齿刀等）的刀刃形状必须是加工表面的共轭曲线，因此刀刃的几何形状误差会直接影响加工表面的形状精度。

任何刀具在切削过程中都不可避免地要产生磨损，并由此引起工件尺寸和形状的改变（即误差）。例如用成形刀具加工时，刀具刃口的不均匀磨损将直接复映在工件上，造成形状误差；在加工较大表面（一次走刀需较长时间）时，刀具的尺寸磨损会严重影响工件的形状精度；用调整法加工一批工件时，刀具的磨损会扩大工件尺寸的分散范围。

4. 夹具几何误差

夹具的作用是使工件相对于刀具和机床具有正确的位置，因此夹具的制造误差对工件的加工精度特别是位置精度有很大的影响。例如用镗模进行箱体的孔系加工时，箱体和镗杆的相对位置是由镗模来决定的，机床主轴只起传递动力的作用，这时工件上各孔的位置精度就完全依靠夹具（镗模）来保证。

夹具误差包括制造误差、定位误差、夹紧误差、夹具安装误差、对刀误差等。这些误差主要与夹具的制造与装配精度有关。所以在夹具的设计制造以及安装时，凡影响零件加工精度的尺寸和形位公差应严格控制。

夹具的制造精度必须高于被加工零件的加工精度。精加工（IT6~IT8）时，夹具主要尺寸的公差一般可规定为被加工零件相应尺寸公差的1/2~1/3；粗加工（IT11以下）时，因工件的尺寸公差较大，夹具的精度则可规定为工件相应尺寸公差的1/5~1/10。

夹具在使用过程中，定位元件、导向元件等工作表面的磨损、碰伤会影响工件的定位精度和加工表面的形状精度。例如镗模上镗套的磨损使镗杆与镗套间的间隙增大，并造成镗孔后的几何形状误差。因此夹具应定期检验、及时修复或更换磨损元件。

辅助工具，如各种卡头、心轴、刀夹等的制造误差和磨损，同样也会引起加工误差。

5. 调整误差

在零件加工的每一个工序中，为了获得被加工表面的形状、尺寸和位置精度，需要对机床、夹具和刀具进行这样或那样的调整。而任何调整不会绝对准确，总会带来一定的误差，这种原始误差称为调整误差。

当用试切法加工时,影响调整误差的主要因素是测量误差和进给系统精度。在低速微量进给中,进给系统常会出现"爬行"现象,其结果使刀具的实际进给量比刻度盘的数值要偏大或偏小些,造成加工误差。

在调整法加工中,当用定程机构调整时,调整精度取决于行程挡块、靠模及凸轮等机构的制造精度和刚度,以及与其配合使用的离合器、控制阀等的灵敏度。当用样件或样板调整时,调整精度取决于样件或样板的制造、安装和对刀精度。

4.3　工艺系统受力变形引起的误差

1. 基本概念

工艺系统在切削力、传动力、惯性力、夹紧力以及重力等外力作用下,会产生相应的弹性变形和塑性变形,从而破坏刀具和工件之间已调整好的正确位置关系,使工件产生几何形状误差和尺寸误差。

例如车削细长轴时,在切削力的作用下,工件因弹性变形而出现"让刀"现象。随着刀具的进给,在工件全长上切削时,背吃刀量会由大变小,然后由小变大,使工件加工后产生腰鼓形的圆柱度误差,如图4-8(a)所示。又如在内圆磨床上以横向切入法磨孔时,由于内圆磨头主轴的弹性变形,工件孔会出现带锥度的圆柱度误差,如图4-8(b)所示。所以说工艺系统的受力变形是一项重要的原始误差,它严重影响加工精度和表面质量。

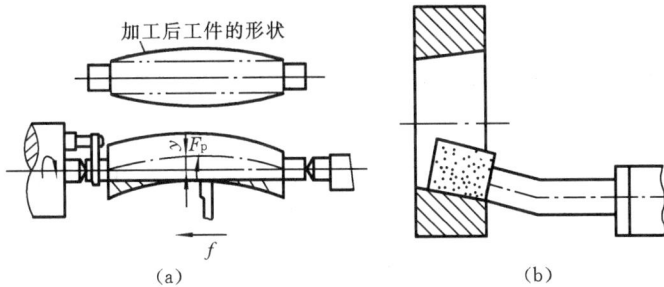

图4-8　工艺系统受力变形引起的加工误差
(a) 车削细长轴时的变形;(b) 切入法磨孔时磨杆的变形

工艺系统受力变形通常是弹性变形,一般来说,工艺系统反抗变形的能力越大,加工精度就越高。通常用刚度的概念来表达工艺系统抵抗变形的能力。

在材料力学中,物体的静刚度 k 是指加到系统上的作用力 F 与由它所引起的在作用力方向上的变形量 y 的比值,即

$$k = \frac{F}{y} \tag{4-2}$$

式中:k——静刚度(N/mm);

　　F——作用力(N);

　　y——沿作用力 F 方向的变形(mm)。

在机械加工中,在各种外力作用下,工艺系统各部分将在各个受力方向产生相应的变形。对于工艺系统受力变形,主要研究误差敏感方向,即通过刀尖的加工表面的法线方向的位移。

因此，工艺系统的刚度 k_{xt} 可定义为：工件和刀具的法向切削分力 F_p（第 3 章中用 F_y 表示）与在总切削力的作用下，工艺系统在 F_p 方向上的相对位移 y_{xt} 的比值，即

$$k_{xt} = \frac{F_p}{y_{xt}}$$

这里的法向位移是在总切削力的作用下工艺系统综合变形的结果，即在 F_c、F_p、F_f 共同作用下 y 方向的变形。因此，工艺系统的总变形方向（y_{xt} 的方向）有可能出现与 F_p 方向不一致的情况，当 y_{xt} 与 F_p 方向相反时，即出现负刚度。负刚度现象对保证加工质量是不利的，如车外圆时，会造成车刀刀尖扎入工件表面，故应尽量避免，如图 4-9 所示。

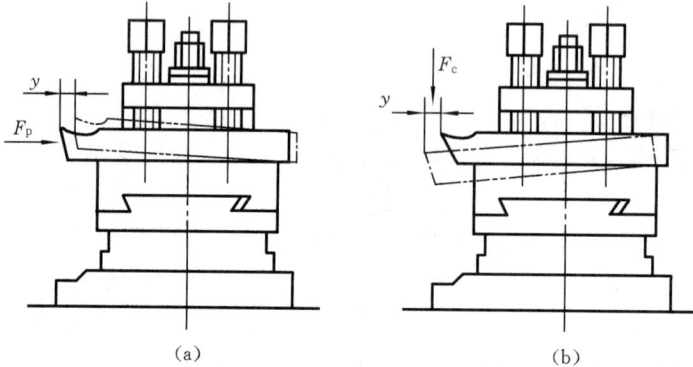

(a)　　　　　　　　　　　　(b)

图 4-9　车削加工中的刚度
(a) 正刚度现象；(b) 负刚度现象

2. 工艺系统刚度及其对加工过程的影响

1）工艺系统刚度的计算

工艺系统在切削力作用下，机床的有关部件、夹具、刀具和工件都有不同程度的变形，使刀具和工件在法线方向的相对位置发生变化，从而产生相应的加工误差。

工艺系统在某一处的法向总变形 y_{xt} 是各个组成环节在同一处的法向变形的叠加，即

$$y_{xt} = y_{jc} + y_{jj} + y_{dj} + y_{gj} \tag{4-3}$$

当工艺系统某处受法向力 F_p 时，其刚度和工艺系统各部件的刚度为

$$k_{xt} = \frac{F_p}{y_{xt}}, \quad k_{jc} = \frac{F_p}{y_{jc}}, \quad k_{jj} = \frac{F_p}{y_{jj}}, \quad k_{dj} = \frac{F_p}{y_{dj}}, \quad k_{gj} = \frac{F_p}{y_{gj}}$$

式中：y_{xt}——工艺系统的总变形（mm）；

y_{jc}——机床的受力变形（mm）；

y_{jj}——夹具的受力变形（mm）；

y_{dj}——刀具的受力变形（mm）；

y_{gj}——工件的受力变形（mm）；

k_{xt}——工艺系统的总刚度（N/mm）；

k_{jc}——机床的刚度（N/mm）；

k_{jj}——夹具的刚度（N/mm）；

k_{dj}——刀具的刚度（N/mm）；

k_{gj}——工件的刚度（N/mm）。

代入式(4-3)得工艺系统刚度的一般式为

$$k_{xt} = \cfrac{1}{\cfrac{1}{k_{jc}} + \cfrac{1}{k_{jj}} + \cfrac{1}{k_{dj}} + \cfrac{1}{k_{gj}}} \tag{4-4}$$

式(4-4)表明,已知工艺系统各组成部分的刚度即可求得工艺系统的总刚度。

在用刚度计算一般式求解某一系统刚度时,应针对具体情况进行分析。例如外圆车削时,车刀本身在切削力的作用下的变形对加工误差的影响很小,可略去不计,这时计算式中可省去刀具刚度一项。再如镗孔时,镗杆的受力变形严重地影响着加工精度,而工件(如箱体零件)的刚度一般较大,其受力变形很小,可忽略不计。

2) 切削力引起的工艺系统变形对加工精度的影响

在加工过程中,刀具相对于工件的位置是不断变化的。也就是说,切削力的作用点位置或切削力的大小是变化的。同时,工艺系统在各作用点位置上的刚度(或柔度)一般是不相同的。因此,工艺系统受力变形也随之变化,下面分别进行讨论。

(1) 切削力作用点位置变化而引起的加工误差。

现以在车床顶尖间车削光轴为例来说明这个问题。如图 4-10(a)所示,假定工件短而粗,车刀悬伸长度很短,即工件和刀具的刚度好,其受力变形比机床的变形小到可以忽略不计,也就是说,此时工艺系统的变形只考虑机床的变形。再假定工件的加工余量很均匀,并且随机床变形而造成的背吃刀量(切削深度)变化对切削力的影响也很小,即假定车刀切削过程中切削力保持不变。当车刀以径向力 F_p 进给到图 4-10(a)所示的 x 位置时,车床主轴箱受作用力 F_A 作用,相应的变形 $y_{tj} = \overline{AA'}$;尾座受作用力 F_B 作用,相应的变形 $y_{wz} = \overline{BB'}$;刀架受作用力 F_p 作用,相应的变形 $y_{dj} = \overline{CC'}$。

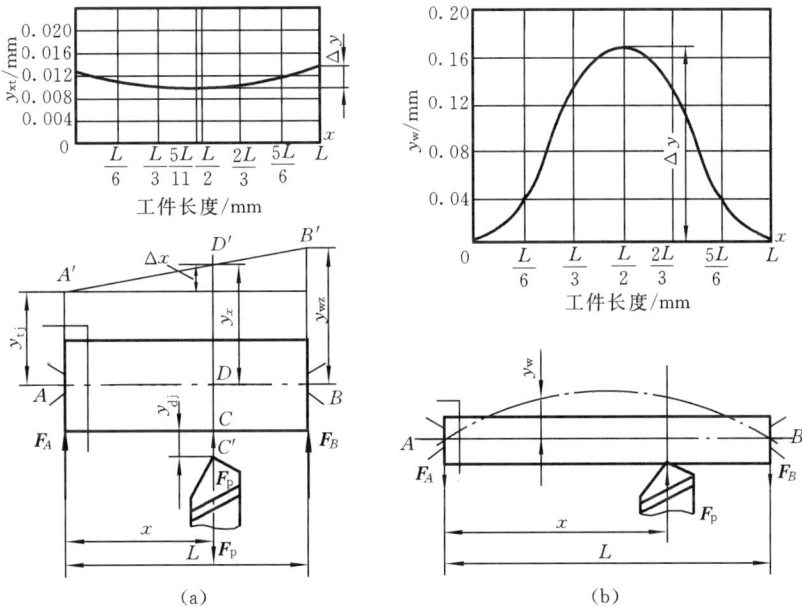

图 4-10　工艺系统变形随切削力位置变化而变化

(a) 短粗轴;(b) 细长轴

这时工件轴心线 AB 位移到 $A'B'$,因而刀具切削点处工件轴线的位移 y_x 为

$$y_x = y_{tj} + \Delta x = y_{tj} + \frac{x}{L}(y_{wz} - y_{tj})$$

考虑到刀架的变形 y_{dj} 与 y_x 的方向相反,所以机床的总变形 y_{jc} 为

$$y_{jc} = y_x + y_{dj} \tag{4-5}$$

由刚度的定义有

$$y_{tj} = \frac{F_A}{k_{tj}} = \frac{F_p}{k_{tj}}\left(\frac{L-x}{L}\right), \quad y_{wz} = \frac{F_B}{k_{wz}} = \frac{F_p}{k_{wz}}\frac{x}{L}, \quad y_{dj} = \frac{F_p}{k_{dj}}$$

式中:k_{tj}、k_{wz}、k_{dj}——主轴箱(头架)、尾座和刀架的刚度。

将上式代入式(4-5)得机床总的变形为

$$y_{jc} = F_p\left[\frac{1}{k_{tj}}\left(\frac{L-x}{L}\right)^2 + \frac{1}{k_{wz}}\left(\frac{x}{L}\right)^2 + \frac{1}{k_{dj}}\right] = y_{jc}(x)$$

这说明工艺系统的变形是 x 的函数。随着车刀位置(即切削力位置)的变化,工艺系统的变形也是变化的。变形大的地方,从工件上切去较少的金属层;变形小的地方,切去较多的金

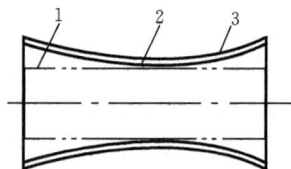

图 4-11 工件在顶尖上车削后的形状
1—机床不变形的理想情况;
2—考虑主轴箱、尾座变化的情况;
3—考虑包括刀架变形在内的情况

属层,因此加工出来的工件呈两端粗、中间细的鞍形,其轴截面的形状如图 4-11 所示。

当按上述条件车削时,工艺系统刚度实际为机床刚度。

当 $x=0$ 时,$y_{jc} = F_p\left(\dfrac{1}{k_{tj}} + \dfrac{1}{k_{dj}}\right)$。

当 $x=L$ 时,$y_{jc} = F_p\left(\dfrac{1}{k_{wz}} + \dfrac{1}{k_{dj}}\right) = y_{max}$。

当 $x=\dfrac{L}{2}$ 时,$y_{jc} = F_p\left(\dfrac{1}{4k_{tj}} + \dfrac{1}{4k_{wz}} + \dfrac{1}{k_{dj}}\right)$。

还可用极值的方法,求出 $x = \dfrac{k_{wz}L}{k_{tj} + k_{wz}}$ 时的机床刚度最大,变形最小,即

$$y_{jc} = y_{min} = F_p\left[\frac{1}{k_{tj} + k_{wz}} + \frac{1}{k_{dj}}\right]$$

再求得上述数据中最大值与最小值之差,就可得出车削时工件的圆柱度误差。

例 4-1 设 $k_{tj} = 6\times10^4$ N/mm,$k_{wz} = 5\times10^4$ N/mm,$k_{dj} = 4\times10^4$ N/mm,$F_p = 300$ N,工件长 $L = 600$ mm,则沿工件长度上系统的位移如表 4-1 所示。根据表中数据,即可作如图 4-10(a)上方所示的变形曲线。

表 4-1 沿工件长度的变形 (单位:mm)

x	0(主轴箱处)	$\frac{1}{6}L$	$\frac{1}{3}L$	$\frac{5}{11}L$	$\frac{1}{2}L$(中点)	$\frac{2}{3}L$	$\frac{5}{6}L$	L(尾座处)
y_x	0.012 5	0.011 1	0.010 4	0.010 2	0.010 3	0.010 7	0.011 8	0.013 5

工件的圆柱度误差为$(0.013\ 5 - 0.010\ 2)$ mm$= 0.003\ 3$ mm。

若在两顶尖间车削细长轴,如图 4-10(b)所示,由于工件细长、刚度小,在切削力作用下,其变形大大超过机床、夹具和刀具所产生的变形。因此,机床、夹具和刀具的受力变形可略去不计,工艺系统的变形完全取决于工件的变形。加工中车刀处于图示位置时,工件的轴线产生

弯曲变形。根据材料力学的计算公式,其切削点的变形量为

$$y_w = \frac{F_p}{3EI} \frac{(L-x)^2 x^2}{L}$$

显然,当 $x=0$ 或 $x=L$ 时,$y_w=0$;当 $x=L/2$ 时,工件刚度最小,变形最大 $\left(y_{wmax}=\frac{F_p L^3}{48EI}\right)$。因此,加工后的工件呈鼓形。

例 4-2 设 $F_p=300$ N,工件尺寸为 $\phi30$ mm$\times600$ mm,$E=2\times10^5$ N/mm^2,则沿工件长度上的变形如表 4-2 所示。根据表中数据,即可作出如图 4-10(b)上方所示的变形曲线。

表 4-2 沿工件长度的变形 (单位:mm)

x	0(主轴箱处)	$\frac{1}{6}L$	$\frac{1}{3}L$	$\frac{1}{2}L$(中点)	$\frac{2}{3}L$	$\frac{5}{6}L$	L(尾座处)
y_x	0	0.052	0.132	0.17	0.132	0.052	0

工件的圆柱度误差为 $(0.17-0)$ mm$=0.17$ mm。

工艺系统刚度随受力点位置变化而变化的例子很多,例如立式车床、龙门刨床、龙门铣床等的横梁及刀架,大型铣镗床滑枕内的轴等,其刚度均随刀架位置或滑枕伸出长度不同而变化,其分析方法基本上与例 4-1、例 4-2 相同。

(2) 切削力大小变化引起的加工误差——误差复映现象。

在切削加工中,由于被加工表面的几何形状误差使加工余量发生变化或工件材料的硬度不均匀等因素引起切削力变化,使工艺系统受力变形不一致,从而造成工件的加工误差。

以车削短轴为例,如图 4-12 所示,由于毛坯的圆度误差(例如椭圆),车削时使切削深度在 a_{p1} 与 a_{p2} 之间变化。因此,切削分力 F_p 也随切削深度 a_p 的变化而变化。当切削深度为 a_{p1} 时产生的切削分力为 F_{p1},引起的工艺系统变形为 y_1;当切削深度为 a_{p2} 时产生的切削分力为 F_{p2},引起的工艺系统变形为 y_2。由于毛坯存在圆度误差 $\Delta_m = a_{p1} - a_{p2}$,因而导致工件产生圆度误差 $\Delta_w = y_1 - y_2$,且 Δ_m 越大,Δ_w 也就越大,这种现象称为加工过程中的误差复映现象。用工件误差 Δ_w 与毛坯误差 Δ_m 的比值来衡量误差复映的程度。

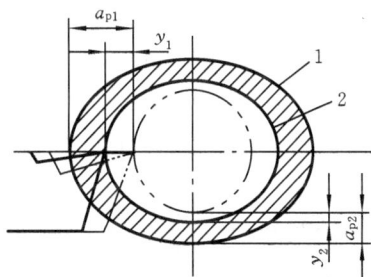

图 4-12 毛坯形状误差的复映
1—毛坯外形;2—工件外形

$$\varepsilon = \Delta_w/\Delta_m \tag{4-6}$$

其中,ε 称为误差复映系数,$\varepsilon<1$。

根据第 3 章切削力的计算公式(式(3-10))

$$F_p = C_{F_p} a_p^{x_{F_p}} f^{y_{F_p}} v_c^{n_{F_p}} K_{F_p}$$

式中:C_{F_p}、K_{F_p} ——与切削条件有关的系数;

f、a_p、v_c ——进给量、背吃刀量和切削速度;

x_{F_p}、y_{F_p}、n_{F_p} ——进给量、背吃刀量和切削速度的影响指数。

在一次走刀加工中,切削速度、进给量及其他切削条件设为不变,即

$$C_{F_p} f^{y_{F_p}} v_c^{n_{F_p}} K_{F_p} = C$$

C 为常数,在车削加工中,$x_{F_p} \approx 1$,所以 $F_p = Ca_p$,即

$$F_{p1} = C(a_{p1} - y_1), \quad F_{p2} = C(a_{p2} - y_2)$$

由于 y_1、y_2 相对 a_{p1}、a_{p2} 而言数值很小,可忽略不计,即有

$$F_{p1} = Ca_{p1}, \quad F_{p2} = Ca_{p2}$$

$$\Delta_w = y_1 - y_2 = \frac{F_{p1}}{k_{xt}} - \frac{F_{p2}}{k_{xt}} = \frac{C}{k_{xt}}(a_{p1} - a_{p2}) = \frac{C}{k_{xt}}\Delta_m$$

所以

$$\varepsilon = \frac{C}{k_{xt}} \tag{4-7}$$

由式(4-7)可知,工艺系统的刚度 k_{xt} 越大,复映系数 ε 越小,毛坯误差复映到工件上去的部分就越少。一般 $\varepsilon \ll 1$,经加工之后工件的误差会减小,经多道工序或多次走刀加工之后,工件的误差就会减小到工件公差所许可的范围内。若经过 n 次走刀加工后,则误差复映为

$$\Delta_w = \varepsilon_1 \cdot \varepsilon_2 \cdot \cdots \cdot \varepsilon_n \Delta_m$$

总的误差复映系数为

$$\varepsilon_z = \varepsilon_1 \cdot \varepsilon_2 \cdot \cdots \cdot \varepsilon_n$$

在粗加工时,每次走刀的进给量 f 一般不变,假设误差复映系数均为 ε,则 n 次走刀就有

$$\varepsilon_z = \varepsilon^n$$

增加走刀次数可减小误差复映,提高加工精度,但生产率降低了。因此,提高工艺系统刚度,对减小误差复映系数具有重要意义。

由以上分析可知,当工件毛坯有形状误差(如圆度、圆柱度、直线度等)或相互位置误差(如偏心、径向圆跳动等)时,加工后仍然会有同类型的加工误差出现。在成批大量生产中用调整法加工一批工件时,如毛坯尺寸不一,那么加工后这批工件仍有尺寸不一的误差。

毛坯硬度不均匀时,同样会造成加工误差。在采用调整法成批生产情况下,控制毛坯材料硬度的均匀性是很重要的。因为加工过程中走刀次数通常已定,如果一批毛坯材料的硬度差别很大,就会使工件的尺寸分散范围扩大,甚至超差。

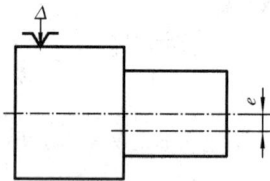

图 4-13　具有偏心误差的
短阶梯轴的加工

例 4-3　具有偏心量 $e = 1.5$ mm 的短阶梯轴装夹在车床三爪自定心卡盘中,如图 4-13 所示,分两次进给粗车小头外圆,设两次进给的误差复映系数均为 $\varepsilon = 0.1$,试估算加工后阶梯轴的偏心量。

解　第一次进给后的偏心量为

$$\Delta_{w1} = \varepsilon \Delta_m$$

第二次进给后的偏心量为

$$\Delta_{w2} = \varepsilon \Delta_{w1} = \varepsilon^2 \Delta_m = 0.1^2 \times 1.5 \text{ mm} = 0.015 \text{ mm}$$

(3) 切削过程中受力方向变化引起的加工误差。

切削加工中,高速旋转的零部件(含夹具、工件和刀具等)的不平衡会产生离心力 F_Q。F_Q 在每一转中不断地改变方向,因此,它在 x 方向的分力大小的变化会引起工艺系统的受力变形也随之变化而产生误差,如图 4-14 所示。当车削一个不平衡工件,离心力 F_Q 与切削力 F_p 方向相反时,将工件推向刀具,使背吃刀量增加;当 F_Q 与切削力 F_p 方向相同时,工件被拉离刀具,背吃刀量减小,其结果都造成了工件的圆度误差。

在车床或磨床类机床上加工轴类零件时,常用单爪拨盘带动工件旋转,如图 4-15 所示,传

动力在拨盘的每一转中,其方向是变化的,它在 x 方向的分力有时和切削力 F_p 同向,有时和切削力 F_p 反向,因此,它所产生的加工误差和惯性力所产生的加工误差近似,造成工件的圆度误差。为此,在加工精密零件时改用双爪拨盘或柔性连接装置带动工件旋转。

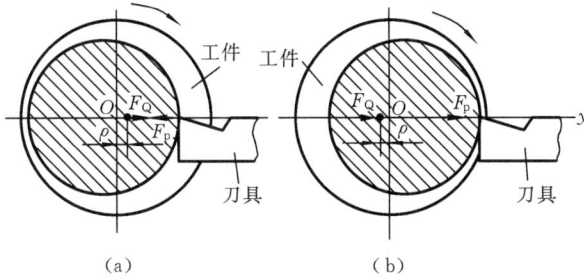

图 4-14　惯性力引起的加工误差

(a) F_Q 与 F_p 反向时;(b) F_Q 与 F_p 同向时

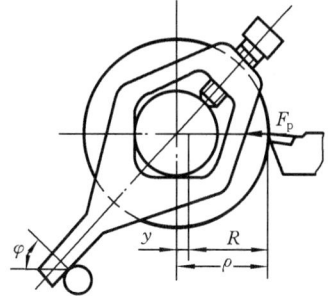

图 4-15　单拨销传动力引起的
加工误差

3) 其他力产生变形对加工精度的影响

(1) 惯性力引起的加工误差。

惯性力对加工精度的影响比传动力对加工精度的影响易被人们注意,因为它们与切削速度有密切的关系,并且常常引起工艺系统的受迫振动。

在高速切削过程中,工艺系统中如果存在高速旋转的不平衡构件,就会产生离心力,它和传动力一样,在 y 方向分力的大小随构件的转角变化呈周期性的变化,由它所引起的变形也相应地变化,从而造成工件的径向跳动误差。

因此,在机械加工中若遇到这种情况,为减小惯性力的影响,可在工件与夹具不平衡质量对称的方位配置一平衡块,使两者的离心力互相抵消。必要时还可适当降低转速,以减小离心力的影响。

(2) 夹紧力引起的加工误差。

被加工工件在装夹过程中,工件刚度较低或夹紧力着力点位置不当,都会引起工件的变形,造成加工误差。特别是加工薄壁套、薄板等零件时,易产生加工误差。如图 4-22(a)、(b)、(c)所示为夹紧力引起的误差。

(3) 机床部件和工件本身质量引起的加工误差。

在工艺系统中,由于零部件的自重作用也会产生变形,如大型立式车床、龙门铣床、龙门刨床的刀架横梁等在其自重作用下也会变形。由于主轴箱或刀架的重力而产生变形,摇臂钻床的摇臂在主轴箱自重的影响下产生变形,造成主轴轴线与工作台不垂直,铣镗床镗杆因伸长而下垂变形等,它们都会造成加工误差。

对于大型工件的加工,工件自重引起的变形有时成为产生加工误差的主要原因,因此在实际生产中,装夹大型工件时,恰当地布置支承可减小工件自重引起的变形,从而减小加工误差。

3. 机床部件刚度及其特性

1) 机床部件刚度试验曲线

由于机床是由许多零件组成的,其受力变形的情况比单个弹性体的变形复杂,迄今尚无合适的简易计算方法,因此,目前主要还是采用试验的方法测定机床的刚度。

(1) 单向静载测定法。

此方法是在机床处于静止状态,模拟切削过程中的主要切削力,对机床部件施加静载荷并测定其变形量,通过计算求出机床的静刚度。如图 4-16 所示,在车床两顶尖间装一根刚度很好的短轴 2,在刀架上装一螺旋加力器 5,在短轴与加力器之间安放传感器 4(测力环),当转动螺旋加力器中的螺钉时,刀架与短轴之间便产生了作用力,加力的大小可由测力环中的百分表 7 读出(测力环预先在材力试验机上标定)。作用力一方面传到车床刀架上,另一方面经过短轴传到前后顶尖上,若加力器位于短轴的中点,则主轴箱和尾座各受到力 $F_p/2$,而刀架受到总的作用力 F_p。主轴箱、尾座和刀架的变形可分别从百分表 1、3、6 上读出。试验时,可连续进行加载到某一最大值,再逐渐减小。

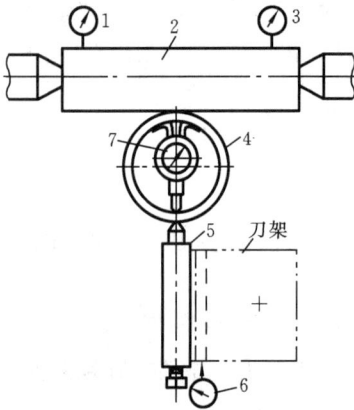

图 4-16　单向静载测定法
1、3、6、7—百分表;2—短轴;
4—测力环;5—螺旋加力器

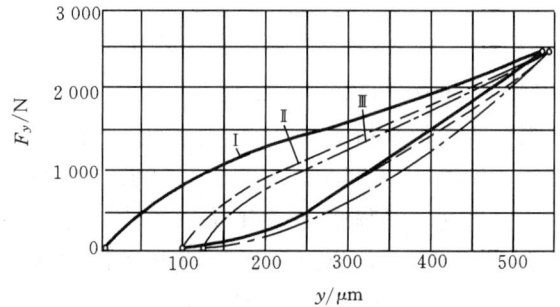

图 4-17　车床刀架的静刚度特性曲线
Ⅰ——次加载;Ⅱ—二次加载;Ⅲ—三次加载

图 4-17 所示为一台中心高 200 mm 的车床的刀架部件刚度实测曲线。试验中进行了三次加载—卸载循环。由图可以看出,机床部件的刚度曲线有以下特点。

① 变形与作用力不是线性关系,反映刀架变形不纯粹是弹性变形。

② 加载与卸载曲线不重合,两曲线间包容的面积代表了加载—卸载循环中所损失的能量,也就是消耗在克服部件内零件间的摩擦和接触塑性变形所做的功。

③ 卸载后曲线不回到原点,说明有残留变形。在反复加载—卸载后,残留变形逐渐接近于零。

④ 部件的实际刚度远比按实体所估算的小。

由于机床部件的刚度曲线不是线性的,其刚度 $k=\mathrm{d}F/\mathrm{d}y$ 就不是常数。通常所说的部件刚度是指它的平均刚度——曲线两端点连线的斜率。对本例,刀架的(平均)刚度是 $k=2\,400/0.52$ N/mm$=4\,600$ N/mm,这只相当于一个截面积为 30 mm×30 mm、悬伸长度为 200 mm 的铸铁悬臂梁的刚度。

这种静刚度测定法结构简单、操作方便,但与机床加工时的受力状况出入较大,故一般只用来比较机床部件刚度的大小。

（2）工作状态测定法。

采用静态测定法测定机床刚度,只是近似地模拟切削时的切削力,与实际加工条件毕竟不完全相同。而采用工作状态测定法比较接近实际。

工作状态测定法的依据是误差复映规律。如图 4-18 所示,在车床顶尖间安装一个刚度极大的心轴,心轴靠近前顶尖、后顶尖及中间三处,各预先车出三个规定的台阶,各台阶的尺寸分别为 H_{11}、H_{12}、H_{21}、H_{22}、H_{31}、H_{32}。经过一次进给后测量台阶高度分别为 h_{11}、h_{12}、h_{21}、h_{22}、h_{31}、h_{32},按下列计算式即可求出左、中、右台阶处的复映系数为

$$\varepsilon_1 = \frac{h_{11} - h_{12}}{H_{11} - H_{12}}, \quad \varepsilon_2 = \frac{h_{21} - h_{22}}{H_{21} - H_{22}}, \quad \varepsilon_3 = \frac{h_{31} - h_{32}}{H_{31} - H_{32}}$$

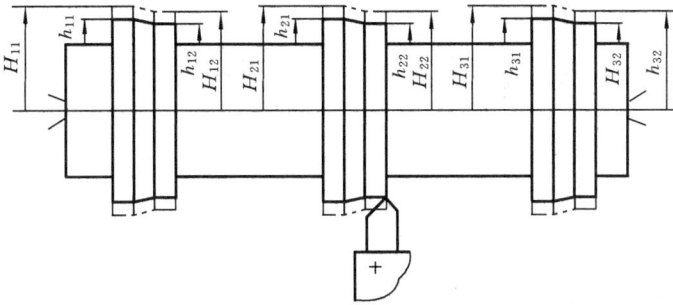

图 4-18 车床刚度工作状态测量法

三处的系统刚度为

$$k_{xt1} = C/\varepsilon_1, \quad k_{xt2} = C/\varepsilon_2, \quad k_{xt3} = C/\varepsilon_3$$

由于心轴刚度很大,其变形可忽略,车刀的变形也可忽略,故上面算得的三处系统刚度,就是三处的机床刚度。列出方程组

$$\begin{cases} \dfrac{1}{k_{xt1}} = \dfrac{1}{k_{tj}} + \dfrac{1}{k_{dj}} \\[2mm] \dfrac{1}{k_{xt2}} = \dfrac{1}{4k_{tj}} + \dfrac{1}{4k_{wz}} + \dfrac{1}{4k_{dj}} \\[2mm] \dfrac{1}{k_{xt3}} = \dfrac{1}{k_{wz}} + \dfrac{1}{k_{dj}} \end{cases}$$

求解上述方程组即可求得

$$\begin{cases} \dfrac{1}{k_{tj}} = \dfrac{1}{k_{xt1}} - \dfrac{1}{k_{dj}} \\[2mm] \dfrac{1}{k_{wz}} = \dfrac{1}{k_{xt3}} - \dfrac{1}{k_{dj}} \\[2mm] \dfrac{1}{k_{dj}} = \dfrac{1}{k_{xt2}} - \dfrac{1}{2}\left(\dfrac{1}{k_{xt1}} + \dfrac{1}{k_{xt2}}\right) \end{cases}$$

工作状态测定法的不足之处是:不能得出完整的刚度特性曲线,而且由于工件材料不均匀等所引起的切削力变化和切削过程中的其他随机性因素,都会给测定的刚度值带来一定的误差。

2）影响机床部件刚度的因素

（1）连接表面间接触变形。

机械加工后零件的表面都存在着宏观和微观的几何形状误差，连接表面之间的实际接触面积只是名义接触面积的一小部分，如图 4-19 所示。在外力作用下，这些接触处将产生较大的接触应力，引起接触变形，其中既有表面层的弹性变形，又有局部的塑性变形，接触表面的塑性变形造成了内变形。在多次加载—卸载循环后，凸点被逐渐压平，弹性变形成分愈来愈大，塑性变形成分愈来愈小，接触状态逐渐趋于稳定，不再产生塑性变形。这就是部件刚度曲线不呈直线，以及刚度远比同尺寸实体的刚度要低得多的主要原因，也是造成残留变形和多次加载—卸载循环后，残留变形才趋于稳定的原因之一。

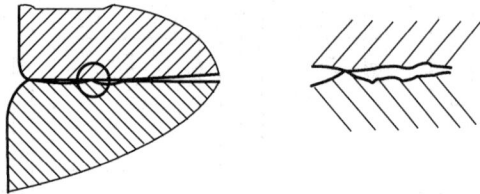

图 4-19　两零件结合面间的接触情况

（2）薄弱零件的本身变形。

机床部件中薄弱零件的受力变形对部件刚度的影响最大。例如，图 4-8（b）所示的内圆磨头的磨杆就是内圆磨头部件刚度的薄弱环节。

（3）结合表面间的摩擦。

当载荷变动时，零件接触面间的摩擦力对接触刚度的影响较为显著。加载时，摩擦力阻止变形增加，而卸载时，摩擦力又阻止变形恢复。由于变形的不均匀增减而引起加工误差，同时也是造成刚度曲线中加载与卸载曲线不相重合的原因之一。

（4）结合面间的间隙。

部件中各零件间如果有间隙，那么只要受到较小的力（克服摩擦力）就会使零件相互错动，故表现为刚度很低。间隙消除后，相应表面接触才开始有接触变形和弹性变形，这时就表现为刚度较大。如果载荷是单向的，那么在第一次加载消除间隙后对加工精度的影响较小；如果工作载荷不断改变方向（如镗床、铣床的切削力），那么间隙的影响就不容忽视。而且，因间隙引起的位移在去除载荷后不会恢复。

4. 减小工艺系统受力变形的途径

减小工艺系统受力变形是保证加工精度的有效途径之一。根据生产实际情况，可采取以下几个方面的措施。

（1）提高接触刚度。

一般部件的接触刚度大大低于实体零件本身的刚度，所以提高接触刚度是提高工艺系统刚度的关键。常用的方法是改善工艺系统主要零件接触面的配合质量，如机床导轨副的刮研，配研顶尖锥体与主轴和尾座套筒锥孔的配合面，多次修研加工精密零件用的中心孔等。通过刮研改善配合面的表面粗糙度和形状精度，使实际接触面积增加，从而有效提高接触刚度。

提高接触刚度的另一个措施是预加载荷，这样可消除配合面间的间隙，增加接触面积，减小受力后的变形,此方法常用于各类轴承的调整。

(2) 提高工件的刚度,减小受力变形。

对刚度较低的工件,如叉架类、细长轴等,如何提高工件的刚度是提高加工精度的关键,其主要措施是减小支承间的长度,如安装跟刀架或中心架。图 4-20(a)所示为车削较长工件时采用中心架增加支承,图 4-20(b)所示为车细长轴时采用跟刀架增加支承,以提高工件的刚度。

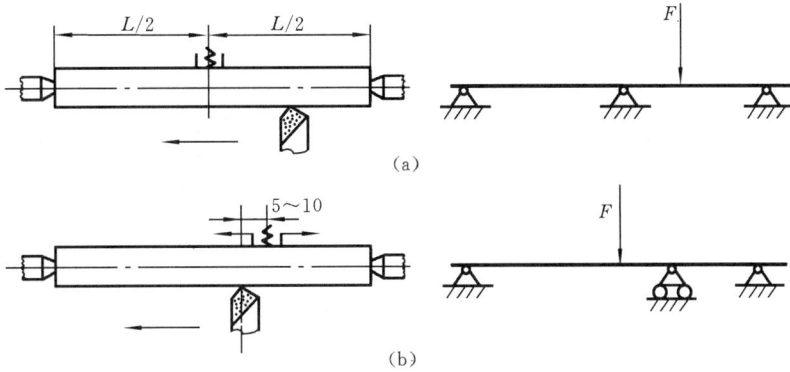

图 4-20　增加支承以提高工件的刚度
(a) 采用中心架;(b) 采用跟刀架

(3) 提高机床部件刚度,减小受力变形。

在切削加工中,有时由于机床部件刚度低而产生变形和振动,影响加工精度和生产率的提高。图 4-21(a)所示为在转塔车床上采用固定导向支承套;图 4-21(b)所示为采用转动导向支承套,用加强杆和导向支承套提高部件的刚度。

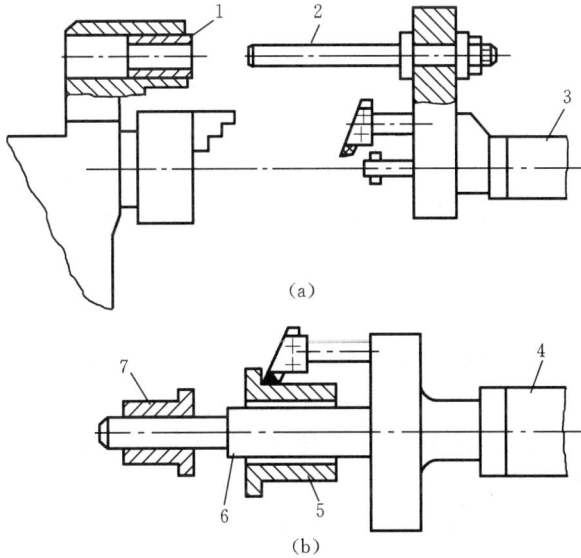

图 4-21　提高机床部件刚度的装置
(a) 采用固定导向支承套;(b) 采用转动导向支承套
1—固定导向支承套;2、6—加强杆;3、4—六角刀架;5—工件;7—转动导向支承套

（4）合理装夹工件，减小夹紧变形。

对刚度较差的工件选择合适的夹紧方法，能减小夹紧变形，提高加工精度。如图4-22所示，薄壁套未夹紧前内、外圆都是正圆形，由于夹紧方法不当，夹紧后套筒呈三棱形（见图4-22(a)），镗孔后内孔呈正圆形（见图4-22(b)），松开卡爪后镗孔的内孔又变为三棱形（见图4-22(c)）。为减小夹紧变形，应使夹紧力均匀分布，如图4-22(d)所示的开口过渡环或图4-22(e)所示的专用卡爪。

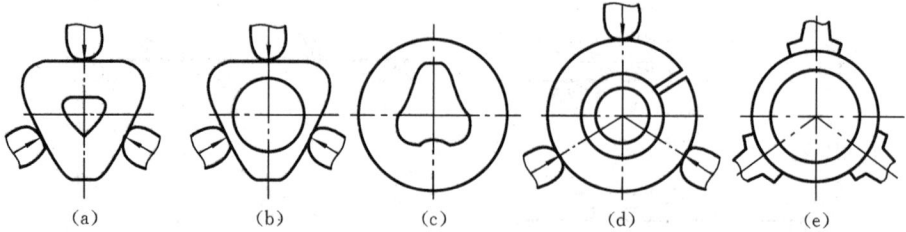

图 4-22　零件夹紧力引起的误差

(a) 第一次夹紧；(b) 镗孔；(c) 松开后工件变形；(d) 采用开口过渡环；(e) 采用专用卡爪

在夹具设计或工件的装夹中应尽量使作用力通过支承面或减小弯曲力矩，以减小夹紧变形。

（5）减少摩擦，防止微量进给时的"爬行"。

随着数控加工、精密和超精密加工工艺的迅猛发展，对微量进给的要求越来越高，机床导轨的质量很大程度上决定了机床的加工精度和使用寿命。数控机床导轨则要求在高速进给时不振动，低速进给时不爬行，灵敏度高，耐磨性和精度保持性好。为此，现代数控机床导轨在材料和结构上都进行了重大改进，如采用塑料滑动导轨（导轨塑料常用聚四氟乙烯导轨软带和环氧型耐磨导轨涂层两类）。这种导轨摩擦特性好，能有效防止低速爬行，运行平稳，定位精度高，具有良好的耐磨性、减振性和工艺性。

此外，还有滚动导轨和静压导轨。滚动导轨是用滚动体作循环运动。静压导轨是在两个相对运动的导轨面间通入压力油，使运动件浮起。这种导轨不但能长时间保持高精度，而且能高速运行，刚度好，承载能力强，摩擦系数极小，磨损小，寿命长，既无爬行也不会产生振动。

4.4　工艺系统受热变形引起的误差

1. 概述

在机械加工过程中，工艺系统在各种热源的影响下，常产生复杂的变形，从而破坏工件与刀具间相对运动，造成加工误差。据统计，在精密加工中，由于热变形引起的加工误差，约占总加工误差的40%～70%。高效、高精度、自动化加工技术的发展，使工艺系统热变形问题变得更为突出，已成为机械加工技术进一步发展的重要研究课题。

1）工艺系统的热源

引起工艺系统受热变形的"热源"大体可分为内部热源和外部热源两大类。

内部热源主要指切削热和摩擦热，它们产生于工艺系统的内部，其热量主要是以热传导的形式传递的。外部热源主要是指工艺系统外部的、以对流传热为主要形式的环境温度（它与气温变化、通风、空气对流和周围环境等有关）和各种辐射热（包括由阳光、照明、暖气设备等发出的辐射热)。

切削热是由切削过程中切削层金属的弹性、塑性变形及刀具与工件、切屑之间摩擦而产生的,这些热量将传给工件、刀具、夹具、切屑、切削液和周围介质,其分配百分比随加工方法不同而异。在车削时,大量的切削热由切屑带走,传给工件的为 10%～30%,传给刀具的为 1%～5%。孔加工时,大量切屑滞留在孔中,使大量的切削热传入工件。磨削时,由于切屑小,带走的热量很少,故大部分传入工件。

摩擦热主要是机床和液压系统中的运动部分产生的,如电动机、轴承、齿轮等传动副、导轨副、液压泵、阀等运动部分产生的摩擦热。摩擦热是机床热变形的主要热源。

工艺系统的外部热源主要是指环境温度变化和热辐射的影响,如靠近窗口的机床受到日光照射的影响,不同的时间机床温升和变形就会不同,而日光照射通常是单面的或局部的,其受到照射的部分与未被照射的部分之间产生温差,从而使机床产生变形。它对大型和精密工件的加工影响较大。

2) 工艺系统的热平衡

工艺系统受各种热源的影响,其温度会逐渐升高。同时,它们也通过各种传热方式向周围散发热量。当单位时间内传入和散发的热量相等时工艺系统达到了热平衡状态,而工艺系统的热变形也就达到了某种程度的稳定。

由于作用于工艺系统各组成部分的热源的发热量、位置和作用的时间各不相同,各部分的热容量、散热条件也不一样,处于不同的空间位置上的各点在不同时间的温度也是不等的。物体中各点的温度分布称为温度场。当物体未达热平衡时,各点温度不仅是坐标位置的函数,也是时间的函数,这种温度场称为不稳态温度场。物体达到热平衡后,各点温度将不再随时间而变化,只是其坐标位置的函数,这种温度场称为稳态温度场。机床在开始工作的一段时间内,其温度场处于不稳定状态,其精度也是很不稳定的,工作一定时间后,温度才逐渐趋于稳定,其精度也比较稳定。因此,精密加工应在热平衡状态下进行。

2. 机床热变形引起的误差

对于不同类型的机床,其结构和工作条件相差很大,其主要热源各不相同,热变形引起的加工误差也不相同。

对于车、铣、钻、镗等机床,其主要热源是主轴箱轴承的摩擦热和主轴箱中油池的发热,使主轴箱及与它相连接部分的床身温度升高,从而引起主轴的抬高和倾斜。图 4-23 所示为车床空运转时主轴的温升和位移的测量结果。主轴在水平面内的位移仅 10 μm,而在垂直面内的位移可高达 180～200 μm。水平位移虽数值很小,但对刀具水平安装的卧式车床来说属误差敏感方向,故对加工精度的影响就不能忽视。而垂直方向的位移对卧式车床影响不大,但对刀具垂直安装的自动车床和转塔车床来说,则对加工精度影响严重。因此,对于机床热变形,最好控制在非误差敏感方向。

磨床类机床通常都有液压传动系统并配有高速磨头,它的主要热源为砂轮主轴轴承的发热和液压系统的发热,主要表现在砂轮架的位移、工件头架的位移和导轨的变形。其中,砂轮架的回转摩擦热影响最大,而砂轮架的位移直接影响被磨工件的尺寸。图 4-24 所示为外圆磨床温度分布和热变形的测量结果。当采用切入式定程磨削时,由于砂轮架轴心线的热位移,将以大约两倍的数值直接反映到工件的直径上。图 4-24(a)表示各部分温升与运转时间的关系;

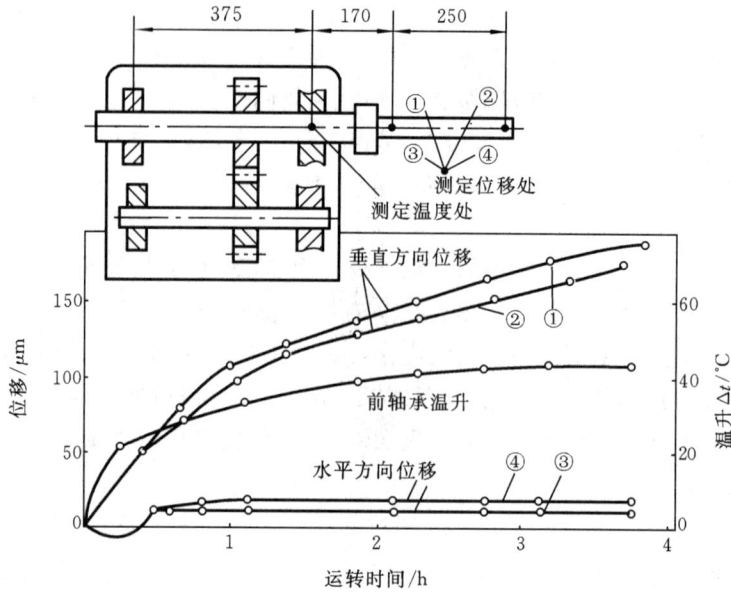

图 4-23　车床主轴箱热变形

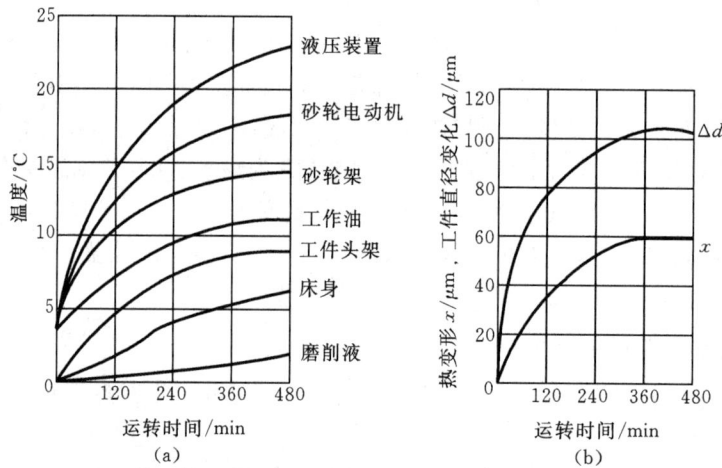

图 4-24　外圆磨床的温升和热变形

(a) 运转时间和机床各部温升的变化;(b) 热变形对工件误差的影响

图 4-24(b)表示被磨工件直径变化 Δd 受热位移的影响情况,当 Δd 达 100 μm 时,它同该机床工作台与砂轮架间的热变形 x 基本相符。由此可见,影响加工尺寸一致性的主要因素是机床的热变形。

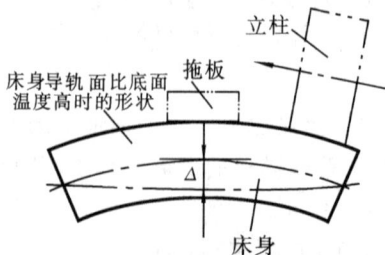

图 4-25　床身纵向温差热效应的影响

对大型机床如导轨磨床、外圆磨床、立式车床、龙门铣床等的长床身部件,机床床身的热变形是影响加工精度的主要因素。由于床身长,床身导轨面与底面间的温差将使床身产生弯曲变形,表面呈中凸状,如图 4-25 所示。例如,当床身长 $L=3\,120$ mm,高 $H=620$ mm,导轨面与底面间的温差 $\Delta t=1$ ℃ 时,床身的变形量为 $\Delta=$

$\dfrac{\alpha_l \Delta t L^2}{8H} = 11 \times 10^{-6} \times 1 \times \dfrac{3\ 120^2}{8 \times 620}$ mm$= 0.022$ mm(铸铁的线膨胀系数 $\alpha_l = 11 \times 10^{-6}$ ℃$^{-1}$),这样床身导轨的直线度明显受到影响。另外,立柱和拖板也因床身的热变形而产生相应的位置变化。常见几种机床的热变形趋势如图 4-26 所示。

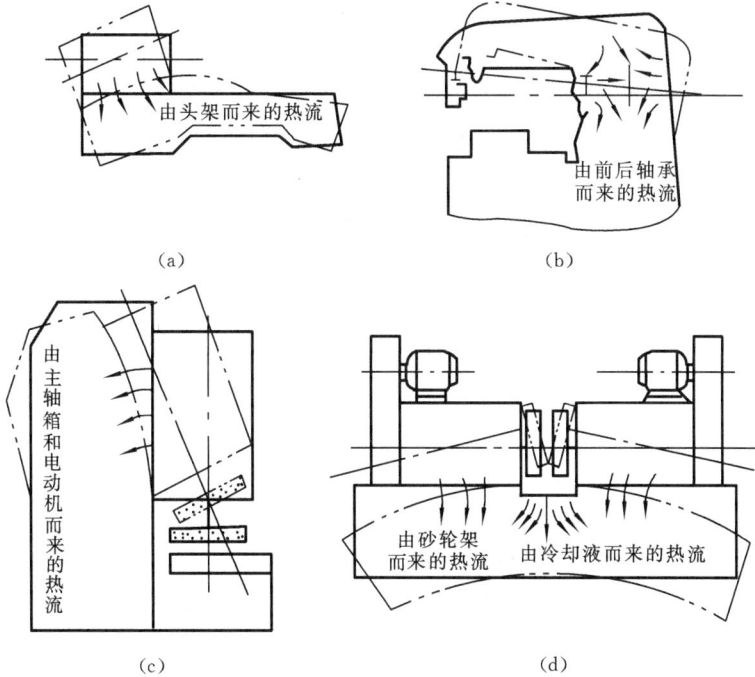

图 4-26　几种机床的热变形趋势

(a) 车床;(b) 磨床;(c) 平面磨床;(d) 双端面磨床

3. 工件热变形引起的加工误差

切削加工中,工件的热变形主要由切削热引起,对于大型或精密零件,外部热源如环境温度、日光等辐射热的影响也不可忽视。对于不同的加工方法,不同的工件材料、形状和尺寸,工件的受热变形也不相同,可以归纳为下列几种情况来分析。

1) 工件均匀受热

对于一些形状简单、对称的零件,如轴、套筒等,加工(如车削、磨削)时切削热能较均匀地传入工件,工件热变形量可按下式估算:

$$\Delta L = \alpha_l L \Delta t$$

式中:α_l——工件材料的线膨胀系数(℃$^{-1}$);

　　　L——工件在热变形方向的尺寸(mm);

　　　Δt——工件温升(℃)。

在精密丝杠加工中,工件的热伸长会产生螺距的累积误差。如在磨削 400 mm 长的丝杠螺纹时,每磨一次温度升高 1 ℃,则被磨丝杠将伸长

$$\Delta L = 1.17 \times 10^{-5} \times 400 \times 1 \text{ mm} = 0.004\ 7 \text{ mm}$$

而 5 级丝杠的螺距累积误差在 400 mm 长度上不允许超过 5 μm。因此,热变形对工件加

工精度影响很大。

在较长的轴类零件加工中,开始切削时,工件温升为零,随着切削加工的进行,工件温度逐渐升高而使直径逐渐增大,增大量部分被刀具切除,因此,加工完的工件冷却后将出现锥度误差。

2) 工件不均匀受热

平面在刨削、铣削、磨削加工时,工件单面受热,上下平面间产生温差而引起热变形。如图4-27所示,在平面磨床上磨削长为 L、厚为 H 的板状工件,工件单面受热,上下面间形成温差 Δt,导致工件向上凸起,凸起部分被磨去,冷却后磨削表面下凹,使工件产生平面度误差。因热变形引起的工件凸起量 f 可作如下近似计算(由于中心角 ϕ 很小,其中性层的长度可近似认为等于原长 L):

$$f = \frac{L}{2}\tan\frac{\phi}{4} \approx \frac{L}{8}\phi$$

且

$$(R+H)\phi - R\phi = \alpha_l \Delta t L, \quad \phi = \frac{\alpha_l \Delta t L}{H}$$

所以

$$f = \frac{\alpha_l \Delta t L^2}{8H}$$

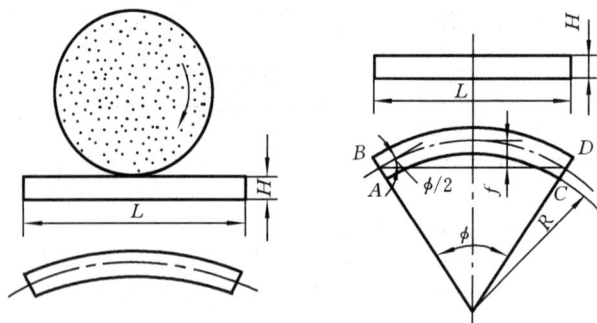

图 4-27　薄板磨削时的弯曲变形

由上式可知,工件不均匀受热时,工件凸起量随工件长度的增加而急剧增加,工件厚度越薄,工件凸起量就越大。由于 L、H、α_l 均为常量,要减小变形误差,就必须控制温差 Δt。

4. 刀具热变形引起的加工误差

刀具热变形主要是由切削热引起的。传给刀具的热量虽不多,但由于刀具切削部分体积小而热容量小,切削部分仍产生很高的温升。如高速钢刀具车削时刃部的温度可高达 $700\sim800$ ℃,而硬质合金刀具刃部可达 $1\,000$ ℃以上。这样,不但刀具热伸长影响加工精度,而且刀具的硬度也会下降。

图 4-28 所示为车削时车刀的热伸长量与切削时间的关系。连续车削时,车刀的热变形情况如曲线 A,经过约 $10\sim20$ min,即可达到热平衡,车刀热变形影响很小;当车刀停止车削后,刀具冷却

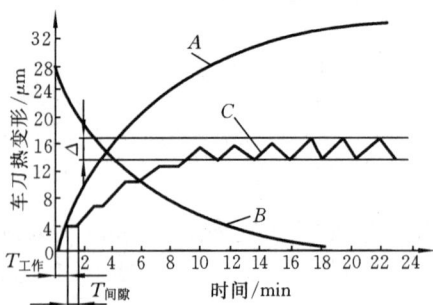

图 4-28　车刀热变形曲线

变形过程如曲线 B;当车削一批短小轴类工件时,加工时断时续(如装卸工件)间断切削,变形过程如曲线 C。因此,在开始切削阶段,其热变形显著;在热平衡后,对加工精度的影响则不明显。

5. 减少和控制工艺系统热变形的主要途径

1)减少热源发热和隔离热源

没有热源就没有热变形,这是减少工艺系统热变形的根本措施。具体措施如下。

(1)减少切削热或磨削热。通过控制切削用量,合理选择和使用刀具来减少切削热;零件精度要求高时,还应注意将粗加工和精加工分开进行。

(2)减少机床各运动副的摩擦热。从运动部件的结构和润滑等方面采取措施,改善特性以减少发热,如主轴部件采用静压轴承、低温动压轴承等,采用低黏度润滑油、润滑脂润滑,采取循环冷却润滑、油雾润滑等措施,均有利于降低主轴轴承的温升。

(3)分离热源。凡能从机床分离出去的热源,如电动机、变速箱、液压系统、油箱等产生热源的部件尽可能移出机床主机之外。

隔离热源时,对于不能分离的热源,如主轴轴承、丝杠螺母副、高速运动的导轨副等零部件,可从结构和润滑等方面改善其摩擦特性,减少发热,还可采用隔热材料将发热部件和机床大件(如床身、立柱等)隔离开来。

2)加强散热能力

对发热量大的热源,既不便从机床内部移出,又不便隔热,则可采用有效的冷却措施,如增加散热面积或使用强制性的风冷、水冷、循环润滑等。

使用大流量切削液或喷雾等方法冷却,可带走大量切削热或磨削热。在精密加工时,为增加冷却效果,控制切削液的温度是很必要的。如大型精密丝杠磨床采用恒温切削液淋浴工件,机床的空心母丝杠也通入恒温油,以降低工件与母丝杠的温差,提高加工精度的稳定性。

采用强制冷却来控制热变形的效果是很显著的。图4-29所示为一台坐标镗铣床的主轴箱用恒温喷油循环强制冷却的试验结果。曲线 1 为没有采用强制冷却时的试验结果,机床运转 6 h 后,主轴中心线到工作台的距离产生了 190 μm 的热变形(垂直方向),且尚未达到热平衡。当采用强制冷却后,上述热变形减少到 15 μm,如曲线 2,且工作不到 2 h 机床就已达到热平衡状态。

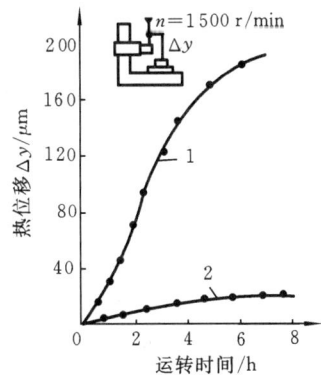

图 4-29　坐标镗铣床主轴箱强制冷却的试验曲线

目前,大型数控机床、加工中心机床普遍采用冷冻机对润滑油、切削液进行强制冷却,机床主轴轴承和齿轮箱中产生的热量可由恒温的切削液迅速带走。

3)均衡温度场

当机床零部件温升均匀时,机床本身就呈现一种热稳定状态,从而使机床产生不影响加工精度的均匀热变形。

图 4-30 所示为 M7150A 型平面磨床采用均衡温度场的措施示意图。该机床床身较长,加工时工作台纵向运动速度比较高,所以床身上部温升高于下部,使床身导轨向上凸起,其改进

措施是将油池搬出主机并做成一个单独的油箱。另外在床身下部开出"热补偿油沟",使一部分带有余热的回油流经床身下部,使床身下部的温度提高,这样可使床身上下部分的温差降至1～2 ℃,导轨的中凸量由原来的 0.026 5 mm 降为 0.005 2 mm。

图 4-31 所示为端面磨床采用均衡温度场的措施示意图,由风扇排出主轴箱内的热空气,经管道通向防护罩和立柱后壁的空间,然后排出。这样,便使原来温度较低的立柱后壁温度升高,导致立柱前后壁的温度大致相等,以降低立柱的弯曲变形,使被加工零件的端面平行度误差降低为原来的 1/3～1/4。

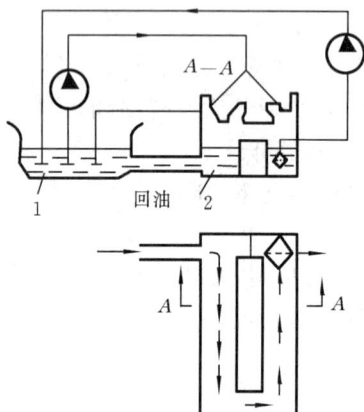

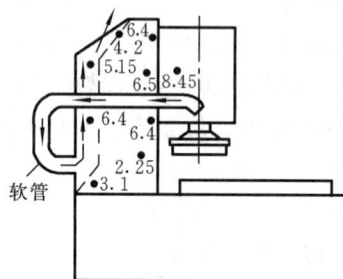

图 4-30　M7150A 型磨床的热补偿油沟
1—油池;2—热补偿油沟

图 4-31　均衡立柱前后壁的温度场(单位为℃)

4) 改进机床布局和结构设计

(1) 采用热对称结构。在变速箱中,将轴、轴承、传动齿轮等对称布置,可使箱壁温升均匀,箱体变形减小。机床大件的结构和布局对机床的热态特性有很大影响。以加工中心机床为例,在热源影响下,单立柱结构会产生相当大的扭曲变形,而双立柱结构由于左右对称,仅产生垂直方向的热位移,很容易通过调整的方法予以补偿。因此,双立柱结构的机床主轴相对于工作台的热变形比单立柱结构的小得多。

(2) 合理选择机床零部件的安装基准。合理选择机床零部件的安装基准,使热变形尽量不在误差敏感方向。如图 4-32(a)所示车床主轴箱在床身上的定位点 H 置于主轴轴线的下方,主轴箱产生热变形时,使主轴孔在 z 方向产生热位移,对加工精度影响较小。若采用如图4-32(b)所示的定位方式,主轴除了在 z 方向产生热位移以外,还在误差敏感方向(y 方向)产

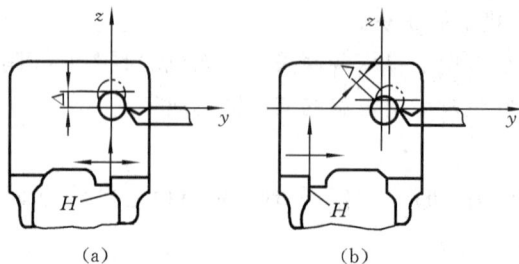

(a)　　　　　　　(b)

图 4-32　车床主轴箱定位面位置对热变形的影响

生热位移,直接影响了刀具与工件之间的正确位置,故造成了较大的加工误差。

5)加速达到热平衡状态

当工艺系统达到热平衡状态时,热变形趋于稳定,加工精度易于保证。因此,为了尽快使机床进入热平衡状态,可以在加工工件前使机床作高速空运转。当机床在较短时间内达到热平衡之后,再将机床速度转换成工作速度进行加工。精密和超精密加工时,为使机床达到热平衡状态而作的高速空转时间可达数十小时。必要时,还可以在机床的适当部位设置控制热源,人为地给机床加热,使其尽快地达到热平衡状态。精密机床加工时应尽量避免中途停车。

6)控制环境温度

精密机床一般应安装在恒温车间,其恒温精度一般控制在 ±1 ℃以内,精密级的机床为±0.5 ℃,超精密级的机床为 ±0.01 ℃。恒温室平均温度一般为 20 ℃,冬季取17 ℃,夏季取23 ℃。对精加工机床应避免阳光直接照射,布置取暖设备时也应避免使机床受热不均匀。

7)热位移补偿

在对机床主要部件,如主轴箱、床身、导轨、立柱等受热变形规律进行大量研究的基础上,可通过模拟试验和有限元分析寻求各部件热变形的规律。在现代数控机床上,根据试验分析可建立热变形位移数字模型并存入计算机中进行实时补偿。热变形附加修正装置已在国外作为商品供应。我国北京机床研究所在热位移补偿研究中做了大量工作,并已成功用于二坐标精密数控电火花线切割机床。

4.5 工件内应力引起的误差

内应力是指外部载荷去除后,仍残存在工件内部的应力,又称残余应力。零件中的内应力往往处于一种很不稳定的相对平衡状态,在常温下特别是在外界某种因素的影响下很容易失去原有状态,使内应力重新分布,零件产生相应的变形,从而破坏了原有的精度。因此,必须采取措施消除内应力对零件加工精度的影响。

1. 工件内应力产生的原因

内应力是由金属内部的相邻组织发生了不均匀的体积变化而产生的,体积变化的因素主要来自热加工或冷加工。

1)毛坯制造和热处理过程中产生的内应力

在铸、锻、焊及热处理过程中,零件壁厚不均匀,使得各部分热胀冷缩不均匀,以及金相组织转变时的体积变化,使毛坯内部产生相当大的内应力。毛坯的结构越复杂、壁厚越不均匀、散热条件差别越大,毛坯内部产生的内应力也就越大。具有内应力的毛坯,内应力暂时处于相对平衡状态,变形缓慢,但当切去一层金属后,就打破了这种平衡,内应力重新分布,工件就明显地出现了变形。

图 4-33(a)所示为一个内外壁厚相差较大的铸件,在浇铸后的冷却过程中,由于壁 A 和壁 C 比较薄,散热较易,所以冷却较快;壁 B 较厚,冷却较慢。当壁 A 和壁 C 从塑性状态冷却至弹性状态时(约 620 ℃),壁 B 的温度还比较高,仍处于塑性状态,所以壁 A 和壁 C 收缩时,壁 B 不起阻止变形的作用,铸件内部不产生内应力。但当壁 B 冷却到弹性状态时,壁 A 和壁 C 的温度已经降低很多,收缩速度变得很慢,而这时壁 B 收缩较快,会受到壁 A 及壁 C 的阻碍。

因此,壁 B 受到了拉应力,壁 A 及壁 C 受到了压应力,形成了相互平衡的状态。

如果在壁 C 上切开一个缺口,如图 4-33(b)所示,则壁 C 的压应力消失。铸件在壁 B 和壁 A 的内应力作用下,壁 B 收缩,壁 A 膨胀,发生弯曲变形,直至内应力重新分布,达到新的平衡为止。推广到一般情况,各种铸件都难免产生内应力(由于冷却不均匀而形成)。

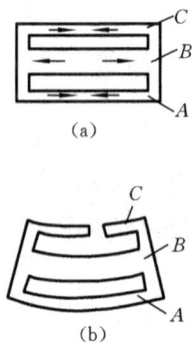

图 4-33 铸件内应力引起的变形

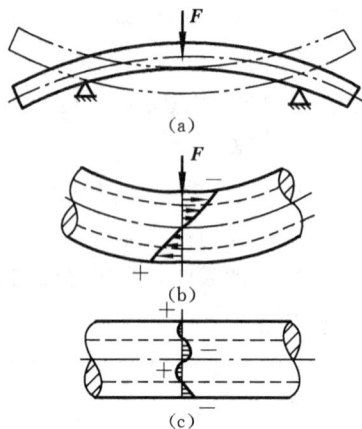

图 4-34 冷校直引起的内应力

2) 冷校直产生的内应力

弯曲的工件(原来无内应力)要校直,常采用冷校直的工艺方法。此方法是在一些长棒料或细长零件弯曲的反方向施加外力 F,如图 4-34(a)所示。在外力 F 的作用下,工件内部内应力的分布如图 4-34(b)所示,在轴线以上产生压应力(用"－"表示),在轴线以下产生拉应力(用"＋"表示)。在轴线和两条虚线之间是弹性变形区域,在虚线之外是塑性变形区域。当外力 F 去除后,外层的塑性变形区域阻止内部弹性变形的恢复,使内应力重新分布,如图 4-34 (c)所示。这时,冷校直虽能减小弯曲,但工件却处于不稳定状态,如再次加工,又将产生新的变形。因此,高精度丝杠的加工,不允许用冷校直的方法来减小弯曲变形,而是用多次人工时效来消除残余内应力。

3) 切削加工产生的内应力

切削过程中产生的力和热,也会使被加工工件的表面层变形,产生内应力。这种内应力的分布情况由加工时的工艺因素决定。实践表明,对于具有内应力的工件,当在加工过程中切去表面一层金属后,所引起的内应力的重新分布和变形最为强烈。因此,粗加工后,应将被夹紧的工件松开,使之有一定的时间让其内应力重新分布。

2. 减少内应力的措施

1) 合理设计零件结构

在零件的结构设计中,应尽量简化结构,考虑壁厚均匀,减少尺寸和壁厚差,增大零件的刚度,以减少在铸、锻毛坯制造中产生的内应力。

2) 采取时效处理

自然时效处理,主要是在毛坯制造之后,或粗加工后、精加工之前,让工件停留一段时间,利用温度的自然变化,经过多次热胀冷缩,使工件内部组织产生微观变化,从而达到减少或消除内应力的目的。这种过程一般需要半年至五年时间,因周期长,所以除特别精密件外,一般较少使用。

人工时效处理,这是目前使用最广的一种方法,分高温时效和低温时效。高温时效一般适用于毛坯件或工件粗加工后进行。低温时效一般适用于工件半精加工后进行。人工时效需要较大的投资,设备较大,能源消耗多。

振动时效是工件受到激振器的敲击,或工件在滚筒中回转互相撞击,使工件在一定的振动强度下,引起工件金属内部组织的转变,从而消除内应力。这种方法节省能源、简便、效率高,近年来发展很快,但有噪声污染。此方法适用于中小零件及非铁金属件等。

3)合理安排工艺

机械加工时,应注意粗、精加工分开在不同的工序进行,使粗加工后有一定的间隔时间让内应力重新分布,以减少对精加工的影响。

切削时应注意减小切削力,如减小余量、减小背吃刀量,或进行多次走刀,以避免工件变形。粗、精加工在一个工序中完成时,应在粗加工后松开工件,让其有自由变形的可能,然后再用较小的夹紧力夹紧工件后进行精加工。

拓 展 阅 读

加工误差的
统计分析

机械加工
表面质量

本章重点、难点和知识拓展

本章重点　加工精度及加工表面质量的概念;影响加工精度的各种原始误差及控制加工误差的方法;加工误差统计分析方法;控制加工表面质量的途径。

本章难点　加工表面冷作硬化、金相组织变化和残余应力产生的机理。

知识拓展　通过完成本章后的思考题与习题,加深对本章内容的理解。学会分析机械制造质量的方法,能对生产现场中出现的一些制造质量方面的问题作出解释,并提出改善零件制造质量的工艺措施。

思考题与习题

4-1　试举例说明加工精度、加工误差、公差的概念以及它们之间的区别。

4-2　工艺系统的静态误差、动态误差各包括哪些内容？

4-3　何谓误差复映规律？如何利用这一规律测定机床的刚度？

4-4　何谓误差敏感方向？车床与镗床的误差敏感方向有何不同？

4-5　加工车床导轨时为什么要求导轨中部要凸起一些？磨削导轨时采取什么措施达到此目的？

4-6　在车床上用两顶尖装夹工件车削细长轴时,产生图 4-35 所示三种形状误差的主要原因是什么？分别采用什么办法来减少或消除？

4-7　试分析在车床上加工时产生下述误差的原因：

(1) 在车床上镗孔时,引起被加工孔圆度误差和圆柱度误差；

(2) 在车床三爪自定心卡盘上镗孔时,引起内孔与外圆不同轴、端面与外圆的不垂直。

4-8　图 4-36 所示套筒的材料为 20 钢,当在外圆磨床上用心轴定位磨削其外圆时,由于磨削区的高温,试分析外圆及内孔处残余应力的符号。若用锯片刀铣开此套筒,试问:铣开后的两个半圆环将产生怎样的变形？

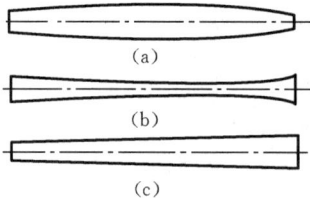

图 4-35　车削细长轴　　　　　　　　　　图 4-36　套筒

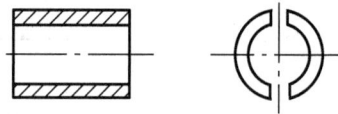

4-9　在自动车床上加工一批小轴,从中抽检 200 件,若以 0.01 mm 为组距将该批工件按尺寸大小分组,所测数据列于表 4-3 中。

表 4-3　测试数据表

尺寸间隔	自/mm	15.01	15.02	15.03	15.04	15.05	15.06	15.07	15.08	15.09	15.10	15.11	15.12	15.13	15.14
	到/mm	15.02	15.03	15.04	15.05	15.06	15.07	15.08	15.09	15.10	15.11	15.12	15.13	15.14	15.15
零件数 n_i		2	4	5	7	10	20	28	58	26	18	8	6	5	3

若图样的加工要求为 $\phi15^{+0.14}_{-0.04}$ mm,试：

(1) 绘制整批工件实际尺寸的分布曲线；

(2) 计算合格率及废品率；

(3) 计算工艺能力系数,若该工序允许废品率为 3%,判断工序精度能否满足要求；

(4) 分析出现废品的原因,并提出改进办法。

4-10　如何利用 $\overline{X}$-R 图来判别加工过程是否稳定？

4-11　设已知一工艺系统的误差复映系数为 0.25,工件在本工序前有圆柱度误差(椭圆度)0.45 mm。若本工序形状精度规定公差 0.01 mm,试问:至少进给几次方能使形状精度合格？

4-12　试说明磨削外圆时使用死顶尖的目的,引起外圆的圆度误差和锥度误差的因素(见图 4-37)。

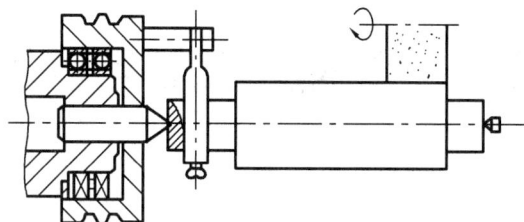

图 4-37　磨削外圆

4-13　车削一批轴的外圆,其尺寸为 $d=(25\pm0.05)$ mm。已知此工序的加工误差分布曲线是正态分布,其标准偏差 $\sigma=0.025$ mm,曲线的顶峰位置偏于公差带中值的左侧 0.01 mm。试求零件的合格率、废品率。工艺系统经过怎样的调整可使废品率降低?

4-14　在无心磨床上用贯穿法磨削加工 $d=20$ mm 的小轴,已知该工序的标准偏差 $\sigma=0.003$ mm,现从一批工件中任取 5 件测量其直径,求得算术平均值为 $\phi20.008$ mm。试估算这批工件的最大尺寸及最小尺寸。

4-15　有一批零件,其内孔尺寸为 $\phi70_{\ 0}^{+0.03}$ mm,属于正态分布。试求内孔尺寸在 $\phi70_{+0.01}^{+0.03}$ mm之间的概率。

4-16　机械加工表面质量包括哪些内容?它们对产品的使用性能有哪些影响?

4-17　影响切削加工表面粗糙度的因素有哪些?

4-18　车削一铸铁件外圆表面,若进给量 $f=0.3$ mm/r,刀尖圆弧半径 $r_\varepsilon=3$ mm,试问:车削后能达到的表面粗糙度 Ra 是多大?

4-19　为什么切削加工中会产生加工硬化?影响加工硬化的因素有哪些?

4-20　为什么会产生磨削烧伤?减少磨削烧伤的方法有哪些?

4-21　为什么同时提高砂轮速度和工件速度可以避免产生磨削烧伤、减小表面粗糙度值并能提高生产率?

4-22　试述加工表面产生残余压应力和残余拉应力的原因。

4-23　表面强化工艺为什么能改善工件表面质量?生产中常用的表面强化工艺方法有哪些?

第 5 章　机械加工工艺规程设计

引 入 案 例

在机械加工中,常会遇到诸如轴类、套类、盘类、杆类、箱体类等各种各样的零件。虽然它们形状各异,但在考虑它们的加工工艺时却存在许多共性。如图 5-1 所示套类零件,当安排其加工工艺时,必然要考虑这样一些问题,如:该零件的主要技术要求有哪些? 哪些表面是零件的主要加工表面? 这些表面用什么方法加工、分几次加工? 各表面的加工顺序如何? 每个工序(工步)的加工余量多大? 如何确定各道工序的工序尺寸及其公差? 另外还要考虑零件的材料、毛坯形式、工件如何定位和夹紧等问题。上述这些问题均要在本章中进行讨论。

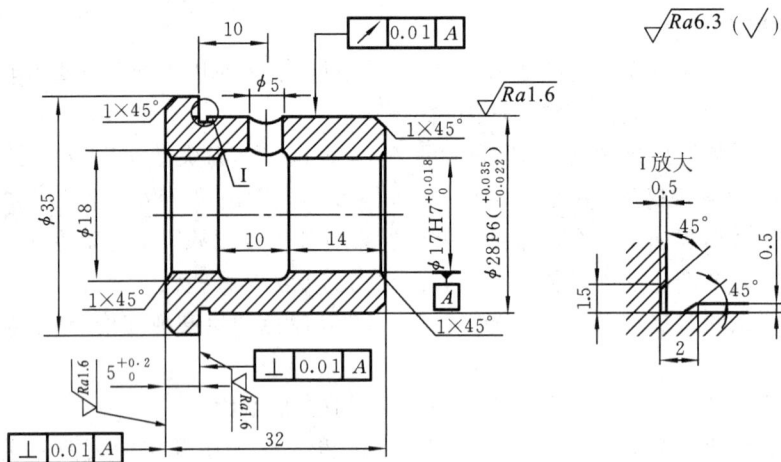

图 5-1　轴套零件

5.1　概　　述

1. 机械加工工艺规程及其作用

将产品或零部件的制造工艺过程的所有内容用图、表、文字的形式规定下来的工艺文件汇编,称为工艺规程。

机械加工工艺规程的作用可概括为以下三项。

(1) 组织、管理和指导生产。生产的计划、调度,工人的操作,质量的检查等都是以机械加工工艺规程为依据的,一切生产人员都不得随意违反机械加工工艺规程,工艺规程是产品质量保证的根本所在。

(2) 机械加工工艺规程是各项生产准备工作的技术依据。在产品投入大批量生产以前,需要做大量的生产准备和技术准备工作,例如:厂房的改造或规划建设;设备的改造或新设备的购置和定做;关键技术的分析与研究;工装的设计制造或选购等。这些工作都必须根据机械加工工艺规程来展开。

(3)技术的储备和交流。工艺规程体现了一个企业的工艺技术水平,它是一个企业技术得以不断发展的基石,也是先进技术得以推广、交流的技术文件,所有的机械加工工艺规程几乎都要经过不断的修改与补充,才能不断吸收先进经验,以适应技术的发展。

2. 工艺规程的设计原则

(1)必须可靠地保证零件图纸上所有技术要求的实现。在设计机械加工工艺规程时,如果发现图纸上某一技术要求规定得不适当,只能向有关部门提出建议,不得擅自修改图纸或不按图纸要求去做。

(2)在规定的生产纲领和生产批量下,一般要求工艺成本最低。

(3)充分利用现有生产条件,少花钱、多办事。

(4)尽量减轻工人的劳动强度,保障生产安全,创造良好、文明的劳动条件。

3. 工艺规程设计所需的原始资料

在制定机械加工工艺规程时,必须具备下列原始资料:

(1)零件图和产品整套装配图;

(2)产品的生产纲领和生产类型;

(3)产品的质量验收标准;

(4)毛坯情况;

(5)本厂的生产条件和技术水平;

(6)国内外生产技术的发展情况。

4. 工艺规程设计的步骤

制定工艺规程的主要步骤大致如下。

(1)零件的工艺性分析。主要是分析零件的结构工艺性、技术要求、生产类型等内容。

(2)确定毛坯。依据零件在产品中的作用和生产纲领以及零件本身的结构特点,确定毛坯的种类、制造方法、精度等内容。工艺人员在设计机械加工工艺规程之前,首先要熟悉毛坯的特点,例如其分型面、浇口和冒口的位置以及铸件公差和拔模斜度等。这些内容均与工艺路线的制订密切相关。

(3)拟订工艺路线,选择定位基准。这是工艺规程设计的核心内容。

(4)确定各工序的设备和工装。设备和工装的选择需要与零件的生产类型、加工质量、结构特点相匹配,对需要改装和重新设计的专用设备和工艺装备应提出具体的设计任务书。

(5)确定主要工序的生产技术要求和质量验收标准。

(6)确定各工序的余量,计算工序尺寸和公差。

(7)确定各工序的切削用量。在单件、小批生产中,切削用量多由操作者自行决定,机械加工工艺卡中一般不作明确规定。在中批生产,特别是在大批大量生产时,为了保证生产的合理性和节奏均衡,在工艺规程中对切削用量有详尽的规定,并且不得随意改动。

(8)确定工时定额。

(9)填卡、装订。

5. 机械加工工艺规程的格式

工艺规程由一系列工艺文件所构成,工艺文件一般以卡片的形式来体现,这些卡片包括:工艺过程卡、工序卡、检验卡、调整卡等。

在我国各机械制造厂使用的机械加工工艺规程表格的形式不尽一致,但是其基本内容是相同的。在单件小批生产中,一般只编写简单的机械加工工艺过程卡(见表 5-1);在中批生产中,多采用机械加工工艺卡(见表 5-2);在大批大量生产中,则要求有详细和完整的工艺文件,

表 5-1 机械加工工艺过程卡

(工厂名)	机械加工工艺过程卡	产品名称及型号		零件名称		零件图号				
		材料	名称	毛坯	种类	零件重量/N		毛重		第 页
			牌号		尺寸			净重		共 页
			性能	每料件数		每台件数		每批件数		
工序号	工序内容			加工车间	设备名称及编号	工艺装备名称及编号			技术等级	时间定额/min
						夹具	刀具	量具		单件 / 准备—终结
更改内容										
编制		抄写		校对			审核		批准	

表 5-2 机械加工工艺卡

(工厂名)	机械加工工艺卡	产品名称及型号		零件名称		零件图号			
		材料	名称	毛坯	种类	零件重量/N	毛重		第 页
			牌号		尺寸		净重		共 页
			性能	每料件数		每台件数	每批件数		

工序	安装	工步	工序内容	同时加工零件数	切削用量				设备名称及编号	工艺装备名称及编号			技术等级	工时定额/min	
					背吃刀量/mm	切削速度/(m/min)	主轴转速/(r/min 或双行程数/min)	进给量/(mm/r 或 mm/min)		夹具	刀具	量具		单件	准备—终结
更改内容															
编制		抄写		校对			审核			批准					

要求各工序都要有机械加工工序卡(见表 5-3);对半自动及自动机床,则要求有机床调整卡;对检验工序,则要求有检验工序卡等。

表 5-3　机械加工工序卡

(工厂名)	机械加工工序卡	产品名称及型号	零件名称	零件图号	工序名称	工序号	第　页
							共　页
		车间	工段	材料名称	材料牌号	力学性能	
		同时加工件数	每料件数	技术等级	单件时间/min	准备—终结时间/min	
(画工序简图处)		设备名称	设备编号	夹具名称	夹具编号	工作液	
		更改内容					

工步号	工步内容	计算数据/mm			走刀次数	切削用量				工时定额/min			刀具量具及辅助工具			
		直径或长度	进给长度	单边余量		背吃刀量/mm	进给量/(mm/r 或 mm/min)	主轴转速/(r/min 或双行程数/min)	切削速度/(m/min)	基本时间	辅助时间	工作地点服务时间	工步号	名称	规格	编号	数量

| 编制 | 抄写 | 校对 | 审核 | 批准 |

5.2　机械加工工艺规程设计

5.2.1　零件的结构工艺性分析

结构工艺性是指产品的结构是否满足优质、高产、低成本制造的一种性质。零件结构工艺性的优、劣不是一成不变的,在不同的要求和生产条件下是可以变化的。在保证使用要求的前提下,为了优化产品质量、提高生产率、降低材料消耗及生产成本等,在进行产品和零件设计时,一定要保证合理的结构工艺性。

表 5-4 列举了在常规工艺条件下零件结构工艺性定性分析的例子,供零件结构设计和工艺性分析时参考。

表 5-4　零件结构工艺性举例

序号	零件结构		
		结构工艺性不好	结构工艺性好
1	加工孔离壁太近，与辅具（或主轴）干涉，无法进刀		加大加工孔与壁之间的距离，或取消进刀方向的立壁，就可以方便进刀　(a)　(b)
2	无退刀槽，攻丝无法加工，车螺纹时易打刀		设计退刀槽，可以方便螺纹加工
3	无退刀槽，刀具工作环境恶劣		设计退刀槽，可以改善刀具工作环境
4	台阶尺寸太小，加工键槽时，易划伤左端孔表面		加大尺寸 h，可以避免划伤左端孔
5	无退刀槽，小齿轮无法加工		设计退刀槽，可以方便小齿轮加工
6	无退刀槽，两端轴颈磨削时无法清根		设计退刀槽，可以方便两端轴颈磨削时清根
7	孔口设计成斜面，钻孔加工时，刀具易引偏或折断		孔口设计成平台，可以方便钻孔加工时刀具进刀

续表

序号	零件结构		
	结构工艺性不好		结构工艺性好
8	退刀槽尺寸不一, 增加刀具种类和换刀次数		统一退刀槽尺寸, 可以减少刀具种类和换刀次数
9	螺纹孔尺寸接近但不同, 增加刀具种类		螺纹孔尺寸统一, 可以减少刀具种类和换刀次数
10	平面太大, 增加加工量, 平面度也不便保证		减小加工面的面积, 可以减少加工量, 方便保证平面度
11	外圆和内孔无法在一次安装中加工, 不便保证外圆和内孔的同轴度		在外圆上设计台阶, 可以方便保证外圆和内孔的同轴度
12	孔出口处余量偏置, 钻头易引偏或折断		孔出口处设计平台, 孔加工方便
13	加工 B 面时, A 面太小, 定位不方便		设计两个工艺凸台, 可以方便 B 面加工时的定位, 加工后可以再将凸台去除
14	键槽分布在不同方向, 无法在一次安装中加工出来		将键槽设计在同一方向, 可以在一次安装中加工出来

续表

序号	零件结构		
	结构工艺性不好		结构工艺性好
15	孔太深,深孔加工有困难		减小孔深度,可以方便加工
16	锥面需要磨削,锥面和圆柱面交接处无法清根		锥面和圆柱面交接处设计成台肩,可以方便锥面磨削
17	装配面设计在腔体内部,不便加工和装配		装配面设计在腔体外部,可以方便加工和装配
18	台阶面不等高,加工时需两次安装或两次调刀		台阶面设计成等高,可以减少辅助时间
19	孔内壁上设计沟槽,不便加工		将沟槽设计在装配件的外圆柱面上,可以方便加工

5.2.2　确定毛坯

　　毛坯的种类和质量对零件的加工质量、材料消耗、生产率、成本均有影响,而且还会影响零件的力学性能和使用性能。因此,选择毛坯种类和制造方法时,必须首先满足零件的力学性能和使用性能要求,同时希望毛坯与成品零件尽可能接近,以节约材料、降低成本。但这样又会造成毛坯制造难度增加、成本提高。为合理解决这个矛盾,选择毛坯时应重点考虑以下几个问题:零件的生产纲领;零件的性能要求;毛坯的制造方法及其工艺特点;零件形状与尺寸;现有生产条件。

表 5-5 列举了常见毛坯制造方法的工艺特点。

表 5-5　常见毛坯制造方法的工艺特点

毛坯制造方法	工件尺寸大小	壁厚/mm	结构的复杂性	适用生产类型	材　料	精度等级(IT)	尺寸公差/mm	其他工艺特点
型材	小型	—	简单	各种类型	各种材料	—	—	余量较大
焊接件	大中型	—	较复杂	单件小批生产	钢材	—	—	余量大,有内应力
手工砂型铸造	各种尺寸	≥3～5	复杂	单件小批生产	铁碳合金、非铁金属及其合金	14～16	1～8	生产率低,余量大
机械砂型铸造	中小型	≥3～5	复杂	大批生产	同上	14 左右	1～3	生产率高,设备复杂
金属型铸造	中小型	≥1.5	较复杂	中大批生产	同上	10～12	0.1～0.5	生产率高
压铸	中小型	≥0.5(锌),≥10(其他合金)	由模型制造难易决定	大批生产	锌、铝、镁、铜、锡、铅各金属合金	8～11	0.05～0.2	生产率高,设备昂贵
离心铸造	中小型	≥3～5	旋转体	大批生产	铁碳合金、非铁金属及其合金	15～16	1～8	生产率高,设备复杂
熔模铸造	小型	≥0.8	复杂	成批大量生产	难切削材料	7～10	0.05～0.15	占地面积小,便于流水线生产
壳模铸造	中小型	≥1.5	复杂	各种生产类型	铁和非铁金属	12～14	—	生产率高,便于自动化生产
自由锻造	各种尺寸	不限制	简单	单件小批生产	碳素钢,合金钢	14～16	1.5～2.5	生产率低,要求工人技术水平高
锤上模锻	中小型	≥2.5	由锻模制造难易决定	成批大量生产	碳素钢,合金钢	11～15	0.4～2.5	生产率高
精密模锻	小型	≥1.5	由锻模制造难易决定	大批生产	碳素钢,合金钢	8～11	0.05～0.1	生产率高,余量小
板料冷冲压	各种尺寸	0.1～10	复杂	大批生产	板材	8～10	0.05～0.5	生产率高

5.2.3　定位基准的选择

加工时用以确定工件定位的基准称为定位基准。它又有粗基准和精基准之分,粗基准是指未经机械加工的定位基准,而精基准则是经过机械加工的定位基准。

选择定位基准的首要目的是,为了保证加工后零件各表面的位置精度和位置关系,同时还要考虑对各工序余量、工艺流程、夹具结构的影响,以及流水线和自动线加工的需要。

选择定位基准时,需要全面考虑各方面的因素,选择一组合理的定位基准,同时还要考虑到粗、精基准的区别。

1. 粗基准的选择原则

粗基准选择的主要目的是:保证非加工面与加工面的位置关系;保证各加工表面余量的合理分配。因此,选择粗基准时应考虑下列一些问题。

(1) 余量分配原则:粗基准的选择应保证工件各表面加工时余量足够或均匀的要求。

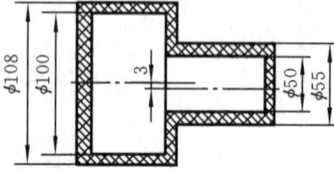

图 5-2 所示零件的毛坯大小头的余量分别为 8 mm、5 mm,其同轴度误差为 0～3 mm,若以 ϕ108 mm 大头外圆为粗基准,先车小头,此时当毛坯大小头同轴度误差大于 2.5 mm 时,则小头的加工余量不足而导致废品;反之,若以 ϕ55 mm 小头为粗基准,先车大头,则可避免出现废品。

图 5-2 粗基准选择应使加工余量足够

再如图 5-3 所示车床床身加工中,导轨面是最重要的表面,不仅精度要求高,而且要求导轨面有均匀的金相组织和较高的耐磨性,因此希望加工时导轨面去除余量要小而且均匀。为此,应以导轨面为粗基准,先加工底面,然后再以底面为精基准加工导轨面。这样就可以保证导轨面的加工余量均匀。否则,若违背本条原则必将造成导轨余量的不均匀。

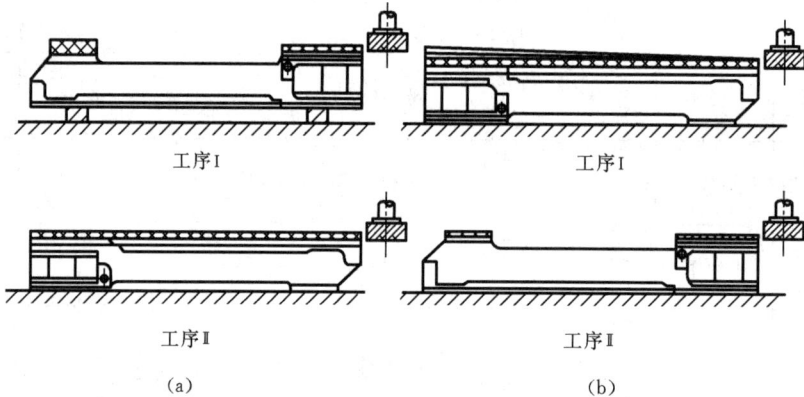

工序Ⅰ　　　　　　　　　工序Ⅰ

工序Ⅱ　　　　　　　　　工序Ⅱ

(a)　　　　　　　　　　　(b)

图 5-3 床身加工中的粗基准选择

(2) 位置关系原则:粗基准的选择应尽量保证最终零件上非加工表面与加工表面之间的相互位置关系要求。当零件上有多个不加工表面时,应选择其中与加工表面有较高位置精度要求的不加工表面为粗基准。

如图 5-4(a)所示的铸件,外圆表面 1 为不加工表面,为保证孔加工后壁厚均匀,应采用外圆表面 1 作为粗基准;再如图 5-4(b)所示的拨杆,虽然不加工面很多,但由于要求 ϕ22H9 孔与 ϕ40 mm 外圆同轴,因此在钻 ϕ22H9 孔时应选择 ϕ40 mm 外圆作为粗基准,利用三爪自定心夹紧机构使 ϕ40 mm 外圆与钻孔中心同轴。

(3) 便于工件装夹的原则:选粗基准时,必须考虑定位准确、夹紧可靠以及夹具结构简单、操作方便等问题。为了保证定位准确、夹紧可靠,要求选用的粗基准尽可能平整、光洁和有足够大的尺寸,不允许有锻造飞边,铸造浇、冒口或其他缺陷。

(4) 粗基准一般不得重复使用的原则:在同一尺寸方向上的粗基准一般不应被重复使用。

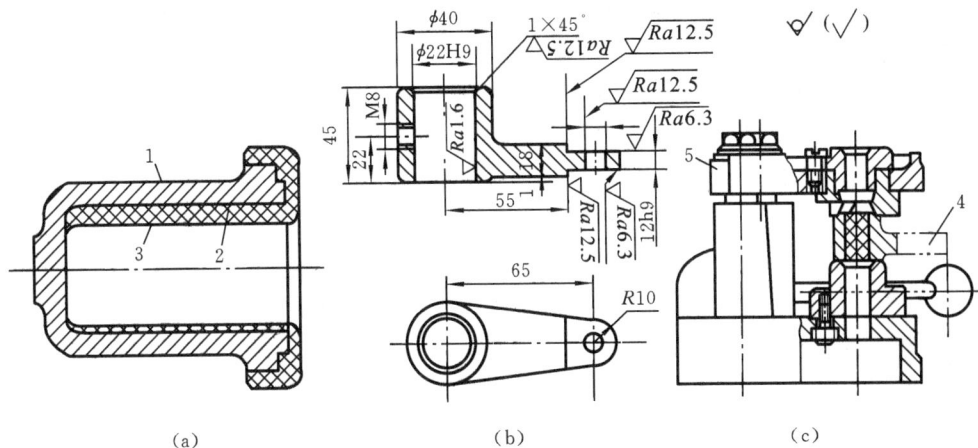

图 5-4　位置要求对粗基准选择的影响

这是因为毛坯的定位面一般都很粗糙,在两次装夹中重复使用同一粗基准,就会造成相当大的定位误差(有时可达几毫米)。

如图 5-5(a)所示的零件,其内孔、端面及 $3 \times \phi 7$ mm 孔都需要加工,如果按图 5-5(b)、(c)

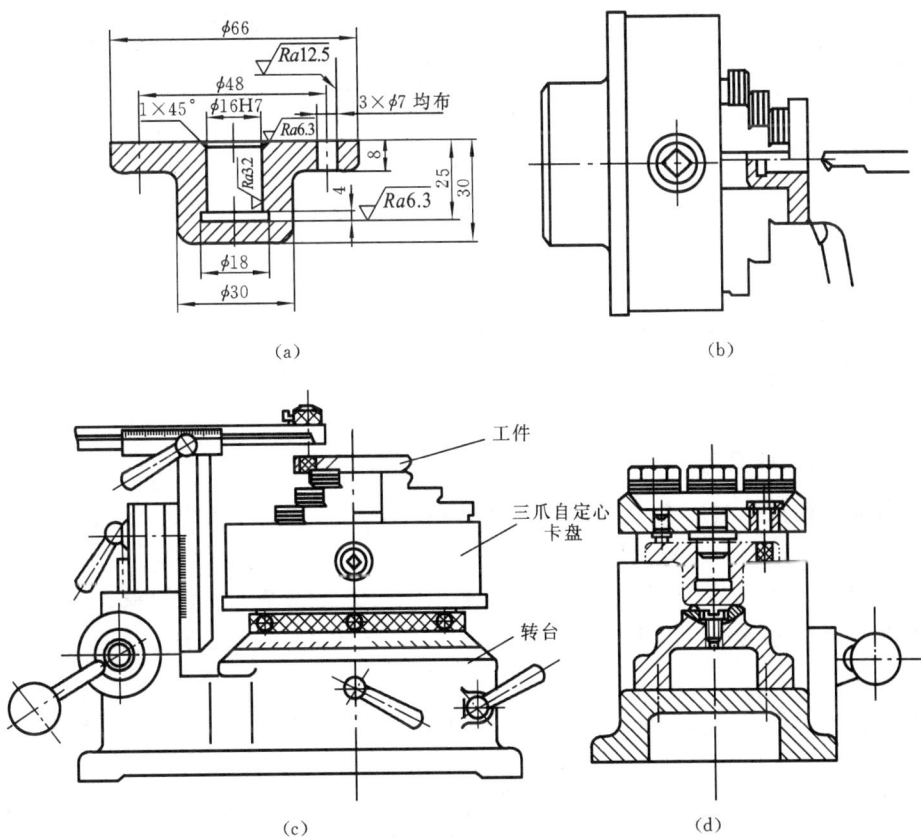

图 5-5　粗基准不重复使用举例

(a) 零件图;(b) 车端面及内孔;(c) 重复使用钻 $3 \times \phi 7$ mm 孔;(d) 精基准定位钻 $3 \times \phi 7$ mm 孔

所示工艺方案,即第一道工序以 $\phi30$ mm 外圆为粗基准车端面、镗孔;第二道工序仍以 $\phi30$ mm 外圆为粗基准钻 $3\times\phi7$ mm 孔,这样就可能使钻出的孔轴线与端面不垂直。如果用图 5-5 (b)、(d)所示工艺方案就可以避免上述问题,其第二道工序是用第一道工序已经加工出来的 内孔和端面作精基准,就较好地解决了图 5-5(b)、(c)所示工艺方案产生的不垂直问题。

一般情况下应遵循粗基准不重复使用原则,但有时也有例外。例如在图 5-6(a)所示的零 件图中,第一道工序加工 $\phi15H7$ 孔和端面时,用法兰台肩面和外形定位,第二道工序钻 $2\times$ $\phi6$ mm 孔时,除了用 $\phi15H7$ 孔和端面作精基准定位外,仍需要用外形粗基准来限制绕 $\phi15H7$ 孔轴线的回转自由度。此时,粗基准的重复使用并不影响两道工序加工面之间的位置精度要 求,这时的粗基准重复使用是允许的。

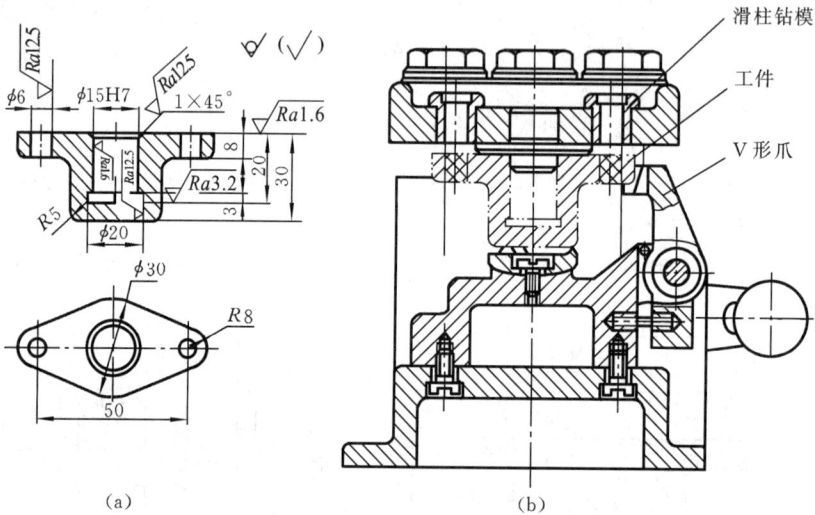

图 5-6　粗基准重复使用举例
(a) 工件简图;(b) 加工简图

上述选择粗基准的四条原则,每一条原则都只说明一个方面的问题。在实际应用中,划线 装夹有时可以兼顾这四条原则,而夹具装夹则不能同时兼顾,这就需要根据具体情况,抓住主 要矛盾,解决主要问题。

2. 精基准的选择原则

选择精基准时要考虑的主要问题是,保证零件设计的位置精度要求以及装夹准确、可靠、 方便。为此,一般应遵循以下原则。

(1) 基准重合原则:定位基准应尽可能与被加工面的工序基准或设计基准重合的工艺原 则。采用基准重合原则就可以避免基准不重合误差的产生,这在工序加工精度要求较高的场 合显得尤为重要。

(2) 基准统一原则:尽量选用一组精基准定位,以此加工工件上大多数(或所有)其他表面 的工艺原则。

工件上往往有许多需要加工的表面,会有多个设计基准。要遵循基准重合原则,就会 有较多定位基准,因而夹具种类较多。为了减少夹具种类,简化夹具结构,可设法在工件上 找到一组基准,或在工件上专门设计一组辅助定位基准,用它们来定位加工工件上多个表 面,这样就可以简化夹具设计,减少工件搬动和翻转的次数,有利于自动化加工的需要。

应当指出,采用基准统一原则时常常会带来基准不重合的问题。在这种情况下,要优先保证加工精度要求,在加工精度能够保证的前提下,一般采用基准统一原则。

(3)互为基准原则:当某些表面位置精度要求很高时,采用互为基准反复加工的一种工艺原则。

如图 5-7 所示,精密齿轮的精加工通常是在齿面淬硬以后再磨齿面及内孔,因齿面淬硬层较薄,磨齿余量应力求小而均匀,所以就必须先以齿面为基准磨内孔,然后再以内孔为基准磨齿面。这样,不但可以做到磨齿余量小而均匀,而且还能保证轮齿基圆对内孔有较高的同轴度。

(4)自为基准原则:当加工面的表面质量要求很高时,为保证加工面有很小且均匀的余量,常用加工面本身作基准进行加工的一种工艺原则。铰孔、拉孔、浮动镗刀镗孔等都是这一原则的体现。

(5)便于装夹原则:所选择的精基准,应能保证定位准确、可靠,夹紧机构简单,操作方便。

3. 辅助基准

有时工件上没有合适的表面用作定位基准,这就需要在工件上专门设置或加工出定位基准,这种基准称为辅助基准。辅助基准在零件的工作中并无用处,它仅仅是为了加工需要而设置的,例如轴类工件加工时用的中心孔,箱体工件加工时用的两个工艺孔,活塞加工时用的止口和下端面就是典型的例子,如图 5-8 所示。

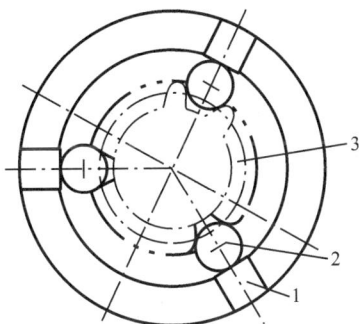

图 5-7 齿轮精加工工艺
1—卡盘;2—滚柱;3—齿轮

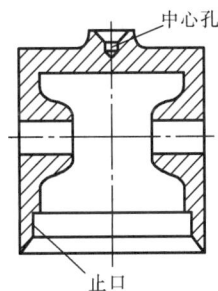

图 5-8 活塞加工用的辅助精基准

5.2.4 工艺路线的拟定

工艺路线拟定是制定机械加工工艺规程的核心工作,其主要任务是确定机械加工路线、热处理工序、检验工序及其他工序的先后顺序。而机械加工路线的确定又是工艺路线拟定工作的核心。工艺路线的最终确定,一般要通过多方案比较,即通过对几条工艺路线的分析和比较,从中选出一条适合本厂生产条件的,能够保证优质、高效和低成本加工的最佳工艺路线。下面就工艺路线安排中的主要问题加以讨论。

1. 各表面加工方法与加工路线的确定

拟定零件机械加工路线时,需要根据零件各个加工表面的设计质量要求,首先确定其最终精加工方法;然后再根据各加工表面的精度要求,确定加工次数和方法。这就可以构成各加工表面的加工路线。

在选择加工方法时,需要综合考虑的问题有:工件的表面特点和结构特点;表面所要求的加工质量;工件的材料及热处理状态;生产类型;生产率和经济性;工厂现有生产条件和技术的发展情况等。

外圆、内孔和平面是构成零件的典型表面,占有构成零件表面的绝大部分。在长期的生产实践中,针对这些表面形成了一些比较成熟的加工方案,熟悉这些表面的加工方案对编制工艺路线有很大指导意义。

表 5-6、表 5-7、表 5-8 分别列出了外圆表面、孔、平面的机械加工路线及其工艺特点。

表 5-6　外圆表面加工路线及其工艺特点

加 工 方 案	经济精度	表面粗糙度 $Ra/\mu m$	工 艺 特 点
粗车	IT11~13	50~100	应用广泛,适用于非淬火工件的加工
└→半精车	IT8~9	3.2~6.3	
└→精车	IT7~8	0.8~1.6	
└→滚压(或抛光)	IT6~7	0.08~0.20	
粗车→半精车→磨削	IT6~7	0.40~0.80	主要用于淬火钢,不适宜加工非铁金属
└→粗磨→精磨	IT5~7	0.10~0.40	
└→超精磨	IT5	0.012~0.10	
粗车→半精车→精车→金刚石车	IT5~6	0.025~0.40	主要用于非铁金属
粗车→半精车→粗磨→精磨→镜面磨	IT5 以上	0.025~0.20	主要用于要求高质量的表面加工
└→精车→精磨→研磨	IT5 以上	0.05~0.10	
└→粗研→抛光	IT5 以上	0.025~0.40	

表 5-7　孔加工路线及其工艺特点

加 工 方 案	经济精度	表面粗糙度 $Ra/\mu m$	工 艺 特 点
钻孔	IT11~13	≥50	用于加工未淬火实心毛坯的小直径孔,加工非铁金属时,表面粗糙度稍大
└→扩孔	IT10~11	25~50	
└→铰孔	IT8~9	1.6~3.2	
└→粗铰→精铰	IT7~8	0.8~1.6	
└→铰孔	IT8~9	1.6~3.2	
└→粗铰→精铰	IT7~8	0.8~1.6	
钻孔→(扩孔)→拉孔	IT7~8	0.80~1.60	适合大批量生产
粗镗(或扩)	IT11~13	25~50	用于非淬火材料(已有毛坯孔)的加工
└→半精镗(或精扩)	IT8~9	1.6~3.2	
└→精镗(或铰)	IT7~8	0.80~1.6	
└→浮动镗	IT6~7	0.20~0.40	
粗镗(或扩)→半精镗→磨	IT7~8	0.20~0.80	主要用于加工淬火钢,不适合非铁金属
└→粗磨→精磨	IT6~7	0.10~0.20	
粗镗→半精镗→精镗→金刚镗	IT6~7	0.05~0.20	用于位置精度要求较高的孔加工
钻孔→(扩)→粗铰→精铰→珩磨(或研磨)	IT6~7	0.01~0.20	用于表面质量要求高的孔加工
└→拉孔→珩磨(或研磨)	IT6~7	0.01~0.20	
粗镗→半精镗→精镗→珩磨(或研磨)	IT6~7	0.01~0.20	

表 5-8 平面加工路线及其工艺特点

加 工 方 案	经济精度	表面粗糙度 Ra/μm	工 艺 特 点
粗车 └→半精车 　　└→精车 　　└→磨	IT11～13 IT8～9 IT7～8 IT6～7	≥50 3.2～6.3 0.80～1.60 0.20～0.80	用于加工工件端平面
粗铣→拉	IT6～9	0.20～0.80	适合小平面大批量生产
粗刨(或粗铣) └→精刨(或精铣) 　　└→刮研	IT11～13 IT7～9 IT5～6	≥50 1.6～6.3 0.10～0.80	适合非淬火平面加工
粗刨(或粗铣)→精刨(或精铣)→磨 　　　　　　　　　└→粗磨→精磨	IT6～7 IT5～6	0.20～0.80 0.025～0.40	用于加工精度要求较高的平面
粗刨(或粗铣)→精刨(或精铣)→宽刀精刨	IT6～7	0.20～0.80	适合较大批量、大平面加工
粗铣→精铣→磨→研磨 　　　　　　└→抛光	IT5～6 IT5 以上	0.025～0.20 0.025～0.10	用于高质量平面加工

2. 加工阶段的划分

零件的加工一般要分阶段进行,不同阶段有不同的任务和目的。零件的加工最多可划分为五个加工阶段:去皮加工阶段,粗加工阶段,半精加工阶段,精加工阶段,光整加工阶段。一般零件的加工常分三个加工阶段:粗加工阶段,半精加工阶段,精加工阶段。有飞边、冒口等多余材料的毛坯可安排去皮加工阶段,表面质量要求较高的需要安排光整加工阶段。

粗加工阶段的主要任务有:切除大部分表面的大部分余量;为后续加工准备定位精基准。粗加工阶段需要解决的主要问题是如何最大限度地提高生产率。半精加工阶段的任务是:完成非重要表面的终加工;为后续加工提供精度更高的定位基准。因此,半精加工阶段需要兼顾生产率和加工精度两方面的问题;精加工阶段就是要完成零件的终加工,保证零件的设计精度要求。因此,加工精度是精加工阶段需要解决的首要问题。

划分加工阶段的理由(原因、必要性)如下。

(1) 易于保证加工质量。

(2) 粗加工切除了工件表面大部分余量,可以及时发现毛坯缺陷,及早采取补救措施或报废,避免不必要的加工浪费。

(3) 可以充分、合理地利用人力和物力资源。

(4) 便于安排热处理工序,使冷热加工配合得更好,保证加工质量。

3. 工序内容的组合

每道工序加工内容的安排,需要综合考虑以下因素:加工精度要求;工件的结构特点;生产类型;生产节拍等。根据工序加工内容安排的多少,工序内容的组合有两种方式:工序集中和工序分散。工序集中是指在每道工序中安排有较多的加工内容,而多刀同时加工的集中称为工艺集中,多刀或多面依次加工的集中称为组织集中;而工序分散则相反。

目前,机械加工的发展方向是工序集中。加工中心的加工就是工序集中的典型例子。工序集中的优、缺点如下所述。

工序集中的优点为：

(1) 可减少装夹次数；

(2) 便于保证各加工表面之间的位置精度；

(3) 便于采用高生产率的机床；

(4) 有利于生产组织和管理；

(5) 减少了机床和工人，占用生产面积小。

工序集中存在的问题为：

(1) 机床结构复杂，降低了机床的可靠性，调整、维护都不方便；

(2) 采用工序集中、多表面同时加工时，切削力和切削热相互影响，对高质量表面加工不利；

(3) 采用工序集中，多刀同时加工时，切削力大，要求工件的刚度要好；

(4) 采用工序集中，多刀同时加工时，有时无法优化切削用量。

4. 机械加工工序及顺序的安排

机械加工工序及顺序安排，一般应遵循下列原则。

(1) 先粗后精原则。在安排工序顺序时，应遵循先粗加工、后精加工的工艺原则。

(2) 先主后次原则：作为零件的重要表面应该先行加工，次要表面穿插加工。

(3) 基准先行原则：用做某个加工面定位基准的表面，应该在该加工面加工之前先行加工。

(4) 先面后孔原则。该原则主要应用于箱体类零件的加工。在加工箱体类零件时，应先加工出一个平面精基准，再以该平面定位，加工箱体其他表面。

5. 其他辅助工序的安排

(1) 热处理工序的安排。热处理的种类繁多，但根据热处理的目的划分不外乎三类：提高机械性能的热处理；改善材料组织和切削加工性能的热处理；消除内应力的热处理。考虑热处理的目的和工艺等的需要，热处理在工艺路线中的安排有所不同。①提高机械性能的热处理，一般安排在半精加工之后精加工之前；②改善材料组织和切削加工性能的热处理，一般安排在毛坯制造之后粗加工之前；③消除内应力的热处理应安排在容易产生内应力的工序之后，如毛坯制造之后、粗加工之后等。实际安排时，还需要兼顾质量、成本和生产率等问题。

(2) 表面处理工序的安排。表面处理的目的主要是表面保护和美观。考虑到其目的、工艺特点和需要，表面处理工序的安排如下：①金属镀层(镀铜、铬、镍、锌、镉)，放在机械加工之后，检验之前；②美观镀层(镀铬等)，一般安排在精加工之后，镀铬后抛光；③非金属镀层(油漆)，放在最后；④表面氧化膜层(钢件发蓝处理、铬合金阳极化处理、镁合金氧化处理等)，一般安排在精加工之后进行。

(3) 检验工序安排。①中间检验：安排在粗加工之后进行；或转出车间前，关键工序之前和之后进行。②总检验(最终检验)：零件加工完成后进行。③特种检验：检查工件材料内部质量(如毛坯超声波探伤)，安排在工艺过程的开始，粗加工之前。④工件表面质量检验(如磁粉探伤、荧光检验)：要放在所要求表面的精加工之后。⑤动、静平衡试验、密封性试验：根据加工过程的需要进行安排。⑥质量检验：安排在工艺过程最后进行。

(4) 其他工序。①去毛刺工序:根据生产节拍需要,在工序加工间隙安排,或单独安排去毛刺工序,但需要安排在毛刺面使用之前(如定位、检验、装配等之前)。②油封工序:入库前或两道工序之间间隔时间较长时安排。③清洗工序:检验、装配之前和抛光、磁粉探伤、荧光检验、研磨等工序之后均要安排清洗工序。

5.2.5　加工余量和工序尺寸的确定

1. 加工余量的确定

1) 加工余量的概念

机械加工时,为保证零件加工质量,从某一表面上所切除的金属层厚度称为加工余量。它有总余量和工序余量之分。某一表面从毛坯到最后成品所切除的金属厚度称为总余量,它等于毛坯尺寸与零件设计尺寸之差。在一道工序中从某一表面上所切除的金属层厚度称为工序余量,它等于相邻两道工序的工序尺寸之差,如图 5-9 所示。

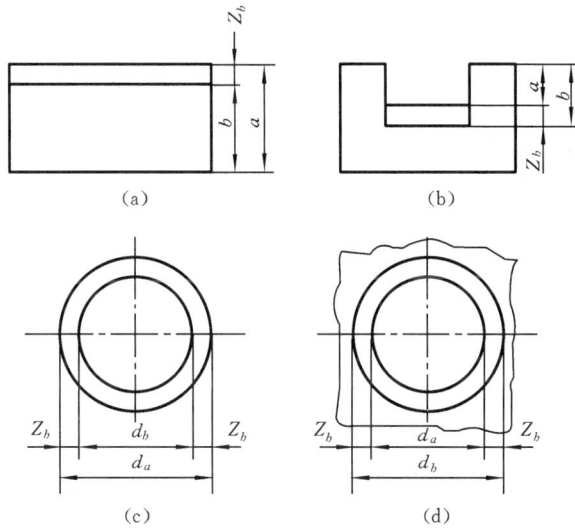

图 5-9　加工余量

工序余量又有单边余量和双边余量之分。对于平面等非对称表面,其加工余量一般为单边余量。

对于外表面(见图 5-9(a)):

$$Z_b = a - b$$

对于内表面(见图 5-9(b)):

$$Z_b = b - a$$

式中:Z_b——本工序的工序余量;

　　b——本工序的基本尺寸;

　　a——上道工序的基本尺寸。

内、外圆柱面等回转体表面的加工余量为双边余量。

对于外圆面(见图 5-9(c)):

$$2Z_b = d_a - d_b$$

对于内圆面(见图 5-9(d)):

$$2Z_b = d_b - d_a$$

式中:$2Z_b$——直径上的加工余量;

　　　d_b——本工序加工表面的直径;

　　　d_a——上道工序加工表面的直径。

总加工余量与工序余量的关系为

$$Z_0 = \sum_{i=1}^{n} Z_i$$

式中:Z_0——总加工余量;

　　　Z_i——第 i 道工序的工序余量;

　　　n——工序数量。

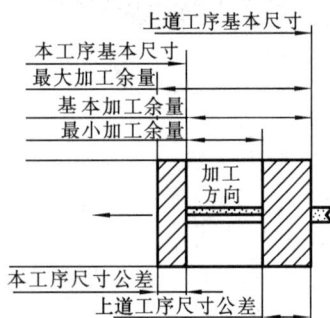

图 5-10　加工余量及其公差

由于工序尺寸在加工时有偏差,实际切除的余量值也必然是变化的,故加工余量有基本(或公称)加工余量 Z、最大加工余量 Z_{max} 和最小加工余量 Z_{min} 之分。对于图 5-10 所示的被包容面:

$$Z = L_a - L_b$$
$$Z_{min} = L_{amin} - L_{bmax}$$
$$Z_{max} = L_{amax} - L_{bmin}$$

式中:L_a——上道工序基本尺寸;

　　　L_b——本工序基本尺寸;

　　　L_{amax}、L_{amin}——上道工序最大、最小尺寸;

　　　L_{bmax}、L_{bmin}——本工序最大、最小尺寸。

公称余量的变化范围(余量公差)T_z 等于本工序尺寸公差 T_b 与上道工序尺寸公差 T_a 之和,即

$$T_z = Z_{max} - Z_{min} = T_b + T_a$$

工序尺寸极限偏差一般按"入体原则"标注。对被包容面,如轴,上偏差为零,基本尺寸即最大极限尺寸;对包容面,如孔,下偏差为零,基本尺寸则是最小极限尺寸,如图 5-11 所示。毛坯尺寸两极限偏差一般采用双向标注。计算总余量只计算毛坯入体部分余量。但在第一道工序计算背吃刀量 a_p 时,必须考虑毛坯出体部分偏差,否则影响粗加工的走刀次数的安排,此时就要用最大加工余量。

2)影响加工余量的因素

加工余量大小的合理确定很重要。余量过大,会增加加工工时以及材料、工具和电力的消耗;余量过小,则不能完全切除上道工序留下的各种表面缺陷和误差,甚至造成废品。确定加工余量的基本原则是:在保证加工质量的前提下越小越好。影响最小加工余量的因素有如下几项。

(1)上道工序留下的表面粗糙度 R_z(表面轮廓最大高度)和表面缺陷层 H_a。在本工序加工时要去除这部分厚度。

(2)上道工序的尺寸公差 T_a。本工序加工余量在不考虑其他误差的存在时,应不小于 T_a。

(3)上道工序留下的需要单独考虑的空间误差 ρ_a。ρ_a 是指工件上有些不包括在尺寸极限

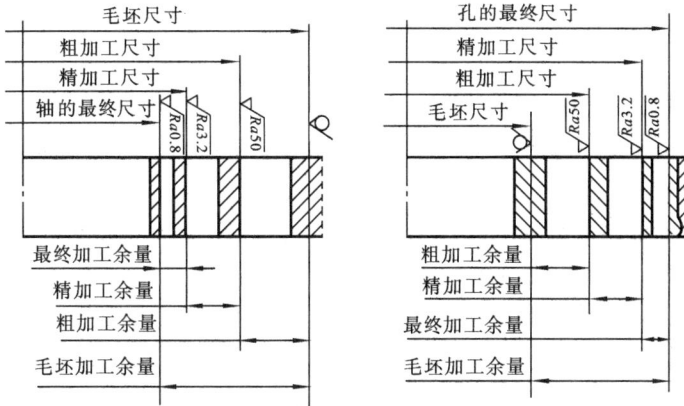

图 5-11 加工余量和工序尺寸分布

偏差范围内的形位误差,如图 5-12 所示的轴。由于上道工序轴线有直线度误差 δ,本工序加工余量需增加 2δ 才能保证该轴在加工后无弯曲。

(4) 本工序的安装误差 ε_b。安装误差包括定位误差和夹紧误差。如图 5-13 所示,用三爪卡盘夹持工件外圆磨内孔时,由于三爪卡盘本身定位不准确,使工件中心和机床主轴回转中心偏移了一个 e 值,为了加工出内孔就需使磨削余量增大 $2e$ 值。

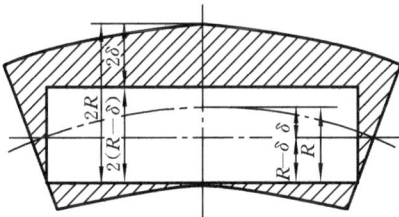

图 5-12 空间误差对加工余量的影响

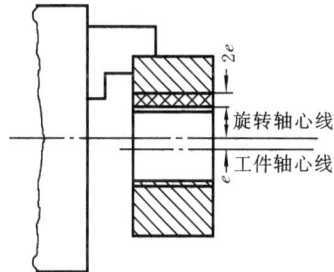

图 5-13 安装误差对加工余量的影响

由于空间误差和安装误差在空间具有方向性,因此它们的合成应为向量和。

综上所述,加工余量的计算公式为

对于单边余量
$$Z_{\min} = T_a + R_z + H_a + |\vec{\rho_a} + \vec{\varepsilon_b}|$$

对于双边余量
$$Z_{\min} = T_a/2 + R_z + H_a + |\vec{\rho_a} + \vec{\varepsilon_b}|$$

以上是两个基本计算式,在应用时需根据具体情况进行修正。

3) 确定加工余量的方法

(1) 计算法。该方法能确定比较科学合理的加工余量,但必须有可靠的试验数据资料。目前应用很少,有时在大批量生产中的重要工序中应用。

(2) 经验估计法。加工余量是由一些有经验的工程技术人员或工人根据经验确定的。为了防止工序余量不够而产生废品,所估余量一般偏大,此法只用于单件小批生产。

(3) 查表法。此法以在生产实际情况和试验研究积累的有关加工余量的数据资料的基础上制定的各种表格为依据,再结合实际情况加以修正。此法简便,比较接近实际,在生产中应用最广。

2. 工序尺寸的确定

在机械加工中,每道工序应保证的尺寸称为工序尺寸,其允许的变动量即为工序尺寸公差。工序尺寸往往不能直接采用零件图上的尺寸,而需要另行计算。计算工序尺寸及其变动量是制订工艺规程的重要工作之一,通常有以下两种情况。

(1) 基准不重合或多次转换情况下的尺寸换算。这种计算需要运用尺寸链原理,所以将在5.2.6节"工艺尺寸链及其应用"中专门讨论。

(2) 工序基准与设计基准重合情况下所形成的工序尺寸(简单工序尺寸)的计算。对于简单的工序尺寸,只需根据工序的加工余量就可以算出各工序的基本尺寸,其计算顺序是由最后一道工序开始向前推算。各中间工序尺寸的尺寸精度按加工方法的经济精度确定,并按"入体原则"标注其两极限偏差;最后一道工序的工序尺寸及偏差按图样标注。

例 5-1 某零件孔的设计尺寸为 $\phi 98_0^{+0.035}$ mm,表面粗糙度 Ra 为 0.8 μm,孔长度为 45 mm,毛坯为铸件,在成批生产条件下,其加工工艺过程为:粗镗—半精镗—精镗—浮动镗。试计算各工序尺寸及极限偏差。

解 (1) 查有关机械加工手册得各工序余量和所能达到的经济精度及其数值分别为:

$Z_{浮动镗}=0.25$ mm, $Z_{精镗}=1$ mm, $Z_{半精镗}=1.4$ mm, $Z_{毛坯}=6$ mm, $T_{毛坯}=\pm 1.2$ mm;

粗镗(IT13): $T_{粗镗}=0.54$ mm, $Ra=5$ μm;

半精镗(IT10): $T_{半精镗}=0.14$ mm, $Ra=3.2$ μm;

精镗(IT8): $T_{精镗}=0.054$ mm, $Ra=1.6$ μm;

浮动镗(IT7): $T_{浮动镗}=0.035$ mm, $Ra=0.8$ μm。

(2) 具体计算过程如下。

$$Z_{粗镗}=Z_{毛坯}-\sum Z_{工序}=(6-0.25-1-1.4)\ mm=3.35\ mm$$

(3) 作孔加工余量和工序尺寸分布图(见图5-14),将上述数据填入。

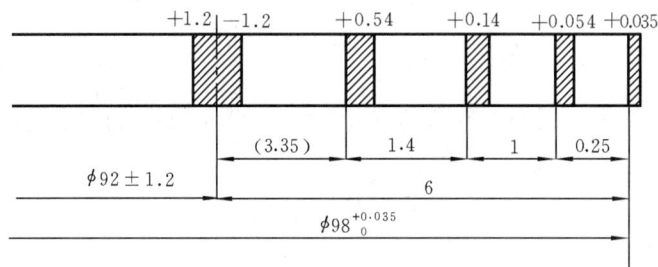

图 5-14　孔加工余量和工序尺寸分布图

(4) 从最后一道工序向前推算,求出各工序尺寸和极限偏差(单位:mm):浮动镗 $\phi 98_0^{+0.035}$,精镗 $\phi(98-0.25)_0^{+0.054}=\phi 97.75_0^{+0.054}$,半精镗 $\phi(97.75-1)_0^{+0.14}=\phi 96.75_0^{+0.14}$,粗镗 $\phi(96.75-1.4)_0^{+0.54}=\phi 95.35_0^{+0.54}$,毛坯 $\phi(98-6)\pm 1.2=\phi 92\pm 1.2$。

5.2.6　工艺尺寸链及其应用

尺寸链原理是分析和计算工序尺寸的有效工具,在制订机械制造工艺过程中有着非常重要的作用。

1. 尺寸链的基本概念

1) 尺寸链的定义和特征

在零件的加工或机器的装配过程中,经常能遇到一些互相联系的尺寸组合。如图5-15所示套筒零件,A_0、A_1 为零件图上已标注的尺寸。加工时,尺寸 A_0 不便直接测量,但可以通过直接控制 A_2 的大小来间接保证 A_0 的要求。于是这三个有关尺寸 $A_0 - A_1 - A_2$ 构成了一个封闭的尺寸组合。又如图 5-16 所示的孔与轴的装配图。装配要求 A_0 时通过控制 A_1、A_2 间接保证,三者也构成一个封闭组合。这种由一组互相联系的尺寸按一定顺序首尾相接排列成的封闭图形,称为尺寸链。其中,由单个零件在工艺过程中的有关尺寸所组成的尺寸链称为工艺尺寸链(见图 5-15),在机器的装配的过程中,由有关的零(部)件上的有关尺寸所组成的尺寸链,称为装配尺寸链(见图 5-16)。

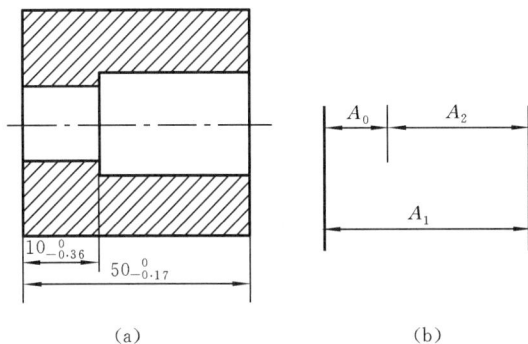

图 5-15 套筒零件工艺尺寸链   图 5-16 装配尺寸链

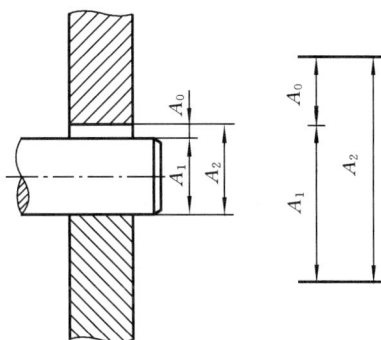

由尺寸链定义可知,尺寸链有以下两个特征。

(1) 封闭性。尺寸链必须是一组有关尺寸首尾相接构成的尺寸封闭图形。其中应包含一个间接保证的尺寸和若干个对此有影响的直接保证的尺寸。

(2) 联系性。尺寸链中间接保证的尺寸的大小和精度,是受这些直接保证尺寸的精度所支配的,彼此间具有特定的函数关系,即 $A_0 = f(A_1, A_2)$,并且间接保证尺寸的精度必然低于直接保证尺寸的精度。

2) 尺寸链的组成和尺寸链图的作法

尺寸链中各尺寸称为环。根据环的性质,这些环可分为以下两种。

(1) 封闭环。尺寸链中间接保证的尺寸称为封闭环,用 A_0 表示。图 5-15 和图 5-16 中的 A_0 尺寸即为封闭环。

(2) 组成环。尺寸链中除封闭环以外的其他环均为组成环。按它们对封闭环的影响不同又分成以下两类。

① 增环:该环的变动(增大或减小)引起封闭环同向变动(增大或减小)的环,用 A_p 表示。如图 5-15 中的 A_1 和图 5-16 中的 A_2 为增环。

② 减环:该环的变动(增大或减小)引起封闭环反向变动(减小或增大)的环,用 A_q 表示。如图 5-15 中的 A_2 和图 5-16 中的 A_1 为减环。

对于环数较少的尺寸链,可以用增减环的定义来判别组成环的增减性质,但对环数较多的尺寸链,用定义来判别增减环就很费时且易弄错。为了能迅速、准确地判别增减环,可在绘制完尺寸链图后,在封闭环字母上方画一单向箭头,再按此方向依据尺寸链的走向在其余各环字母上方也画一单向箭头(见图 5-17),凡是箭头方向与封闭环箭头方向相反者为增环,相同者为减环。图 5-17 中,A_0 为封闭环,A_2、A_3 为增环,A_1 为减环。

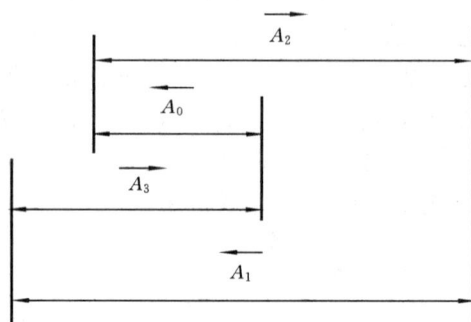

图 5-17 尺寸链增减环判别

绘制尺寸链图对于正确进行尺寸链计算相当重要。现以图 5-15 为例说明尺寸链图的具体作法。图 5-15(a)中所示的轴向尺寸为设计尺寸,对于大孔深度没有明确的精度要求,只要上述两个尺寸加工合格即可。但在实际加工中,往往先加工外圆、车端面,再钻孔、镗孔、切断,然后调头装夹,车另一端面,保证全长要求。由于尺寸 10 的测量比较困难,所以总是用深度游标卡尺直接测量大孔深度。这样,$10_{-0.36}^{0}$ 就是间接保证的尺寸,即为工艺尺寸链的封闭环 A_0。

由此例可将工艺尺寸链图的作法归纳为如下几步。

(1) 根据工艺过程或加工方法,找出间接保证的尺寸作为封闭环。

(2) 从封闭环两端开始,按照零件上表面之间的联系,依次画出有关的直接获得的尺寸(即组成环),形成一个封闭图形。应当指出,必须使组成环环数达到最少。

(3) 按照各尺寸首尾相接的原则,顺着一个方向在各尺寸线符号上方画箭头。凡是箭头方向与封闭环箭头方向相同的尺寸均为减环;反之均为增环。

这里还应注意以下三点。

(1) 工艺尺寸链的构成完全取决于工艺方案和具体的加工方法。

(2) 封闭环的确定对尺寸链计算至关重要。封闭环确定错了,将前功尽弃。

(3) 一个尺寸链只能解一个封闭环或一个组成环。

3) 尺寸链的分类

尺寸链按其功能不外乎有两大类,即工艺尺寸链和装配尺寸链。而按尺寸链中各环的几何特征和所处的空间位置可分为四种形式:直线尺寸链、角度尺寸链、平面尺寸链和空间尺寸链。

(1) 直线尺寸链:各环都位于同一平面的若干平行线上,如图 5-15、图 5-16 所示的尺寸链。这种尺寸链在机械制造中用得最多,是尺寸链最基本的形式。

(2) 角度尺寸链:各环均为角度尺寸的尺寸链,如图 5-18 所示。由平行度、垂直度等位置关系构成的尺寸链也是角度尺寸链。角度尺寸链的表达形式和计算方法均与直线尺寸链相同。

（3）平面尺寸链：平面尺寸链由直线尺寸和角度尺寸组成，且各尺寸均处于同一或彼此相互平行的平面内。如图 5-19 所示的尺寸链即为平面尺寸链。在该尺寸链中，参与组成的尺寸不仅有直线尺寸（X、Y_1、Y_2、L_0），还有角度尺寸（α_0 以及各坐标尺寸之间的夹角）。

（4）空间尺寸链：指组成环位于几个不平行平面内的尺寸链。

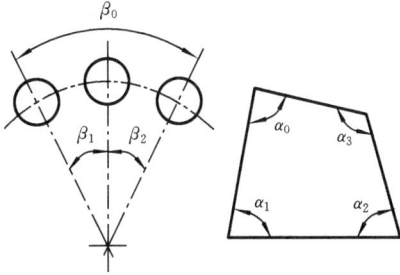

图 5-18　角度尺寸链　　　　　　　　　　　　图 5-19　平面尺寸链

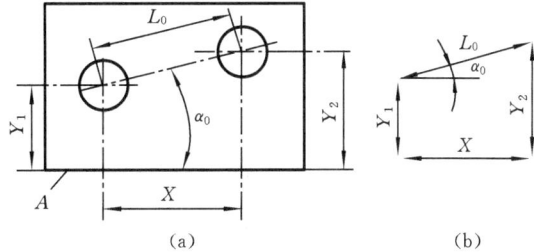

2. 尺寸链的基本计算公式

1）尺寸链的计算方法

尺寸链的计算方法有极值法（极大极小法）和概率法两种。用极值法解尺寸链是按各组成环均处于极值条件下去分析计算封闭环与组成环之间的关系。概率法是以概率论理论为基础来解算尺寸链，该方法将在本书第 6 章中讲述。

2）尺寸链的计算形式

（1）正计算：已知各组成环尺寸及其极限偏差，求解封闭环的尺寸及其极限偏差。这种情况主要用于验算，而并非真正意义上的尺寸链计算。

（2）反计算：已知封闭环的尺寸及其极限偏差，求解各组成环的尺寸和极限偏差。这种情况计算麻烦，需要做大量的试凑工作，且答案并不唯一。

（3）中间计算：已知封闭环的尺寸及极限偏差和部分组成环的尺寸及极限偏差，求解某一组成环的尺寸和极限偏差。这种情况是反计算的特例，它可使试凑工作大大简化。此种方法广泛应用于各种尺寸链计算。

3）尺寸链的基本计算公式（极值法）

一个具有 m 个增环的 n 环尺寸链可以用图 5-20 所示的尺寸链图来表示。根据尺寸链的联系性，可以写出尺寸链的基本计算公式。

（1）封闭环的基本尺寸。根据尺寸链的封闭性，封闭环的基本尺寸等于所有增环基本尺寸之和减去所有减环基本尺寸之和，即

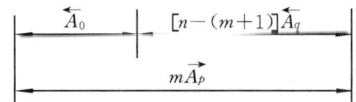

图 5-20　n 环尺寸链

$$A_0 = \sum_{p=1}^{m} A_p - \sum_{q=m+1}^{n-1} A_q \tag{5-1}$$

（2）封闭环的极限尺寸。根据增、减环的定义，如果组成环中的增环均为最大极限尺寸，减环均为最小极限尺寸，则封闭环的尺寸必然是最大极限尺寸，即

$$A_{0\max} = \sum_{p=1}^{m} A_{p\max} - \sum_{q=m+1}^{n-1} A_{q\min} \tag{5-2a}$$

同理

$$A_{0\min} = \sum_{p=1}^{m} A_{p\min} - \sum_{q=m+1}^{n-1} A_{q\max} \qquad (5\text{-}2b)$$

即封闭环的最大极限尺寸等于所有增环最大极限尺寸之和减去所有减环最小极限尺寸之和，封闭环最小极限尺寸等于所有增环最小极限尺寸之和减去所有减环最大极限尺寸之和。

（3）封闭环的上、下偏差。根据上、下偏差的定义，利用式(5-2a)、式(5-2b)可推导出

$$ESA_0 = \sum_{p=1}^{m} ESA_p - \sum_{q=m+1}^{n-1} EIA_q \qquad (5\text{-}3a)$$

$$EIA_0 = \sum_{p=1}^{m} EIA_p - \sum_{q=m+1}^{n-1} ESA_q \qquad (5\text{-}3b)$$

式中：ESA_p、EIA_p——增环的上、下偏差；

ESA_q、EIA_q——减环的上、下偏差。

（4）封闭环的公差。用式(5-2a)减去式(5-2b)，或用式(5-3a)减去式(5-3b)，可得

$$A_{0\max} - A_{0\min} = \left(\sum_{p=1}^{m} A_{p\max} - \sum_{p=1}^{m} A_{p\min} \right) + \left(\sum_{q=m+1}^{n-1} A_{q\max} - \sum_{q=m+1}^{n-1} A_{q\min} \right)$$

即

$$TA_0 = \sum_{p=1}^{m} TA_p + \sum_{q=m+1}^{n-1} TA_q = \sum_{i=1}^{n-1} TA_i \qquad (5\text{-}4)$$

式中：TA_0——封闭环公差；

TA_p、TA_q——增、减环公差；

TA_i——组成环公差。

由式(5-4)可知，封闭环公差等于所有组成环公差之和。式(5-4)是用极值法计算尺寸链时所用的基本公式。

在尺寸链的反计算法中，会遇到如何将封闭环的公差值合理地分配给各组成环的问题。解决这类问题的方法有以下三种。

① "等公差"原则：将封闭环公差平均分配给各组成环，即

$$TA_i = \frac{TA_0}{n-1} \qquad (5\text{-}5)$$

② "等公差等级"原则：各组成环的公差根据其基本尺寸的大小按比例分配，或是按照公差表中的尺寸分段及所选定的公差等级确定组成环公差，并使各组成环的公差满足下列条件：

$$\sum_{i=1}^{n-1} TA_i \leqslant TA_0$$

然后再作适当调整。从工艺上讲这种方法比较合理。

③ "复合"原则：先按等公差原则进行分配，然后再视具体情况，如加工难易、尺寸大小等进行调整。

3. 工艺尺寸链的应用

1）测量基准与设计基准不重合时工序尺寸的确定

例 5-2　如图 5-15(a)所示套类零件。设其余表面均已加工好，本道工序镗大孔时，要求保证设计尺寸 $10_{-0.36}^{\ 0}$。加工时因该尺寸不便直接测量，要通过直接测量孔深尺寸 A_2 间接保证。试求工序尺寸 A_2 及其极限偏差。

解　（1）分析建立尺寸链。由题意知,封闭环 $A_0 = 10_{-0.36}^{\ 0}$ mm,尺寸链图如图 5-15(b)所示,其中 $A_1 = 50_{-0.17}^{\ 0}$ 是增环,A_2 是减环。

（2）代入尺寸链计算公式求 A_2。由 $A_0 = A_1 - A_2$,得

$$A_2 = A_1 - A_0 = (50 - 10)\text{mm} = 40\ \text{mm}$$

由 $ESA_0 = ESA_1 - EIA_2$,得

$$EIA_2 = 0\ \text{mm}$$

同理得出

$$ESA_2 = +0.19\ \text{mm}$$

所以

$$A_2 = 40_{\ \ 0}^{+0.19}\ \text{mm}$$

（3）"假废品"分析。计算结果说明,只要加工中控制大孔深度在 $40 \sim 40.19$ mm 范围内,该零件就是合格品。但在加工中经测量发现有些零件的 A_2 不在此范围内,如 $A_2 = 40.36$ mm 和 $A_2 = 39.83$ mm,这些零件是否合格? 对此问题,可用图 5-21 所示的公差带图解法来分析。

由图 5-21 可知,上述那些工序上认为不合格的零件,仍有可能是合格品。故将图中的Ⅰ区称为合格品区(安全区),Ⅱ区称为"假废品"区(是非区),而Ⅱ区两边的区域一定是废品区(禁区)。此例说明,当测量基准与设计基准不重合而进行工序尺寸换算

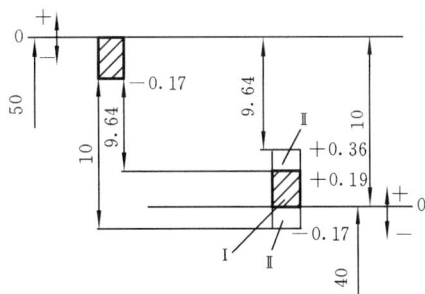

图 5-21　公差带图解

时,确实存在工序尺寸超差而零件仍然合格的假废品区。凡是工序尺寸落在该区中的零件,都要进行复检。只要工序尺寸的超差量不大于其余组成环的公差之和,则有可能是假废品。

2）定位基准与设计基准不重合时的工序尺寸计算

例 5-3　如图 5-22 所示箱体零件,已知表面 A、B、C 均已加工好。本道工序镗孔时,以 A 面为定位基准,并按工序尺寸 L_3 进行加工。显然,孔的设计基准 C 面与定位表面 A 不重合。为保证孔中心到 C 面的距离满足图纸规定的要求,试求 L_3。

解　（1）画工艺尺寸链图,如图 5-22(b)所示。其中 L_0 为封闭环,L_3、L_2 为增环,L_1 为减环。

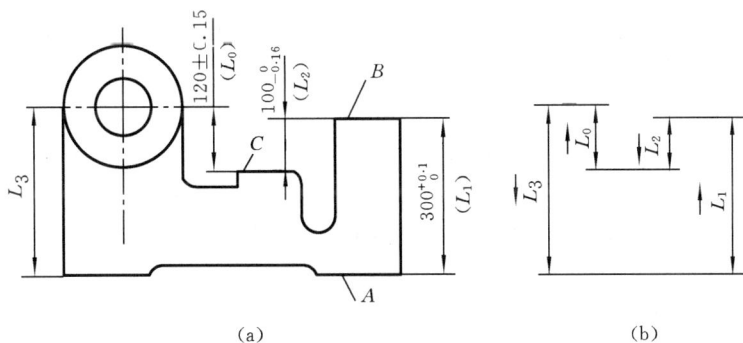

(a)　　　　　　　　　　　　(b)

图 5-22　箱体零件工艺尺寸链

（2）代入尺寸链计算公式求 L_3。因为 $L_0 = L_3 + L_2 - L_1$，所以

$$L_3 = (300 + 120 - 100) \text{ mm} = 320 \text{ mm}$$

又因为 $ESL_0 = ESL_3 + ESL_2 - EIL_1$，所以

$$ESL_3 = (0.15 + 0 - 0) \text{ mm} = +0.15 \text{ mm}$$

同理有

$$EIL_3 = +0.11 \text{ mm}$$

即

$$L_3 = 320_{+0.11}^{+0.15} \text{ mm}$$

试想，若直接用设计基准 C 面定位镗孔，L_3 的大小对零件加工会产生什么影响？

3）多尺寸同时保证时工艺尺寸链计算

在零件的加工中，有些加工表面的工序基准是一些有待继续加工的表面。当加工这些基面时，不仅要保证该加工表面的一些精度要求，同时还要保证对原加工表面的要求，即一次加工后要同时保证两个尺寸的要求。因此需要进行工艺尺寸换算。

例 5-4　图 5-23 所示为一具有键槽的内孔简图，其设计要求已在图中标出。内孔及键槽的加工顺序为：① 镗孔至 $\phi 39.6_{0}^{+0.1}$ mm；② 插键槽至尺寸 A；③ 热处理；④ 磨内孔至 $\phi 40_{0}^{+0.05}$ mm，同时保证键槽深度 $46_{0}^{+0.3}$ mm。

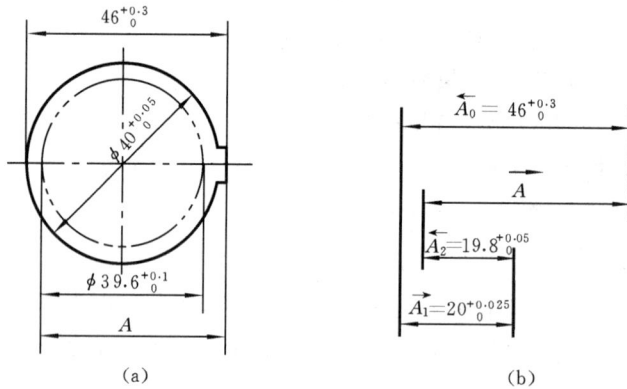

图 5-23　键槽内孔简图

解　（1）画尺寸链图（见图 5-23(b)），其中 $A_0 = 46_{0}^{+0.3}$ 是封闭环；插键槽尺寸 A 和磨孔后的半径尺寸 $A_1 = 20_{0}^{+0.025}$ 是增环；而镗孔后的半径尺寸 $A_2 = 19.8_{0}^{+0.05}$ 是减环。

（2）代入尺寸链计算公式（式(5-1)、式(5-2)）得

$$A = (46 - 20 + 19.8) \text{ mm} = 45.8 \text{ mm}$$

$$ESA = (0.3 - 0.025 + 0) \text{ mm} = +0.275 \text{ mm}, \quad EIA = +0.05 \text{ mm}$$

所以

$$A = 45.8_{+0.05}^{+0.275} \text{ mm}$$

按"入体"原则标注尺寸，并对第三位小数四舍五入，可得工序尺寸及极限偏差为

$$A = 45.85_{0}^{+0.23} \text{ mm}$$

4）表面处理工序的工艺尺寸链计算

表面处理是指表面渗碳、渗氮等渗入类以及镀铬、镀锌等镀层类的处理。渗入类表面处理工序要求在精加工前渗入一定厚度的材料，在加工后能获得图样规定的渗入层厚度。显然，设

计要求的渗入层厚度是最后自然形成的,即为封闭环。镀层类表面处理通常是通过控制电镀工艺条件来保证镀层厚度的,且镀层后一般不再进行加工,故工件电镀后形成的尺寸则是封闭环。

例 5-5 图 5-24(a)所示的偏心轴,表面 P 要求渗碳处理,渗碳层深度为 $0.5\sim0.8$ mm,为了保证对该表面提出的加工要求,其工艺路线安排如下:①半精车 P 面,保证直径 $\phi 38.4_{-0.1}^{0}$ mm;②渗碳处理,控制渗碳层深度;③精磨 P 面,保证直径 $\phi 38_{-0.016}^{0}$ mm,同时保证渗碳层深度为 $0.5\sim0.8$ mm。问:渗碳处理时渗碳层的深度应控制在多大的范围内?

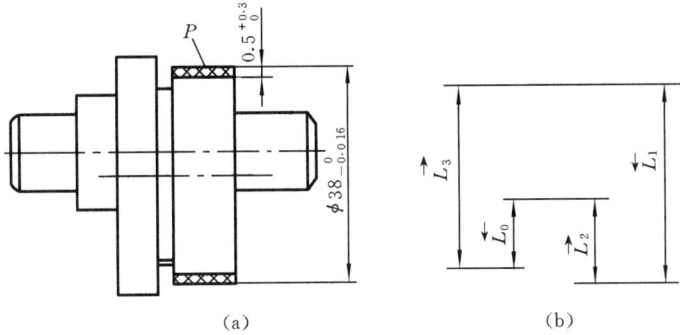

图 5-24 渗碳层工艺尺寸链

解 (1)画尺寸链图,如图 5-24 所示。其中 L_0 代表磨后的渗碳层深度 $0.5\sim0.8$ mm,是封闭环,$L_1=19.2_{-0.05}^{0}$ mm 是减环,$L_3=19_{-0.008}^{0}$ mm 和 L_2 是增环。

(2)由尺寸链计算公式(式(5-1)和式(5-2))可得

$$L_2 = 0.7_{+0.008}^{+0.25} \text{ mm}$$

即渗碳处理时渗碳层的深度应控制在 $0.708\sim0.95$ mm。

*5)图解跟踪法解工艺尺寸链

前面讨论的几个例子,其尺寸链的建立与求解都比较简单。当零件在某一尺寸方向上的加工尺寸较多,加工中又需多次转换工艺基准时,各个工序尺寸之间的关系就变得很复杂。于是就暴露出以下两个突出问题:

① 需要建立工艺尺寸链的环数增多,查找组成环较麻烦;

② 工序余量不宜再靠查表法确定,因为工序余量的变化与若干个工序尺寸的极限偏差有关,这将使得加工中会出现加工余量不够或过大的现象。

对此可以用前面讲过的方法逐个建立尺寸链予以求解,但易遗漏和出错。若用图解跟踪法,可以把工艺过程和各工序尺寸的获得用图直观清晰地表达出来,不但可准确地查找出全部工艺尺寸链,而且使得工艺尺寸链的查找及其解算十分清晰。现举例说明。

例 5-6 如图 5-25 所示套筒零件,其轴向有关表面的加工过程如下。①以 A 面定位,粗车 D 面,保证 A、D 面距离尺寸 L_1;钻通孔。②以 D 面定位粗车 A 面,保证 A、D 面距离尺寸 L_2;又以 A 面为测量基准,粗车 C 面,保证 C、A 面距离尺寸 L_3。③以 A 面定位,粗、精车 B 面,保证 A、B 面距离尺寸 L_4;精车 D 面,以 B 面为测量基准,保证 B、D 面距离尺寸 L_5。④以 B 面定位,精车 A 面,保证 A、B 面距离尺寸 L_6;以 A 面为测量基准,精车 C 面,保证设计尺寸 $27_{0}^{+0.14}$ mm。⑤用靠火花磨削法磨 B 面,控制磨削余量 Z_8,加工完毕。

试求工序尺寸 $L_1\sim L_6$ 及下料尺寸 L_b。

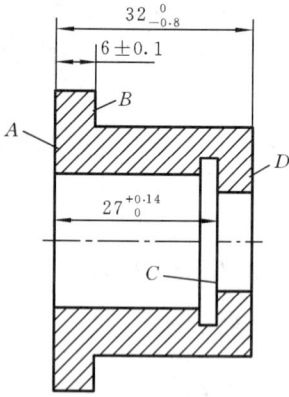

图 5-25　套筒零件图

解　(1) 设计计算图表(见表 5-9)。

计算图表分左右两部分:左半部分以图的形式直观而形象地反映了加工过程中各加工尺寸的真实变化情况以及各工序尺寸间的联系,称为工艺过程尺寸联系图;右半部分列出有关计算项目,使得计算内容表格化。

(2) 工艺过程尺寸联系图的绘制。

① 按适当比例在图表左上方绘制零件简图,标出各加工表面的符号。为计算方便起见,将与计算有关的设计尺寸改成双向对称偏差标在图上。

② 在表的第 1、2 列中,填写好加工工序顺序及其加工内容。

③ 由各加工表面 A、B、C、D 向下引竖线,根据工序顺序用规定的符号依次将各工序中获得的加工尺寸在图上标出。若是设计尺寸,则在尺寸符号上加一方框。凡在加工中间接获得的设计尺寸,标在结果尺寸栏内(见表 5-9 中的 N_1、N_2)。

表 5-9　工艺尺寸链的追踪图表

工序号	工序名称	计算项目					
		工序尺寸公差		余量公差	最小余量	平均余量	平均尺寸	改注极限尺寸及单向偏差
		初拟	修正后					
		$\pm\frac{1}{2}T_i$	$\pm\frac{1}{2}T_{zi}$	$Z_{\min}$	Z_{iM}	L_{iM}	L_i
1	下料	±0.6					35.68	$36.3_{-1.2}^{\ 0}$
2	粗车	±0.3		±0.9	0.6	1.6	34.08	$34.4_{-0.6}^{\ 0}$
3	粗车	±0.2		±0.5	0.6	1.1	32.98	$33.2_{-0.4}^{\ 0}$
		±0.2					26.8	$26.6_{\ 0}^{+0.4}$
4	粗及精车	±0.1					6.58	$6.68_{-0.2}^{\ 0}$
		±0.15		±0.45	0.3	0.75	25.65	$25.8_{-0.3}^{\ 0}$
5	精车	±0.1		±0.18	0.3		6.1	$6.18_{-0.16}^{\ 0}$
		±0.07	±0.08	±0.45	0.3		27.07	$27_{\ 0}^{+0.14}$
6	靠磨	±0.02						
		±0.1					6	
		±0.25					31.75	

符 号 说 明

测量基准	工序尺寸	加工表面	结果尺寸	余量

绘制尺寸联系图时应特别注意以下几点:严格按加工先后顺序依次标注加工尺寸,不能颠倒;加工尺寸不能遗漏或多余(记住:每加工一个表面,只能标注一个加工尺寸);加工尺寸箭头一定指向加工表面;加工余量按"入体"的位置标注,被余量隔开的上方竖线为加工前的待加工面。

(3)工艺尺寸链查找。

图解跟踪法建立尺寸链的口诀是:"从封闭环两端出发自下而上找,两边同时找,遇到箭头拐弯找,直至两追踪路线汇交"。跟踪过程中遇到的带箭头的加工尺寸是组成环,而封闭环只能是间接保证的设计尺寸和除靠火花磨削余量以外的加工余量。

根据上述规则,可在工艺过程联系图上方便地找到各尺寸链,如图 5-26 所示。其中图 5-26(a)是从设计尺寸 N_1 两端开始向上追踪而得到的由 Z_8、L_6、N_1 组成的尺寸链。图 5-26(b)是从 N_2 两端向上追踪得到的由 L_5、L_6、N_2 组成的尺寸链,表 5-9 中用虚线绘出了 N_2 尺寸链的追踪路线。以加工余量为封闭环追踪查出的尺寸链,分别如图 5-26(c)、(d)、(e)、(f)、(g)所示。

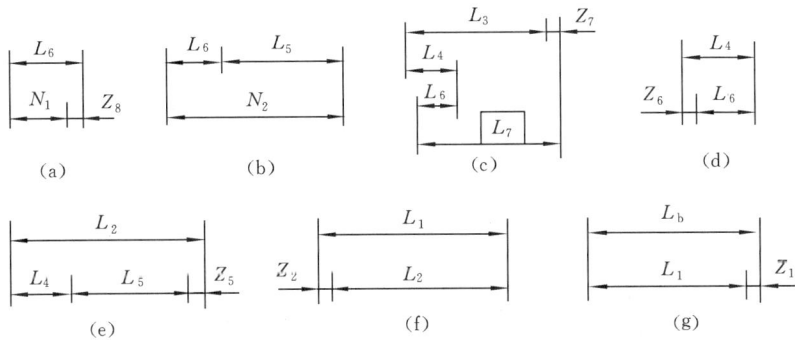

图 5-26 尺寸链图

在磨削端面 B 时采用了"靠磨法"。靠磨时,操作者凭经验磨去一层很薄的金属,并根据磨削中出现火花的多少来判断实际磨削余量的大小,从而间接保证轴向尺寸 N_1。可见,Z_8 是组成环,N_1 是封闭环。这一点在解算靠磨法工艺尺寸链时必须搞清楚。

(4)确定各工序尺寸极限偏差。

各工序尺寸极限偏差的确定按照对设计尺寸有无直接影响而采取不同的方法。有直接影响的要通过计算确定,无直接影响的可按经济精度确定。靠火花磨削余量极限偏差通常根据现场情况而定,一般取 $Z_8 = 0.1 \pm 0.02$ mm。

工艺尺寸链建立后,可先将封闭环(设计尺寸)的尺寸变动量(即公差)平均分配给各组成环,然后视具体情况加以修正。对尺寸链中公共环的尺寸变动量(即公差)要从严要求。

例如,在图 5-26(a)、(b)所示的尺寸链中,工序尺寸 L_6 是公共环。因 N_1 的公差远小于 N_2 的尺寸变动量,故应先从含有 N_1 的尺寸链中去计算工序尺寸 L_6 的公差。在 L_6 的公差确定后,在代入含有 N_2 的尺寸链中求解工序尺寸 L_5 的公差。

(5)计算工序余量极限偏差和平均余量。

由前面介绍的内容("加工余量"部分)已知,工序加工余量是一个变动值,且变动量等于相邻工序尺寸公差之和。但应注意这一结论是在相邻两工序尺寸采用同一工序基准得出来的。当两者的工序基准不重合时,工序加工余量的变动还将受到两工序基准间有关尺寸误差的影响。因此,在各工序尺寸公差确定以后,要由余量尺寸链计算出余量公差(或余量变动量),并记入余量公差栏中。由计算结果可看出,工艺过程中定位基准的多次转换,使工序余量的变动相当大,所以工序余量不能再简单地靠查表法确定,而应通过必要的计算来确定。余量公差确定后,再根据最小余量可求出平均余量。最小加工余量应参考有关的经验和试验资料而定。

(6) 计算工序平均尺寸。

在平均余量确定后,即可计算每一拟求的工序尺寸。方法是:先在各尺寸链中找出只有一个未知尺寸的尺寸链,并解出此尺寸。如在图 5-26(a)所示的尺寸链中,N_1、Z_8 已知,只剩下一个 L_6 未知,故可求出 L_6 的平均尺寸。接着由图 5-26(b)所示的尺寸链可解出 L_5。如此进行下去,可解出全部未知的工序尺寸。

各工序尺寸、公差及余量全部确定后,以平均尺寸和对称偏差形式填入图表的相应栏目内。鉴于工艺规程中的中间工序尺寸是按"入体"原则标注成极限尺寸和单向偏差的形式,所以应将表中各工序平均尺寸及其公差予以换算后填入表中的最后一栏内。

5.2.7　时间定额

时间定额是指在一定生产条件下规定生产一件产品或完成一道工序所消耗的时间。

时间定额是安排作业计划、进行成本核算、确定设备数量、确定人员编制以及规划生产面积的重要依据。

时间定额必须正确合理确定,不能过紧,也不能过松,并应该具有平均先进水平。规定得过紧,会影响生产工人的劳动积极性和创造性,并容易诱发忽视产品质量的倾向;规定得过松就起不到指导生产和促进生产发展的积极作用。

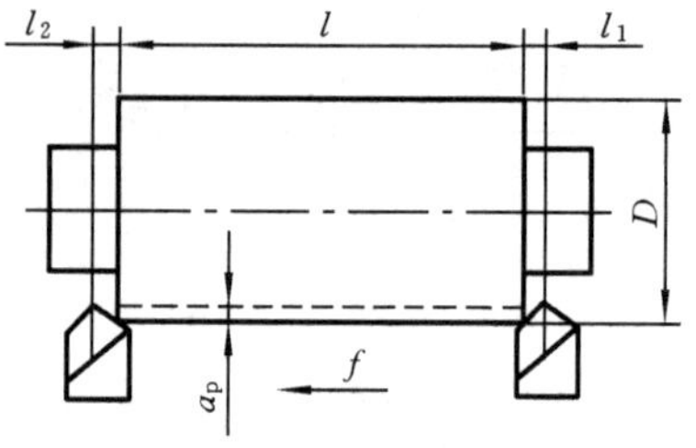

时间定额由以下几个部分组成。

1. 基本时间 T_j

直接改变生产对象的尺寸、形状、性能和相对位置关系所消耗的时间称为基本时间。对于切削加工而言,基本时间就是切除金属所花费的机动时间,图 5-27 所示车

图 5-27　车削加工的机动时间计算

削加工的机动时间计算公式为

$$T_j = \frac{l + l_1 + l_2}{fn} \cdot i$$

式中:i——走刀次数,$i = Z/a_p$,其中 Z 为加工余量(mm),a_p 为背吃刀量(mm);

n——机床主轴转速(r/min),$n = 1\ 000\ v_c/(\pi D)$,其中 v_c 为切削速度(m/min),D 为工件直径(mm);

l——工件加工计算长度(mm);

l_1——刀具的切入长度(mm);

l_2——刀具的切出长度(mm);

f——工件进给量(mm/r)。

2. 辅助时间 T_f

为实现基本工艺工作所做的各种辅助动作所消耗的时间,称为辅助时间。例如,装卸工件、开停机床、改变切削用量、测量加工尺寸、进刀或退刀等动作所花费的时间。

确定辅助时间的方法与零件生产类型有关。对于大批大量生产,为使辅助时间规定得合理,可先将辅助动作进行分解,然后通过实测或查表等方法求得各分解动作所需要的时间,再累积相加;对于中小批生产,一般用基本时间的百分比进行估算。

基本时间与辅助时间的和称为作业时间。

3. 布置工作地时间 T_b

为使加工正常进行,工人管理工作地(如更换刀具、润滑机床、清理切屑、收拾工具等)所消耗的时间,称为布置工作地时间,又称工作地服务时间,一般按作业时间的 2%～7% 估算。

4. 休息和生理需要时间 T_x

工人在工作班内为恢复体力和满足生理需要所消耗的时间,称为休息和生理需要时间,一般按作业时间的 2% 计算。

5. 准备与终结时间 T_z

在成批生产中,工人在加工一批工件前,需要熟悉工艺文件,领取毛坯材料,领取和安装刀具和夹具,调整机床及工艺装备等;在加工完一批工件后,需要拆下和归还工艺装备,送交成品等。工人为生产一批工件进行准备和结束工作所消耗的时间,称为准备与终结时间 T_z。

设一批工件数为 m,则分摊到每个工件上的准备与终结时间为 T_z/m。可以看出,当 m 很大时,T_z/m 就可以忽略不计。

综上所述,单件时间为

$$T_d = T_j + T_f + T_b + T_x$$

对于成批生产,单件计算时间为

$$T_{dj} = T_d + T_z/m$$

对于大量生产,单件计算时间为

$$T_{dj} = T_d$$

制定时间定额的方法有以下几种。

(1) 由工时定额员、工艺人员和工人相结合,在总结经验的基础上,参考有关资料查表后估算确定。

(2) 以同类产品的时间定额为依据,通过分析对比来确定。

(3) 通过对实际操作时间的测定和分析确定。

5.2.8 工艺方案的技术经济分析

制订零件机械加工工艺规程时,在同样能满足被加工零件技术要求和产品交货期的条件下,一般可以拟订出几种不同的工艺方案。其中有些方案的生产准备周期短,生产效率高,产品上市快,但设备投资较大;而有些工艺方案的设备投资较少,但生产效率偏低;不同的工艺方案有不同的经济效果。为了选择在给定生产条件下最为经济合理的工艺方案,必须对各种不同的工艺方案进行技术经济分析。

所谓技术经济分析就是通过比较各种不同工艺方案的生产成本,选出其中最为经济的加工方案。生产成本包括两项费用:一项费用与工艺过程直接有关,另一项费用与工艺过程无直接关系(例如行政人员工资等)。与工艺过程直接有关的费用称为工艺成本,占生产成本的70%～75%。在工艺方案经济分析时,一般只需考虑工艺成本即可。

1. 工艺成本的组成及计算

工艺成本由可变费用与不变费用两部分组成。可变费用与零件的年产量有关,它包括材料费、机床操作工人工资、通用机床和通用工艺装备维护折旧费。不变费用与零件年产量无关,它包括调整工人的工资、专用机床和专用工艺装备的维护折旧费等。

若零件的年产量为 N,则零件全年工艺成本 C_n(元/年)为

$$C_n = VN + S$$

单件工艺成本 C_d(元/年)为

$$C_d = V + S/N$$

式中:V——零件的可变费用(元/件);

S——全年的不变费用(元/年)。

图 5-28、图 5-29 分别给出了全年工艺成本 C_n、单件工艺成本 C_d 与年产量 N 的关系图。

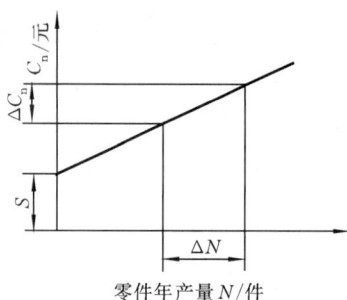

图 5-28　全年工艺成本与年产量的关系　　图 5-29　单件工艺成本与年产量的关系

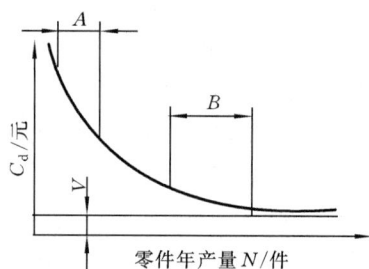

C_n 与 N 呈直线变化关系(见图 5-28),全年工艺成本的变化量 ΔC_n 与年产量的变化量 ΔN 呈正比。C_d 与 N 呈双曲线变化关系(见图 5-29),A 区相当于单件小批生产情况,N 略有变化,C_d 值变化很大;而在 B 区,情况则不同,即使 N 变化很大,C_d 值变化却不大;不变费用 S 对 C_d 的影响很小,这相当于大批大量生产的情况。

2. 工艺方案的技术经济评价

对几种不同工艺方案进行技术经济评价时,有以下两种不同情况。

(1)当需要评价的工艺方案均采用现有设备或其基本投资相近时,可用工艺成本评价其优劣。

① 当两加工方案中少数工序不同,多数工序相同时,可比较少数不同工序的单件工艺成本 C_{d1} 与 C_{d2}。

$$C_{d1} = V_1 + S_1/N, \quad C_{d2} = V_2 + S_2/N$$

当产量 N 一定时,由上式直接算出 C_{d1} 与 C_{d2}。如果 $C_{d1} > C_{d2}$,则选择第 2 方案。当产量 N 为一变量时,则利用上式作图进行比较,如图 5-30 所示。由图可知,当产量 N 小于临界产量 N_k 时,第 2 方案为优选方案;当产量 N 大于临界产量 N_k 时,第 1 方案为优选方案。

② 当两加工方案中多数工序不同,少数工序相同时,则以该零件全年工艺成本 C_{n1} 与 C_{n2} 进行比较,如图 5-31 所示。

$$C_{n1} = NV_1 + S_1, \quad C_{n2} = NV_2 + S_2$$

当年产量 N 一定时,可由上式直接算出 C_{n1} 及 C_{n2}。如果 $C_{n1} > C_{n2}$,则选择第 2 方案。当

年产量 N 为一变量时,可利用上式作图进行比较,如图 5-31 所示。由图可知,当 $N < N_k$ 时,第 2 方案的经济性好;当 $N > N_k$ 时,第 1 方案的经济性好。当 $N = N_k$ 时,$C_{n1} = C_{n2}$,即

$$N_k V_1 + S_1 = N_k V_2 + S_2, \quad N_k = (S_2 - S_1)/(V_1 - V_2)$$

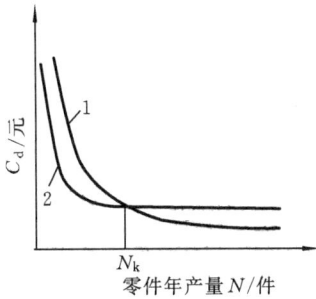

图 5-30　单件工艺成本比较　　　　　图 5-31　全年工艺成本比较

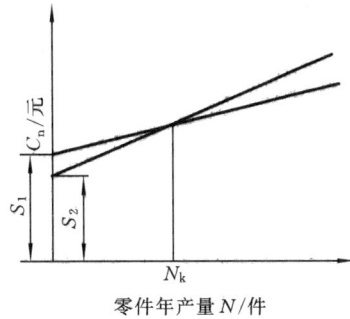

（2）两种工艺方案的基本投资差额较大时,则在考虑工艺成本的同时,还要考虑基本投资差额的回收期限。

如果第 1 方案采用了价格较贵的先进专用设备,基本投资 K_1 较大,工艺成本 C_1 较低,但生产准备周期短,产品上市快;如果第 2 方案采用了价格较低的一般设备,基本投资 K_2 少,工艺成本 C_2 较高,但生产准备周期长,产品上市慢;这时如单纯比较其工艺成本是难以全面评定其经济性的,必须同时考虑不同加工方案基本投资差额的回收期限。投资回收期 τ 的计算公式为

$$\tau = \frac{K_1 - K_2}{C_2 - C_1 + \Delta Q} = \frac{\Delta K}{\Delta C + \Delta Q} \tag{5-6}$$

式中:ΔK——基本投资差额;

ΔC——全年工艺成本节约额;

ΔQ——由于采用了先进设备,促使产品上市更快,工厂从产品销售中取得的全年增收总额。

投资回收期必须满足以下要求:

① 回收期限应小于专用设备或工艺装备的使用年限;

② 回收期限应小于该产品的市场寿命(年);

③ 回收期限应小于国家所规定的标准回收期。采用专用工艺装备的标准回收期为 2～3 年,采用专用机床的标准回收期为 4～6 年。

例 5-7　某厂生产某一产品零件,年产量 10000 件,共提出两个方案。

方案 1:采用价格较低的一般设备,基本投资为 30 万元,每个零件可变费用 $V_1 = 25$ 元/件,全年不变费用 $S_1 = 10$ 万元;

方案 2:采用价格较贵的先进专用设备,基本投资为 150 万元,每个零件可变费用 $V_1 = 7$ 元/件,全年不变费用 $S_1 = 8$ 万元;

解　由于方案 2 采用了先进设备,工厂从产品销售中取得的全年增收总额为 30 万元,该产品的市场寿命为 3 年,试分析宜采用哪种方案?

方案 1 全年工艺成本:

$$C_1 = V_1 N + S_1 = 25 \times 1 + 10 = 35(万元)$$

方案 2 全年工艺成本：

$$C_2 = V_2 N + S_2 = 7 \times 1 + 8 = 15(万元)$$

投资回收期：

$$\tau = \frac{K_2 - K_1}{C_1 - C_2 + \Delta Q} = \frac{150 - 30}{35 - 15 + 30} = 2.4 < 3$$

由于投资回收期小于该产品的市场寿命，所以宜采用方案 2。

拓 展 阅 读

典型零件的
工艺分析

计算机辅助
工艺规程设计

本章重点、难点和知识拓展

本章重点　工件定位基准的选择；工序顺序的确定；工艺尺寸链及其应用。

本章难点　工艺尺寸链及其应用。

知识拓展　在掌握机械加工工艺规程基本概念的基础上，重点学习工艺规程的编制方法。能熟练运用工艺尺寸链原理进行工序尺寸及其公差的计算。结合生产实习、工艺课程设计乃至毕业设计，具有编制中等复杂零件的机械加工工艺规程的能力。在有条件的情况下，训练开发派生型 CAPP 系统的能力。

思考题与习题

5-1　简述机械加工艺规程的设计原则、步骤和内容。

5-2　什么叫基准？基准分哪几种？

5-3　精、粗定位基准的选择原则各有哪些？如何分析这些原则之间出现的矛盾？

5-4　零件表面加工方法的选择原则是什么？

5-5　制定机械加工工艺规程时，为什么要划分加工阶段？

5-6　切削加工顺序安排的原则是什么？

5-7　什么叫工序集中？什么叫工序分散？各适用于什么场合？

5-8　什么叫工序余量？影响工序余量的因素是什么？

5-9　什么叫时间定额？单件时间定额包括哪几个方面的内容？

5-10　什么叫工艺成本？工艺成本评价时,如何区分可变费用与不可变费用？

5-11　试分别选择如图 5-32 所示零件的精、粗基准。其中图 5-32(a)所示为飞轮简图,图 5-32(b)所示为主轴箱体简图,毛坯均为铸件。

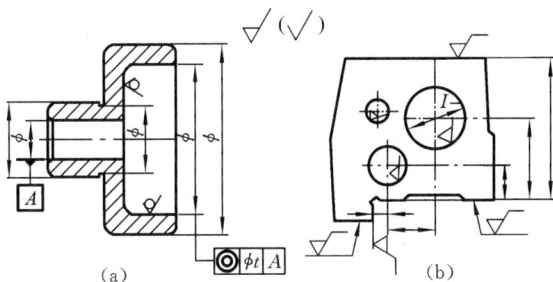

图 5-32　飞轮和主轴箱体

(a) 飞轮；(b) 主轴箱体

5-12　加工图 5-33 所示套筒零件,要求保证尺寸 6±0.1 mm,由于该尺寸不便测量,只好通过测量尺寸 L 来间接保证。试求测量尺寸 L 及其偏差。

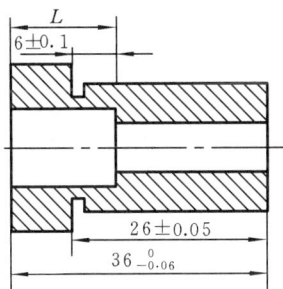

图 5-33　套筒(一)

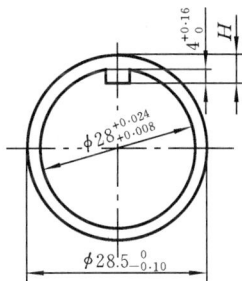

图 5-34　轴颈

5-13　加工如图 5-34 所示轴颈时,设计要求尺寸分别为 $\phi 28^{+0.024}_{+0.008}$ mm 和 $t=4^{+0.16}_{0}$ mm,有关工艺过程如下：

(1) 车外圆至 $\phi 28.5^{0}_{-0.10}$ mm；

(2) 在铣床上铣键槽,键槽深尺寸为 H；

(3) 淬火热处理；

(4) 磨外圆至尺寸 $\phi 28^{+0.024}_{+0.008}$ mm。

若磨后外圆和车后外圆的同轴度误差为 $\phi 0.04$ mm,试计算铣键槽的工序尺寸 H 及其偏差。

5-14　加工套筒零件,其轴向尺寸及有关工序简图如图 5-35 所示,试求工序尺寸 L_1 和 L_2 及其偏差。

5-15　图 5-36 所示套筒零件,除缺口 B 外,其余表面均已加工。试分析加工缺口 B 保证尺寸 $8^{+0.2}_{0}$ mm 时,有几种定位方案？计算出各种定位方案的工序尺寸及其偏差,判断哪个方

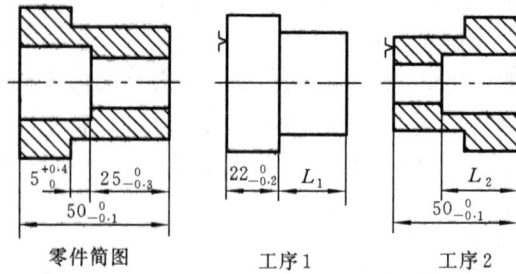

图 5-35　套筒(二)

案最好,哪个方案最差,并说明原因。

5-16　图 5-37 所示底座零件的 M、N 面及 $\phi25H8$ 孔均已加工,试求加工 K 面时便于测量的测量尺寸,将求出的数值标注在工序草图上,并分析这种标注对零件的工艺过程有何影响。

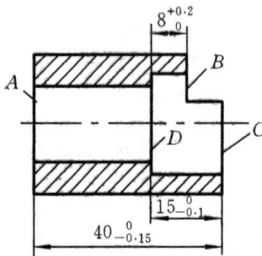

图 5-36　套筒(三)

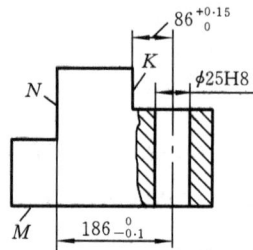

图 5-37　底座

5-17　连杆的主要表面和主要技术要求有哪些?为什么要提这些技术要求?

5-18　连杆加工的主要困难在哪里?应如何解决?

5-19　试述派生法 CAPP 的方法步骤。

第6章 机械装配工艺基础

任何机器都是由许多零件和部件装配而成的。如何根据装配要求按照一定的装配顺序,将若干个零件或部件进行必要的配合和连接,使之成为合格的产品,这是装配工作必须解决的问题。图 6-1 所示为发动机装配结构局部示意图。除了图中已标出的装配要求(如平行度、垂直度等)外,还有一些配合要求,如活塞与缸体的配合,活塞销与活塞以及连杆孔的配合等。这些高的装配精度单靠零件的制造精度来保证经济上可行吗?应该采用何种装配方法?如何划分装配工序?采用什么样的装配形式?诸如此类问题都是在制定装配工艺规程时必须考虑的。

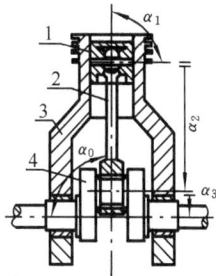

图 6-1 发动机装配图

1—活塞;2—连杆;3—缸体;4—曲轴

6.1 概 述

机械产品一般是由许多零件和部件装配而成的。总装配是机器制造中的最后一个阶段,它主要包括装配、调整、检验、试验等工作。机器的质量最终是通过装配保证的,装配质量在很大程度上决定机器的最终质量。因此,机械装配在产品制造过程中占有非常重要的地位。

1. 装配的概念

任何机器都是由零件、套件、组件、部件等组成的。按照规定的技术要求,将若干个零件或部件进行必要的配合和连接,使之成为合格产品的过程,叫做装配。对于结构比较复杂的产品,为保证装配工作顺利地进行,通常将机器划分为若干个能进行独立装配的部分,称为装配单元。装配单元一般分为零件、合件、组件、部件和机器五个等级。

零件是组成机器的最基本单元,它是由整块金属或其他材料制成的。零件一般都预先装成合件、组件、部件后才安装到机器上,直接装入机器的零件并不太多。

合件可以是若干零件永久连接(如焊接、铆接等)或者是在一个基准零件上装上一个或若干个零件的组合。合件组合后,有可能还要加工。如图 6-2 所示的装配齿轮,由于制造工艺的原因,分成两个零件,在基准零件 1 上套装齿轮 3 并用铆钉 2 固定。

组件是在一个基准零件上,装上一个或若干个合件及零件组成的。如机床主轴箱中的主轴就是在基准轴件上装上齿轮、套、垫片、键及轴承的组合件,称为组件。为此而进行的装配工作称为组装。

部件是在一个基准零件上,装上若干组件、合件和零件构成的。把零件装配成部件的过程

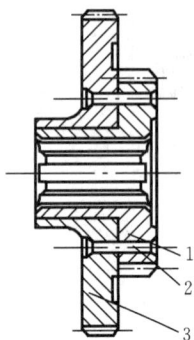

图 6-2　齿轮合件
1—基准零件；2—铆钉；3—齿轮

称为部装。例如，车床的主轴箱装配就是部装，主轴箱箱体为部装的基准零件。

在一个基准零件上，装上若干部件、组件、合件和零件就成为整个机器。把零件和部件装配成最终产品的过程称为总装。例如，卧式车床就是以床身为基准件，装上主轴箱、进给箱、溜板箱等部件及其他组件、合件、零件组成的。

2. 装配精度

产品的装配精度一般包括以下几项。

（1）相互位置精度。相互位置精度是指产品中相关零、部件间的距离精度和相互位置精度。如机床主轴箱中，轴系之间中心距尺寸精度和同轴度、平行度、垂直度等。

（2）相对运动精度。相对运动精度是产品中有相对运动的零、部件之间在运动方向和相对速度上的精度。运动方向的精度常表现为部件间相对运动的平行度和垂直度，以及相对速度精度（如传动精度）。

（3）相互配合精度。相互配合精度包括配合表面间的配合质量和接触质量。配合质量是指零件配合表面之间达到规定的配合间隙或过盈的程度，它影响配合的性质。接触质量是指两配合或连接表面间达到规定的接触面积的大小和接触点分布的情况，它影响接触刚度和配合性质的稳定性。

3. 零件精度与装配精度的关系

机器和部件是由许多零件装配而成的。由于一般零件都有一定的加工误差，在装配时这些零件的加工误差累积就会影响装配精度。例如，卧式车床主轴锥孔中心线和尾座顶尖套锥孔中心线对床身导轨的等高要求，这项精度与床身 4、主轴箱 1、尾座 2 等零部件的加工精度有关，如图 6-3 所示。如果这些零件的累积误差超出装配精度指标所规定的范围，则将产生不合格品。从装配工艺角度考虑，当然希望这种累积误差不要超过装配精度指标所规定的允许范围，从而使装配工作只是简单的连接过程，不必进行任何的修配或调整就能满足装配精度要求。因此，一般装配精度要求高的，要求零件精度也要高。

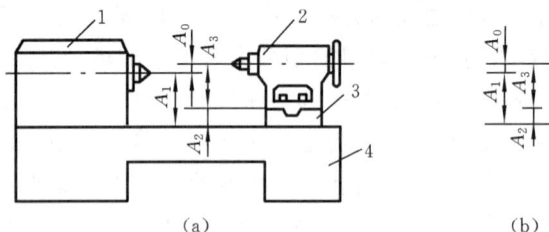

图 6-3　主轴箱主轴与尾座套筒中心线等高结构示意图
1—主轴箱；2—尾座；3—底板；4—床身

但零件的加工精度不但在工艺上受到加工条件的限制，而且又受到经济上的制约。如有的机械产品的组成零件较多，而最终装配精度要求又较高时，即使把经济性置之度外，尽可能地提高零件的加工精度以降低累积误差，结果往往还是无济于事。因此要达到装配精度，就不能简单地按装配精度要求来加工，在装配时应采取一定的工艺措施。在装配精度要求高、生产批量较小时尤其如此。人们在长期的装配实践中,根据不同的机器、不同的生产类型和条件,创造了许多巧妙的装配方法。在不同的装配方法中,零件加工精度与装配精度间具有不同的相互关系。为了定量地分析这种关系,常将尺寸链的基本理论应用于装配过程中,即建立装配尺寸链,通过解算装配尺寸链,最后确定零件精度与装配精度之间的定量关系。

6.2 保证装配精度的方法

如前所述,零件的精度是影响机器装配精度的最主要因素。通过建立、分析、计算装配尺寸链,可以解决零件精度与装配精度之间的关系。

6.2.1 装配尺寸链

1. 装配尺寸链的基本概念

在机器的装配关系中,由相关零件的尺寸或相互位置关系所组成的尺寸链,称为装配尺寸链。装配尺寸链的封闭环就是装配所要保证的装配精度或技术要求。装配精度(封闭环)是零部件装配后才最后形成的尺寸或位置关系。在装配关系中,对装配精度有直接影响的零部件的尺寸和位置关系,都是装配尺寸链的组成环。如同工艺尺寸链一样,装配尺寸链的组成环也分为增环和减环。

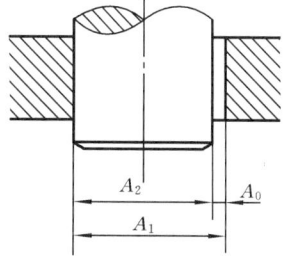

图6-4 轴孔配合尺寸链

例如,图6-4所示的轴孔配合的装配关系,要求轴孔装配后有一定的间隙。轴孔间的间隙 A_0 就是该尺寸链的封闭环,它是由孔尺寸 A_1 与轴尺寸 A_2 装配后形成的尺寸。在这里,孔尺寸 A_1 增大,间隙 A_0(封闭环)亦随之增大,故 A_1 为增环。反之,轴尺寸 A_2 为减环。其尺寸链方程为 $A_0=A_1-A_2$。

2. 装配尺寸链的查找方法

正确查明装配尺寸链的组成并建立尺寸链,是进行尺寸链计算的基础。

1) 装配尺寸链的查找方法

首先根据装配精度要求确定封闭环,再取封闭环两端的任一个零件为起点,沿装配精度要求的位置方向,以装配基准面为查找的线索,分别找出影响装配精度要求的相关零件(组成环),直至找到同一基准表面为止。

2) 查找装配尺寸链时应注意的问题

(1) 装配尺寸链应进行必要的简化。机械产品的结构通常都比较复杂,对装配精度有影响的因素很多,在查找尺寸链时,在保证装配精度的前提下,可以不考虑那些较小的因素,使装配尺寸链适当简化。例如,图6-3(a)表示车床主轴与尾座中心线等高问题,影响该项装配精度的因素有:

A_1——主轴锥孔中心线至尾座底板距离;

A_2——尾座底板厚度;

A_3——尾座顶尖套锥孔中心线至尾座底板距离;

e_1——主轴滚动轴承外圆与内孔的同轴度误差;

e_2——尾座顶尖套锥孔与外圆的同轴度误差;

e_3——尾座顶尖套与尾座配合间隙引起的向下偏移量;

e_4——床身上安装主轴箱和尾座的平导轨面间的高度差。

由上述分析可知,车床主轴与尾座套筒中心线等高性的装配尺寸链可用图 6-5 来表示。但由于 e_1、e_2、e_3、e_4 的数值相对 A_1、A_2、A_3 的误差而言是较小的,故可简化成图 6-3(b)所示的情形。

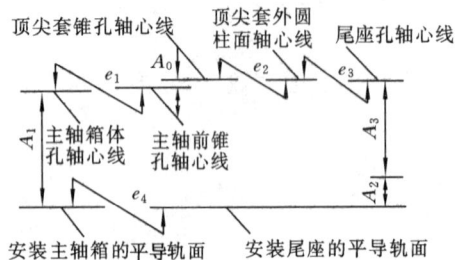

图 6-5　主轴与尾座套筒中心线
等高性的装配尺寸链

（2）最短路线（最少环数）原则。由尺寸链理论可知,在装配精度一定时,组成环数越少,则各组成环所分配到的公差值就越大,零件加工越容易、越经济。因此在查找装配尺寸链时,每个相关的零、部件只应有一个尺寸作为组成环列入装配尺寸链,即将连接两个装配基准面的位置尺寸直接标注在零件图上。这样,组成环的数目就等于有关零、部件的数目,即"一件一环",这就是装配尺寸链的最短路线（环数最少）原则。

图 6-6 所示的齿轮装配后轴向间隙尺寸链就体现了"一件一环"的原则。如果把图中的轴向尺寸标注成图 6-7 所示的两个尺寸,则违反了"一件一环"的原则,其装配尺寸链的构成显然不合理。

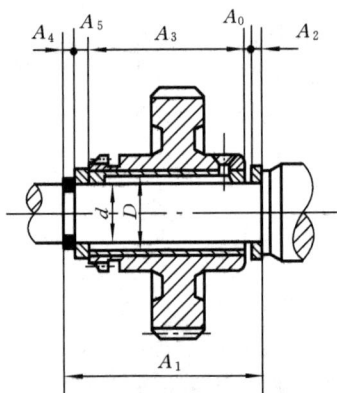

图 6-6　齿轮装配后轴向间隙尺寸链

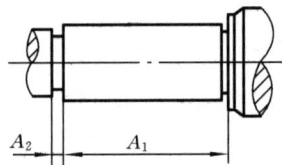

图 6-7　组成环的不合理标注

3. 装配尺寸链的计算方法

装配方法与装配尺寸链的解算方法密切相关。同一项装配精度,采用不同的装配方法时,其装配尺寸链的解算方法也不相同。

6.2.2　互换法

产品采用互换法装配时,装配精度主要取决于零件的加工精度,装配时不经任何挑选、调整和修配,就可以达到装配精度,这种装配方法称为互换法。互换法的实质就是用控制零件的加工误差来保证产品装配精度的一种方法。根据零件的互换程度不同,互换法又可分为完全互换法和不完全互换法。

1．完全互换法

组成机器的每一个零件，装配时不需挑选、修配或调整，装配后即可达到规定的装配精度要求的装配方法，称为完全互换法。采用完全互换法时，装配尺寸链采用极值法解算（与工艺尺寸链计算公式相同），即尺寸链各组成环公差之和不能大于封闭环公差：

$$T_0 \geqslant \sum_{i=1}^{n-1} T_i \tag{6-1}$$

式中：T_0——封闭环公差（装配精度）；

　　T_i——第 i 个组成环公差；

　　n——尺寸链总环数。

在进行装配尺寸链反计算时，通常采用中间计算法（或称"相依尺寸公差法"）。该方法是将一些比较难以加工和不宜改变其公差的组成环（如标准件）的公差预先确定下来，只将极少数或一个比较容易加工，或在生产上受限制较少的和用通用量具容易测量的组成环定为协调环。这个环的尺寸称为"相依尺寸"，意思是该环的尺寸相依于封闭环和其他组成环的尺寸和公差值。然后用公式计算相依尺寸的公差值和极限偏差。其计算过程如下。

（1）建立装配尺寸链，确定"协调环"。应验算基本尺寸是否正确。不能选取标准件或公共环作为协调环，因为其公差值和极限偏差已是确定值。

（2）确定组成环的公差。可先按"等公差"原则确定各组成环的平均公差值，然后根据各组成环尺寸大小和加工的难易程度再进行适当的调整，将其他组成环的公差值确定下来，最后利用公式求出协调环的公差值，即

$$TA_y = TA_0 - \sum_{i=1}^{n-2} TA_i \tag{6-2}$$

式中：TA_y、TA_0、TA_i——协调环、封闭环和除协调环以外的其余组成环的公差值。

（3）确定组成环的极限偏差。除协调环外的其余组成环极限偏差，按"单向入体"原则标注，标准件按规定标注，然后计算"协调环"的极限偏差。

若协调环为增环，则

$$ESA_y = ESA_0 - \sum_{p=1}^{m-1} ESA_p + \sum_{q=m+1}^{n-1} EIA_q \tag{6-3}$$

$$EIA_y = EIA_0 - \sum_{p=1}^{m-1} EIA_p + \sum_{q=m+1}^{n-1} ESA_q \tag{6-4}$$

若协调环为减环，则

$$ESA_y = -EIA_0 + \sum_{p=1}^{m} EIA_p - \sum_{q=m+1}^{n-2} ESA_q \tag{6-5}$$

$$EIA_y = -ESA_0 + \sum_{p=1}^{m} ESA_p - \sum_{q=m+1}^{n-2} EIA_q \tag{6-6}$$

式中：A_p——增环；

　　A_q——减环。

例 6-1　如图 6-8(a)所示齿轮装配，轴固定，而齿轮空套在轴上回转，要求保证齿轮与挡圈的轴向间隙为 0.1～0.35 mm，已知：$A_1=30$ mm、$A_2=5$ mm、$A_3=43$ mm、$A_4=3_{-0.05}^{~~0}$ mm（标准件）、$A_5=5$ mm，现采用完全互换法装配，试确定各组成环的公差值和极限偏差。

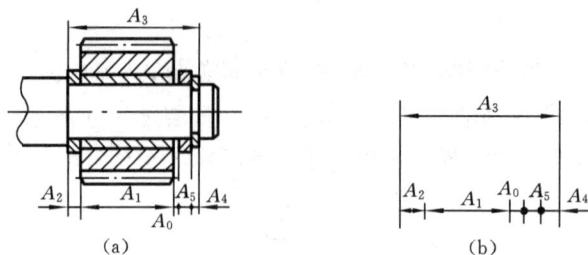

图 6-8　齿轮与轴的装配关系

解　(1) 建立装配尺寸链,验算各环的基本尺寸(见图 6-8(b))。

封闭环尺寸为

$$A_0 = 0^{+0.35}_{+0.10} \text{ mm}$$

封闭环基本尺寸为

$$A_0 = A_3 - (A_1 + A_2 + A_4 + A_5) = [43 - (30 + 5 + 3 + 5)] \text{ mm} = 0 \text{ mm}$$

因为 A_5 是一个挡圈,易于加工和测量,故选它作为"协调环"。

(2) 确定各组成环公差值和极限偏差。

各组成环按等公差值确定公差为

$$TA_i = \frac{TA_0}{n-1} = \frac{0.25}{5} \text{ mm} = 0.05 \text{ mm}$$

挡圈 A_4 为标准件,$A_4 = 3^{~0}_{-0.05} \text{ mm}$、$TA_4 = 0.05 \text{ mm}$。其余各组成环按其尺寸大小和加工难易程度选择公差为:$TA_1 = 0.06 \text{ mm}$、$TA_2 = 0.02 \text{ mm}$、$TA_3 = 0.1 \text{ mm}$,各组成环公差等级约为 IT9。A_1、A_2 按基轴制确定其极限偏差:$A_1 = 30^{~0}_{-0.06} \text{ mm}$,$A_2 = 5^{~0}_{-0.02} \text{ mm}$。$A_3$ 按基孔制确定其极限偏差:$A_3 = 43^{+0.1}_{0} \text{ mm}$。

(3) 计算协调环的公差值和极限偏差。

A_5 的公差值为

$$TA_5 = TA_0 - (TA_1 + TA_2 + TA_3 + TA_4)$$
$$= [0.25 - (0.06 + 0.02 + 0.1 + 0.05)] \text{ mm} = 0.02 \text{ mm}$$

A_5 的下偏差为

$$ESA_0 = ESA_3 - (EIA_1 + EIA_2 + EIA_4 + EIA_5)$$
$$0.35 = 0.1 - (-0.06 - 0.02 - 0.05 + EIA_5)$$
$$EIA_5 = -0.12 \text{ mm}$$

A_5 的上偏差为

$$ESA_5 = TA_5 + EIA_5 = [0.02 + (-0.12)] \text{ mm} = -0.10 \text{ mm}$$

所以协调环 A_5 的尺寸为 $A_5 = 5^{-0.10}_{-0.12} \text{ mm}$,各组成环尺寸和极限偏差为:$A_1 = 30^{~0}_{-0.06} \text{ mm}$,$A_2 = 5^{~0}_{-0.02} \text{ mm}$,$A_3 = 43^{+0.1}_{0} \text{ mm}$,$A_4 = 3^{~0}_{-0.05} \text{ mm}$,$A_5 = 5^{-0.10}_{-0.12} \text{ mm}$。

完全互换法装配的优点是:装配过程简单,生产率高;便于组织流水作业和自动化装配;易于实现零部件的专业协作与生产,备件供应方便。因此只要能满足零件经济精度要求,无论何种生产类型都应首先考虑采用完全互换法装配。但是,当装配精度要求较高,尤其是组成环数目较多时,零件难以按经济精度加工,此时可考虑采用不完全互换法。

2. 不完全互换法（概率法）

大多数产品在装配时，各组成零件不需挑选、修配或调整，装配后即能达到装配精度的要求，但少数产品有可能出现废品，这种方法称为不完全互换法。其实质是将组成零件的公差值适当放大，有利于零件的经济加工。这种方法以概率论为理论依据，故又称为概率法。

极值法是在各组成环的尺寸处于极端的情况下来确定封闭环和组成环关系的一种方法。事实上，根据概率论，每个组成环尺寸处于极端情况的机会是很少的。尤其在大批大量生产中对多环尺寸链的装配，这种极端情况出现的机会小到可以忽略不计。因此在大批大量生产中，组成环较多、装配精度要求又较高的场合，用概率法解算装配尺寸链比较合理。

由概率论可知，若将各组成环表示为随机变量，则各随机变量之和（封闭环）也是随机变量，并且封闭环的方差（标准差的平方）等于各组成环方差之和，即

$$\sigma_0^2 = \sum_{i=1}^{n-1} \sigma_i^2 \tag{6-7}$$

式中：σ_0——封闭环的标准差；

σ_i——第 i 个组成环的标准差。

根据各组成环尺寸的分布情况，可分以下两种情况来讨论。

1）组成环正态分布的情况

当各组成环的尺寸分布均接近于正态分布时，封闭环尺寸也近似于正态分布。假设尺寸链各环尺寸的分散范围中心与尺寸公差带中心重合，如图 6-9（a）所示，则其尺寸分布的算术平均值就等于该尺寸公差带中心尺寸（即平均尺寸）；各组成环的尺寸公差等于各环尺寸标准差的 6 倍，即

$$T_0 = 6\sigma_0, \quad T_i = 6\sigma_i$$

于是可导出概率法解算尺寸链的公式：

$$A_{0M} = \sum_{p=1}^{m} A_{pM} - \sum_{q=m+1}^{n-1} A_{qM} \tag{6-8}$$

$$TA_0 = \sqrt{\sum_{i=1}^{n-1} TA_i^2} \tag{6-9}$$

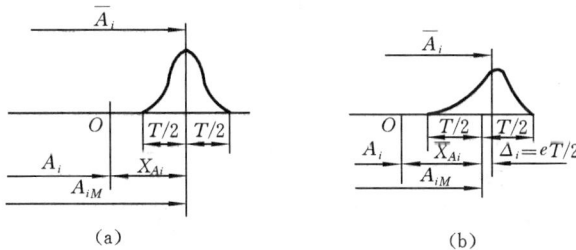

图 6-9　分布曲线的尺寸计算

（a）对称分布；（b）不对称分布

2）组成环偏态分布的情况

当各组成环具有相同的非正态分布，且各组成环分布范围相差又不太大时，只要组成环数足够多（$m \geqslant 5$），封闭环总是接近正态分布。为便于计算，引入分布系数 k 和分布不对称系数 e：

$$k = 6\sigma/T, \quad e = 2\Delta/T$$

式中:Δ——分布中心的偏移量(见图 6-9)。

几种常见的误差分布曲线的分布系数 k 和分布不对称系数 e 的数值列于表 6-1 中。

表 6-1　几种常见分布曲线的分布系数 k 和分布不对称系数 e

分布特征	正态分布	三角分布	均匀分布	瑞利分布	偏态分布	
					外尺寸	内尺寸
分布曲线						
e	0	0	0	-0.23	0.26	-0.26
k	1	1.22	1.73	1.4	-1.17	1.17

同理可导出此种情况下概率法计算尺寸链的公式为

$$TA_{0S} = \sqrt{\sum_{i=1}^{n-1} k_i^2 TA_i^2} \tag{6-10}$$

式(6-10)为概率法公差计算通式,其中 TA_{0S} 称为统计公差,k_i 为组成环 A_i 的分布系数。由于分布系数往往难以准确得到,为方便起见,令 $k_1 = k_2 = \cdots = k_{n-1} = k$,于是得出近似概率法尺寸链计算公式为

$$TA_{0E} = k\sqrt{\sum_{i=1}^{n-1} TA_i^2} \tag{6-11}$$

其中,TA_{0E} 称为当量公差;$k = 1.2 \sim 1.6$。

在采用概率法计算出封闭环的公差后,需要通过计算尺寸平均值来确定公差带的位置。因为封闭环的尺寸平均值等于各组成环尺寸平均值的代数和,即

$$\overline{A_0} = \sum_{p=1}^{m} \overline{A_p} - \sum_{q=m+1}^{n-1} \overline{A_q} \tag{6-12}$$

而各组成环尺寸平均值 $\overline{A_i}$ 与平均尺寸 A_{iM} 之间的关系为

$$\overline{A_i} = A_{iM} + e_i T_i / 2 \tag{6-13}$$

由以上两式可以得出:

$$A_{0M} = \sum_{p=1}^{m} (A_{pM} + e_p T_p / 2) - \sum_{q=m+1}^{n-1} (A_{qM} + e_q T_q / 2) \tag{6-14}$$

在计算出各环的公差值以及平均尺寸后,各环的公差值对平均尺寸应注成双向对称偏差,然后根据需要再改注成具有基本尺寸和相应上、下偏差的形式。

例 6-2　如图 6-8(a)所示装配图,已知条件与例 6-1 相同。采用不完全互换法装配,试确定各组成环公差和偏差(设各组成零件的加工接近正态分布)。

解　(1)建立装配尺寸链,验算各环的基本尺寸(与例 6-1 相同)。

考虑到尺寸 A_3 较难加工,选它作为协调环,最后确定其尺寸和公差大小。

(2)确定各组成环公差和极限偏差。

因各组成环尺寸接近正态分布(即 $k_i = 1$),则按等公差原则分配各组成环公差:

$$TA_{iM} = \frac{TA_0}{\sqrt{n-1}} = \frac{0.25}{\sqrt{5}} \text{ mm} \approx 0.1 \text{ mm}$$

以按等公差原则确定的公差值为基础,综合考虑各零件加工难易程度,对各组成环公差值进行合理调整:A_4 为标准件,其公差值已确定。其余各组成环公差调整如下:$T_1 = 0.14$ mm,$T_2 = T_5 = 0.05$ mm。由于 A_1、A_2、A_5 皆为外尺寸,其极限偏差按基轴制确定,则 $A_1 = 30_{-0.14}^{\ 0}$ mm,$A_2 = 5_{-0.05}^{\ 0}$ mm,$A_4 = 3_{-0.05}^{\ 0}$ mm,$A_5 = 5_{-0.05}^{\ 0}$ mm。

(3)计算协调环的公差和极限偏差。

$$TA_3 = \sqrt{TA_0^2 - (TA_1^2 + TA_2^2 + TA_4^2 + TA_5^2)}$$
$$= \sqrt{0.25^2 - (0.14^2 + 3 \times 0.05^2)} \text{ mm} \approx 0.18 \text{ mm}$$

因为 $A_{1M} = 29.93$ mm,$A_{2M} = A_{5M} = 4.975$ mm,$A_{4M} = 2.975$ mm,$A_{0M} = 0.225$ mm,由式(6-8)得

$$A_{0M} = A_{3M} - (A_{1M} + A_{2M} + A_{4M} + A_{5M})$$
$$A_{3M} = [0.225 + (29.93 + 4.975 + 2.975 + 4.975)] \text{ mm} = 43.08 \text{ mm}$$

所以,$A_3 = \left(43.08 \pm \frac{0.18}{2}\right) \text{ mm} = 43_{-0.01}^{+0.17} \text{ mm}$。

比较例 6-1 和例 6-2 的计算结果可以看出,在封闭环公差一定的情况下,用概率法可扩大零件的制造公差,从而降低零件的制造成本。

6.2.3　选择装配法

该方法是将组成环的公差放大到经济可行的程度,然后选择合适的零件进行装配,以保证规定的装配精度要求。选择装配法有三种:直接选配法、分组装配法和复合选配法。这里仅讨论分组装配法。

分组装配法是将各组成环的制造公差按相对完全互换法所求数值放大几倍(一般为3~4倍),使其尺寸能按经济精度加工,再按实测尺寸将零件分组,并按对应组进行装配以达到装配精度的要求。由于同组内零件可以互换,故这种方法又称为分组互换法。在大批大量生产中,对于组成环数少而装配精度要求高的部件,常采用这种装配法。

例 6-3　图 6-10 所示为活塞销与销孔的装配图。活塞销直径 d 与销孔直径 D 的基本尺寸为 $\phi 28$ mm,按装配要求,在冷态装配时应有 0.002 5~0.007 5 mm 的过盈量。如果活塞销和销孔的经济加工精度(活塞销用无心磨床加工,销孔用金刚镗床加工)为0.01 mm,拟采用分组装配法装配,试确定活塞销和销孔直径的分组数和分组尺寸。

解　封闭环的公差为

$$TA_0 = (0.007\ 5 - 0.002\ 5) \text{ mm} = 0.005\ 0 \text{ mm}$$

如果采用完全互换法装配,则活塞销与销孔的平均公差仅为 0.002 5 mm,制造这样精度的活塞销与销孔既困难又不经济。而采用分组装配法,可将活塞销与销孔的公差在相同方向上放大 4 倍,于是可得到分组数为 4,如图 6-10 所示。

如果活塞销直径定为 $\phi 28_{-0.010}^{\ 0}$ mm,将其分为 4 组,则对应的销孔直径也可一一求出。这样,活塞销可用无心磨床加工,销孔用金刚镗床加工,然后用精密量具测量其尺寸,并按实测尺寸大小分成 4 组,涂上不同颜色加以区别,分别装入不同容器内,以便进行分组装配。具体分组情况列于表 6-2 中。

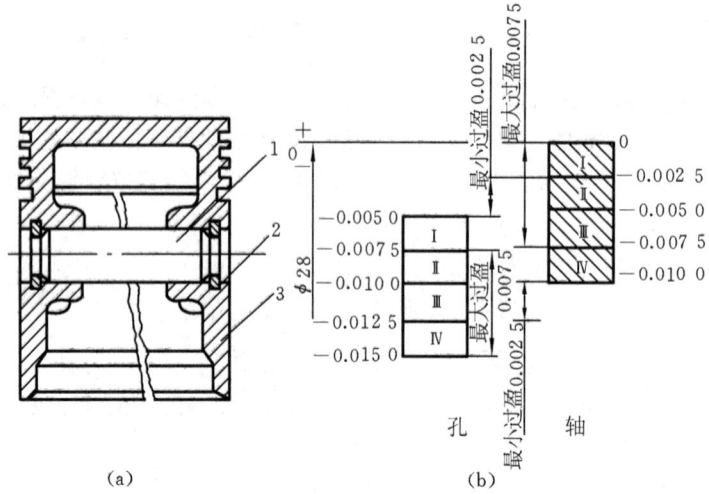

图 6-10　活塞销与销孔的装配关系

(a) 装配关系;(b) 分组尺寸公差带图

1—活塞销;2—卡簧;3—活塞

表 6-2　活塞销与活塞销孔的直径分组

组别	标志颜色	活塞销直径/mm $(d=\phi28^{0}_{-0.010})$	活塞销孔直径/mm $(D=\phi28^{-0.005}_{-0.015})$	配合情况	
				最小过盈/mm	最大过盈/mm
I	红	$\phi28^{0}_{-0.0025}$	$\phi28^{-0.0050}_{-0.0075}$		
II	白	$\phi28^{-0.0025}_{-0.0050}$	$\phi28^{-0.0075}_{-0.010}$	0.0025	0.0075
III	黄	$\phi28^{-0.0050}_{-0.0075}$	$\phi28^{-0.010}_{-0.0125}$		
IV	绿	$\phi28^{-0.0075}_{-0.010}$	$\phi28^{-0.0125}_{-0.015}$		

采用分组装配时应注意以下几点。

(1) 为保证分组后各组的配合性质及配合精度与原装配要求相同,应使配合件的公差相等;公差应同方向增大,且增大的倍数应等于分组数。

(2) 为保证零件分组装配中都能配套,应使配合件的尺寸分布为相同的对称分布。

(3) 配合件的表面粗糙度、形位公差不能随尺寸公差的放大而放大,应保持原设计要求。

(4) 分组数不宜过多,否则就会因零件的测量、分类、保管工作量的增加而导致生产组织工作复杂。

6.2.4　修配法

在单件小批生产中,对于那些装配精度要求高、组成环数多的产品结构,常采用修配法装配。修配法是将各组成环按经济精度制造,装配时通过手工挫、刮、研等方法修配尺寸链中某一组成环(称为修配环)的尺寸,使封闭环达到规定的装配精度要求。

1. 修配环的选择

采用修配法装配时应正确选择修配环,修配环一般应满足以下要求。

(1) 便于装拆。

（2）形状比较简单，易于修配，修配面积要小。

（3）不是公共环，即该零件只与一项装配精度有关，而与其他装配精度无关。

2. 修配环极限尺寸的确定

由于修配法中各组成环是按经济精度制造的，这样装配时就有可能使各组成环的公差之和（$\sum\limits_{i=1}^{n-1}TA_i$）超过规定的封闭环公差 TA_0。此时为了达到规定的装配精度要求，就需对修配环进行修配。为使修配环有足够而又不至于过大的修配量，就要确定修配环的极限尺寸。

修配环修配后对封闭环的影响不外乎有两种情况：修配环越修使封闭环越大；修配环越修使封闭环越小。明确修配环被修配后使封闭环变大还是变小，是确定修配环极限尺寸的关键。因此必须根据不同的情况分别进行分析计算。

1）修配环越修使封闭环越大的情况

在这种情况下，要通过修配环来满足装配精度要求，就必须使修配前封闭环的最大尺寸 A'_{0max} 在任何情况下都不能大于封闭环规定的最大尺寸 A_{0max}，即

$$A'_{0max} \leqslant A_{0max} \qquad\qquad (6\text{-}15)$$

式（6-15）可用公差带图来描述，如图 6-11 所示。

为使修配的工作量最小，应使 $A'_{0max}=A_{0max}$。此时，修配环无须修配就能达到 A_{0max} 的要求，即最小修配量 $Z_{min}=0$。由极值法解尺寸链计算公式得

$$A'_{0max} = \sum_{p=1}^{m}A_{pmax} - \sum_{q=m+1}^{n-1}A_{qmin} \qquad\qquad (6\text{-}16)$$

由式（6-16）可求出修配环的一个极限尺寸。根据修配环的经济加工精度，另一个极限尺寸也可方便地求出。

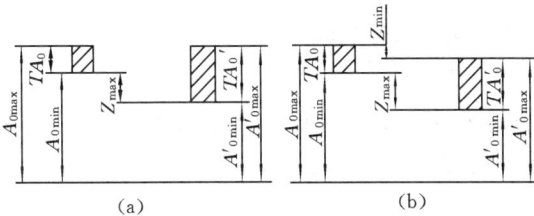

图 6-11　封闭环实际值 A'_0 与规定值 A_0 的相对位置　　　　图 6-12　机床溜板与导轨装配简图
(a) $A'_{0max}=A_{0max}$；(b) $A'_{0max}<A_{0max}$

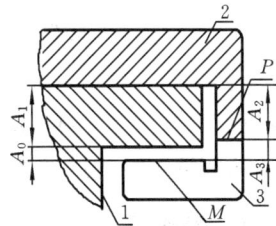

例 6-4　图 6-12 所示为机床溜板与导轨装配简图，要求保证间隙 $A_0=0\sim0.6$ mm。现采用修配法来保证装配精度，选择压板 3 为修配环。已知：$A_1=30^{\ 0}_{-0.15}$ mm，$A_2=20^{+0.25}_{\ 0}$ mm，$TA_3=0.10$ mm。试求在最小修配量 $Z_{min}=0.1$ mm 的情况下，修配 M 面时 A_3 的尺寸及其极限偏差，并计算最大修配量 Z_{max}。

解　（1）画出尺寸链图（见图 6-12）。

（2）计算修配环的极限尺寸。

由式（6-16）得

$$A_{3max} = (0.06+29.85-20.25)\ \text{mm} = 9.66\ \text{mm}$$

$$A_{3min} = A_{3max} - TA_3 = (9.66-0.1)\ \text{mm} = 9.56\ \text{mm}$$

即

$$A_3 = 10 {}^{-0.34}_{-0.44} \text{ mm}$$

当 $Z_{min} = 0.1$ mm 时，$A_3 = (10 {}^{-0.34}_{-0.44} - 0.1)$ mm $= 10 {}^{-0.44}_{-0.54}$ mm。

(3) 计算最大修配量 Z_{max}。

由图 6-11(b)所示的公差带图，可以得出

$$Z_{max} = TA'_0 - TA_0 + Z_{min} = (0.15 + 0.25 + 0.1 - 0.06 + 0.1) \text{ mm} = 0.54 \text{ mm}$$

2) 修配环越修使封闭环越小的情况

在这种情况下，为保证装配要求，必须使装配后封闭环的实际尺寸 A'_{0min} 在任何情况下都不小于封闭环规定的最小尺寸 A_{0min}，即

$$A'_{0min} \geqslant A_{0min} \tag{6-17}$$

式(6-17)也可用公差带图来描述，如图 6-13 所示。显然，当 $A'_{0min} = A_{0min}$ 时，如图6-13(a)所示，修配量最小，即 $Z_{min} = 0$，于是有

$$A'_{0min} = \sum_{p=1}^{m} A_{pmin} - \sum_{q=m+1}^{n-1} A_{qmax} \tag{6-18}$$

同理，利用式(6-18)可求出修配环的一个极限尺寸，再根据给定的经济加工精度确定修配环的另一极限尺寸。

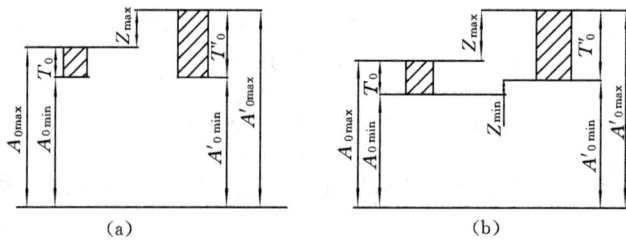

图 6-13　封闭环实际值 A'_0 与规定值 A_0 的相对位置

(a) $A'_{0min} = A_{0min}$；(b) $A'_{0min} > A_{0min}$

例 6-5　在例 6-4 中，将修配 M 面改为修配 P 面（见图 6-12），其他条件不变，求修配环 A_3 的尺寸及其偏差以及最大修配量 Z_{max}。（此例留给读者自行完成）

6.2.5　调整法

该方法是在装配时用改变可调整件在产品结构中的相对位置或选用合适的调整件以达到装配精度的方法。此法中的调整件能起到补偿装配累积误差的作用，故又称为补偿件。调整法与修配法的实质相同，只是它们的具体做法不同。常见的调整方法有固定调整法、可动调整法、误差抵消调整法三种。

1. 固定调整法

在装配尺寸链中，选择某一零件为调整件，该零件是按一定尺寸间隔分级制造的一套专用件（如轴套、垫片、垫圈等）。根据各组成环形成的累积误差的大小来更换不同尺寸的调整件，以达到装配精度要求的方法称为固定调整法。

例 6-6　如图 6-8(a)所示的齿轮与轴的装配中，已知条件与例 6-1 相同。现采用固定调整法，试确定各组成环的尺寸偏差，并求调整件的分组数和分组尺寸。

解　(1) 建立装配尺寸链（同例 6-1）。

（2）选择调整件。因 A_5 为一垫圈，加工容易，装拆方便，故选其为调整件。

（3）确定组成环的公差。除 A_4（标准件）外，其余各组成环均按经济精度制造。取 $TA_1 = TA_3 = 0.20$ mm，$TA_2 = TA_5 = 0.10$ mm。各环按入体原则标注，则：$A_1 = 30_{-0.20}^{\ 0}$ mm，$A_2 = 5_{-0.10}^{\ 0}$ mm，$A_3 = 43_{\ 0}^{+0.20}$ mm，而 A_4 不变。

将这些数值代入尺寸链计算公式（式(5-2)），可得 A_5 的极限尺寸为

$$A_{5\max} = 5.10 \text{ mm}, \quad A_{5\min} = 5 \text{ mm}$$

即

$$A_5 = 5_{\ 0}^{+0.10} \text{ mm}$$

（4）计算调整环 A_5 的调整范围。

由于各环均按经济精度制造，其累积公差值 $TA_{0\Sigma}$ 必然大于规定的公差值 TA_0。这二者之差即为调整环的调整范围。

因为 $TA_{0\Sigma} = T_1 + T_2 + T_3 + T_4 + T_5 = (0.20 + 0.10 + 0.20 + 0.05 + 0.10)$ mm $= 0.65$ mm，则调整范围 R 为

$$R = TA_{0\Sigma} - TA_0 = (0.65 - 0.25) \text{ mm} = 0.40 \text{ mm}$$

（5）确定调整环的分组数 N。取封闭环公差与调整环制造公差之差作为调整环尺寸分组间隔 Δ，即

$$\Delta = TA_0 - TA_5 = (0.25 - 0.10) \text{ mm} = 0.15 \text{ mm}$$

则调整环的分组数为

$$N = R/\Delta + 1 = 0.40/0.15 + 1 = 3.66 \approx 4$$

关于确定分组数的几点说明如下。

① 分组数不能为小数。当计算的值和圆整后的值相差较大时，可以通过改变各组成环公差或调整环公差的方法，使 N 值近似为整数。

② 分组数不能过多，一般以 3～4 组为宜。调整件公差的减小有助于减少分组数。

（6）确定各组调整件的尺寸。确定各组调整件尺寸的方法有多种，这里介绍一种确定原则：

① 当 N 为奇数时，首先确定中间一组的尺寸，其余各组尺寸相应的加上或减去一个 Δ 值；

② 当 N 为偶数时，以预先确定的调整件尺寸为对称中心，再根据尺寸差 Δ 确定各组尺寸。

本例中 $N = 4$，故以 $A_5 = 5_{\ 0}^{+0.10}$ mm 为对称中心，并以尺寸差 $\Delta = 0.15$ mm 的间隔确定各组尺寸分别为：$5_{-0.225}^{-0.125}$ mm，$5_{-0.075}^{+0.025}$ mm，$5_{+0.075}^{+0.175}$ mm，$5_{+0.225}^{+0.325}$ mm。

待 A_1、A_2、A_3、A_4 装配后，测量其轴向间隙值，然后取下 A_4，从一组调整件中选择一个适当厚度的 A_5 装入，再重新装上 A_4，即可保证所需的装配精度。

2. 可动调整法

用改变调整件在产品结构中的相对位置来保证装配精度的方法称为可动调整法。图 6-14 所示为可动调整法的图例。图 6-14(a) 表示在主轴箱中用螺钉来调整端盖的轴向位置，最后达到调整轴承间隙的目的；图 6-14(b) 表示小刀架上通过调整螺钉来调节镶条的位置来保证导轨副的配合间隙。

3. 误差抵消调整法

在产品装配时，通过调整有关零件的相互位置，使其加工误差相互抵消一部分，以提高装

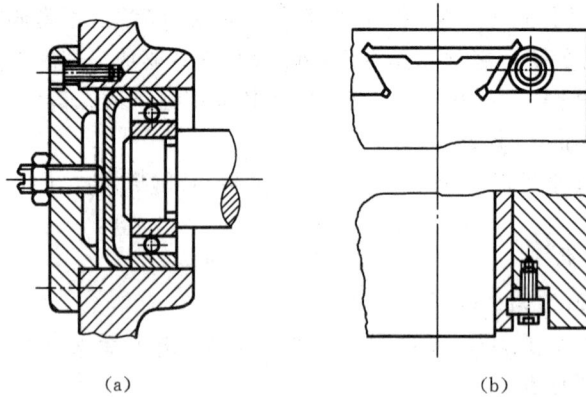

图 6-14　可动调整法应用

配的精度,这种方法称为误差抵消调整法。这种方法在机床装配中应用较多。如在车床主轴装配中,通过调整前后轴承的径向跳动来控制主轴的径向跳动。

调整装配法的优点在于不仅零件能按经济精度加工,而且装配方便,可以获得比较高的装配精度。其缺点是需另外增加一套调整装置,并要求较高的调整技术。但由于调整法优点突出,因而使用较为广泛。

上述各种装配方法各有其特点。一种产品究竟采用何种装配方法来保证装配精度,通常在产品设计阶段就应确定下来。只有这样,才能通过尺寸链计算合理确定各个零部件在加工和装配中的技术要求。但是,同一产品往往会在不同的生产类型和生产条件下生产,因而就可能采用不同的装配方法。选择装配方法的一般原则是:优先选择完全互换法;在生产批量较大,组成环数又较多时,应考虑采用不完全互换法;大量生产中,在封闭环精度较高,组成环数较少时可考虑采用分组互换法,环数较多时采用调整法;在装配精度要求很高,又不宜选择其他方法,或在单件小批生产中,可采用修配法。

6.3　装配工艺规程设计

装配工艺规程是指导装配生产的主要技术文件,制订装配工艺规程是生产技术准备工作的主要内容之一。装配工艺规程对保证装配质量、提高装配生产效率、缩短装配周期、减轻工人劳动强度、缩小装配占地面积、降低生产成本等都有重要影响。它取决于装配工艺规程制定的合理性,这就是制定装配工艺规程的目的。装配工艺规程的主要内容如下。

(1)分析产品图样,划分装配单元,确定装配方法。

(2)拟定装配顺序,划分装配工序。

(3)计算装配时间定额。

(4)确定各工序装配技术要求、质量检查方法和检查工具。

1. 装配工艺规程设计的基本原则及所需的原始资料

1)装配工艺规程设计的原则

(1)保证产品装配质量,力求提高质量,以延长产品的使用寿命。

(2)合理安排装配顺序和工序,尽量减少钳工等手工劳动量,缩短装配周期,提高装配效率。

（3）尽量减少装配占地面积,提高单位面积的生产率。

（4）要尽量减少装配工作所占用的成本。

2）制定装配工艺规程所需的原始资料

（1）产品的总装图和部件装配图。装配图应清楚地表示出零、部件间相互连接情况及其联系尺寸;装配的技术要求;零件的明细表等。

（2）产品验收的技术标准

（3）产品的生产纲领。生产纲领决定了产品的生产类型。生产类型不同,致使装配的生产组织形式、装配方法、工艺过程的划分、设备与工艺装备的专业化水平、手工作业量的比例均有很大不同。

（4）现有的生产条件。包括现有装配设备和工艺装备、车间面积和工人技术水平等。

2. 装配工艺规程设计的步骤

1）研究产品的装配图及验收技术条件

了解产品及部件的具体结构;分析产品的结构工艺性;审核产品装配的技术要求和验收标准;分析与计算产品装配尺寸链。

2）确定装配方法与组织形式

装配的方法和组织形式主要取决于产品的结构特点和生产纲领,并考虑现有的生产技术条件和设备。选择合理的装配方法是保证装配精度的关键。应结合具体的生产条件,从机械加工和装配的角度出发应用尺寸链理论确定装配方法。

装配的组织形式主要分为固定式和移动式两种。固定式装配是全部装配工作在一固定的地点完成,多用于单件小批生产,或重量大、体积大的批量生产中。移动式装配是将零、部件用输送带或输送小车按装配顺序从各个装配地点分别完成一部分装配工作,各装配地点工作的总和就完成了产品的全部装配工作。移动式装配的方式常用于产品的大批大量生产中,以组成流水作业线和自动作业线。

3）划分装配单元,确定装配顺序

划分装配单元是制定装配工艺规程中最重要的一个步骤。这对大批大量生产结构复杂的产品尤为重要。在确定装配顺序时,首先选择装配的基准件。装配基准件通常应是产品的基体或主干零、部件。基准件应有较大的体积和重量,有足够的支承面,以满足陆续装入零、部件时的作业需求。例如:床身零件是床身组件的装配基准零件;床身组件是床身部件的装配基准组件;床身部件是机床产品的装配基准部件。

确定装配顺序的一般原则是先难后易、先内后外、先下后上、先重大后轻小、先精密后一般。为了清晰地表示装配顺序,常用装配工艺系统图来表示。它是表示产品零、部件间相互装配关系及装配流程的示意图,其画法是:先画一条横线,横线左端的长方格是基准件,横线右端的长方格是装配单元;再按装配的先后顺序从左向右依次将装入基准件的零件、合件、组件和部件引入,表示零件的长方格画在横线的上方,表示合件、组件和部件的长方格画在横线的下方。每一个装配单元(零件、合件、组件、部件)可用一个长方格来表示,在表格上方标明装配单元的名称,左下方是装配单元的编号,右下方添入装配单元的数量。有时在图上还要加注一些工艺说明,如焊接、配钻、冷压和检验等内容。装配工艺系统图的基本形式如图 6-15 所示。

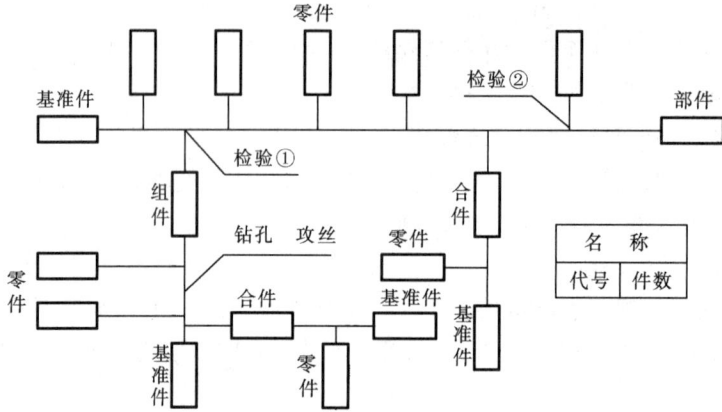

图 6-15　装配工艺系统图

4）划分装配工序

（1）确定工序集中与分散的程度。

（2）划分装配工序，确定工序内容。

（3）确定各工序所需的设备和工具。

（4）制定各工序装配操作规范。

（5）制定各工序装配质量要求与检测方法。

（6）确定工序时间定额，平衡各工序节拍。

5）编制装配工艺文件

装配工艺文件的编写方法与机械加工工艺文件的基本相同。对单件小批生产，一般只编制装配工艺过程卡；对成批生产，通常还要编制部装和总装工艺卡，并标明各工序工作内容、设备名称、时间定额等；对大批量生产，不仅要编制装配工艺卡，还要编制装配工序卡。

本章重点、难点和知识拓展

本章重点　装配尺寸链；互换装配法。

本章难点　装配尺寸链。

知识拓展　在熟悉装配工艺过程、掌握装配方法选择原则的基础上，到实验室了解车床三箱（床头箱、进给箱、溜板箱）的解剖与装配。结合生产实习，到汽车、拖拉机或发动机等产品的装配线学习产品的装配工艺。

思考题与习题

6-1　什么叫装配？装配精度有哪几类？零件精度与装配精度之间的关系如何？

6-2　保证装配精度的方法有哪些？各有何特点？

6-3　装配尺寸链和工艺尺寸链有何区别？

6-4　试说明建立装配尺寸链的方法、步骤和原则。

6-5　制定装配工艺规程大致有哪几个步骤？

6-6　为什么要划分装配单元？如何绘制装配工艺系统图？

6-7　图 6-16 所示为双联转子泵结构简图，要求冷态下的装配间隙 $A_0 = 0.05 \sim 0.15$ mm。各组成环的基本尺寸为：$A_1 = 41$ mm，$A_2 = A_4 = 17$ mm，$A_3 = 7$ mm。

（1）试用完全互换法求各组成环尺寸及其偏差（选 A_1 为相依尺寸）。

（2）试用概率法求各组成环尺寸及其偏差（选 A_1 为相依尺寸）。

（3）采用修配法装配时，A_2、A_4 按 IT 9 公差制造，A_1 按 IT 10 公差制造，选 A_3 为修配环，试确定修配环的尺寸及其偏差，并计算可能出现的最大修配量。

（4）采用固定调整法装配时，A_1、A_2、A_4 仍按上述精度制造，选 A_3 为调整环，并取 $TA_3 = 0.02$ mm，试计算垫片组数及尺寸系列。

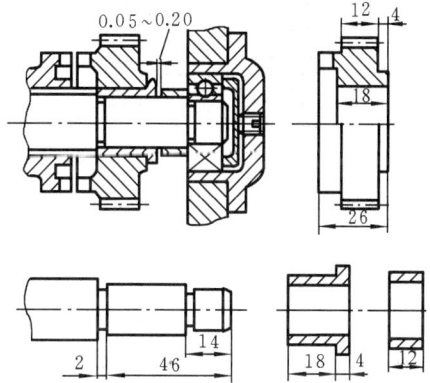

6-8　图 6-17 所示为离合器齿轮轴部装配图。为保证齿轮灵活转动，要求装配后轴套与隔套的轴向间隙为 $0.05 \sim 0.20$ mm。试合理确定并标注各组成环的有关尺寸及其偏差。

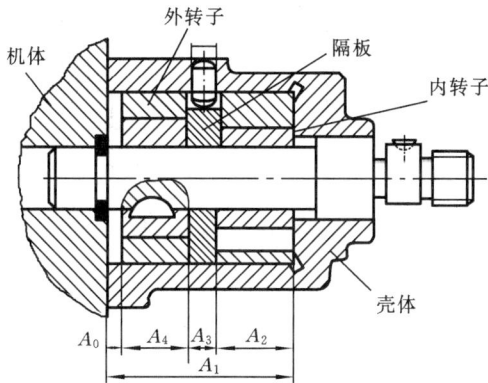

图 6-16　双联转子泵结构简图　　　　　　　　　　图 6-17　离合器齿轮轴部装配图

6-9　某轴与孔的尺寸和公差配合为 $\phi 50 H3/h3$ mm。为降低加工成本，现将两零件按 IT7 公差制造，试用分组装配法计算：

（1）分组数和每一组的极限偏差；

（2）若加工 1 万套，且孔和轴的实际分布都符合正态分布规律，问每一组孔与轴的零件数各为多少？

6-10　图 6-18 所示为镗孔夹具简图，要求定位面到孔轴线的距离为 $A_0 = 155 \pm 0.015$ mm，单件小批生产用修配法保证该装配精度，并选取定位板 $A_1 = 20$ mm 为修配件。根据生产条件，在定位板上最大修配量以不超过 0.3 mm 为宜，试确定各组成环尺寸及其偏差。

6-11　如图 6-19 所示为车床尾座套筒装配图，试分别按完全互换法和概率法计算螺母在顶尖套筒内的端面跳动量。

6-12　现有一活塞部件，其各组成零件有关尺寸如图 6-20 所示，试分别用极值法公式和概率法公式计算活塞行程的极限尺寸。

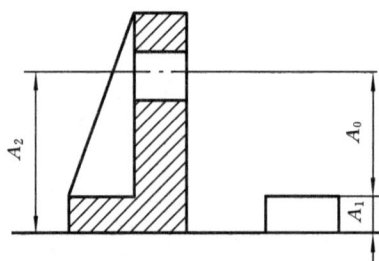

图 6-18　镗孔夹具简图

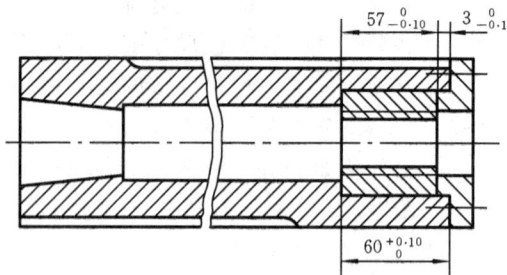

图 6-19　车床尾座套筒装配图

6-13　如图 6-21 所示减速器中某轴上零件的尺寸为 $A_1 = 40$ mm, $A_2 = 36$ mm, $A_3 = 4$ mm, 要求装配后齿轮轴向间隙 $A_0 = 0.10 \sim 0.25$ mm。试用极值法和概率法分别确定 A_1、A_2 和 A_3 的公差及其偏差。

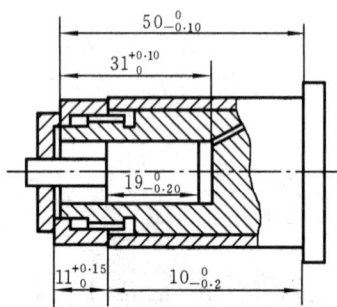

图 6-20　活塞部件装配图

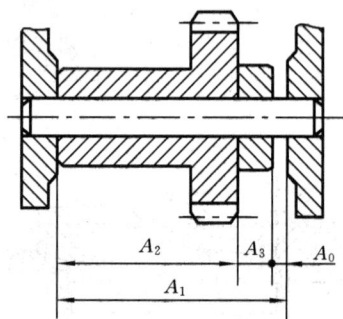

图 6-21　轴装配图

6-14　如图 6-22 所示轴与齿轮的装配件, 为保证弹性挡圈的顺利装入, 要求保证轴向间隙 $0.05 \sim 0.41$ mm。已知各组成环的基本尺寸 $A_1 = 32.5$ mm, $A_2 = 35$ mm, $A_3 = 2.5$ mm。试用极值法和概率法分别确定各组成零件的偏差。

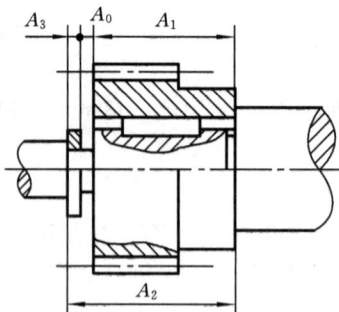

图 6-22　轴与齿轮的装配

参 考 文 献

[1] 王先逵. 机械制造工艺学[M]. 北京:机械工业出版社,2000.

[2] 于骏一,邹青. 机械制造技术基础[M]. 北京:机械工业出版社,2004.

[3] 卢秉恒. 机械制造技术基础[M]. 2版. 北京:机械工业出版社,2005.

[4] 卢秉恒,于骏一,张福润. 机械制造技术基础[M]. 北京:机械工业出版社,2003.

[5] 张福润,徐鸿本,刘延林. 机械制造技术基础[M]. 2版. 武汉:华中科技大学出版社,2000.

[6] 张世昌,李旦,高航. 机械制造技术基础[M]. 北京:高等教育出版社,2003.

[7] 赵雪松,赵晓芬. 机械制造技术基础[M]. 武汉:华中科技大学出版社,2006.

[8] 任家隆. 机械制造基础[M]. 北京:高等教育出版社,2003.

[9] 郑修本. 机械制造工艺学[M]. 2版. 北京:机械工业出版社,2001.

[10] 吉卫喜. 机械制造技术[M]. 北京:机械工业出版社,2004.

[11] 赵雪松,任小中,于华. 机械制造装备设计[M]. 武汉:华中科技大学出版社,2009.

[12] 黄健求. 机械制造技术基础[M]. 北京:机械工业出版社,2006.

[13] 陈明. 机械制造工艺学[M]. 北京:机械工业出版社,2005.

[14] 曾志新,吕明. 机械制造技术基础[M]. 武汉:武汉理工大学出版社,2001.

[15] 苏珉. 机械制造技术[M]. 北京:人民邮电出版社,2006.

[16] 袁国定,朱洪海. 机械制造技术基础[M]. 南京:东南大学出版社,2001.

[17] 吴桓文. 机械加工工艺基础[M]. 北京:高等教育出版社,1990.

[18] 朱正心. 机械制造技术(常规技术部分)[M]. 北京:机械工业出版社,1999.

[19] 吴圣庄. 金属切削机床概论[M]. 北京:机械工业出版社,1985.

[20] 陆剑中,孙家宁. 金属切削原理与刀具[M]. 北京:机械工业出版社,1990.

[21] 朱明臣. 金属切削原理与刀具[M]. 北京:机械工业出版社,1995.

[22] 许坚,张崇德. 机床夹具设计[M]. 沈阳:东北大学出版社,1997.

[23] 李庆寿. 机床夹具设计[M]. 北京:机械工业出版社,1983.

[24] 肖继德,陈宁平. 机床夹具设计[M]. 北京:机械工业出版社,2000.

[25] 余光国,马俊,张兴发. 机床夹具设计[M]. 重庆:重庆大学出版社,1995.

[26] 周宏甫. 机械制造技术基础[M]. 北京:高等教育出版社,2004.

[27] 陈立德,李晓晖. 机械制造技术[M]. 上海:上海交通大学出版社,2004.

[28] 李华. 机械制造技术[M]. 北京:机械工业出版社,1997.

[29] 吴兆华,周德俭. 金属切削原理与机床[M]. 南京:东南大学出版社,1999.

[30] 王伟麟. 机械制造技术[M]. 南京:东南大学出版社,2001.

[31] 王辰宝. 机械加工工艺基础[M]. 南京:东南大学出版社,1998.

[32] 司乃钧. 机械加工工艺基础[M]. 北京:高等教育出版社,1995.

[33] 何七荣. 机械制造方法与设备[M]. 北京:中国人民大学出版社,2000.

[34]　艾兴,肖诗刚. 切削用量手册[M]. 北京:机械工业出版社,1994.

[35]　陈宏钧. 实用机械加工工艺手册[M]. 北京:机械工业出版社,2005.

[36]　韩秋实. 机械制造技术基础[M]. 北京:机械工业出版社,2005.

[37]　徐知行,刘毓英. 汽车拖拉机制造工艺设计手册[M]. 北京:北京理工大学出版社,1998.

[38]　任小中. 先进制造技术[M]. 武汉:华中科技大学出版社,2009.

[39]　焦振学. 先进制造技术[M]. 北京:北京理工大学出版社,1997.

[40]　李伟. 先进制造技术[M]. 北京:机械工业出版社,2005.

[41]　周骥平. 机械制造自动化技术[M]. 北京:机械工业出版社,2001.

[42]　张根保. 自动化制造系统[M]. 北京:机械工业出版社,2001.

[43]　杨继全. 先进制造技术[M]. 北京:化学工业出版社,2004.

[44]　杨坤怡. 制造技术[M]. 北京:国防工业出版社,2005.

[45]　盛晓敏. 先进制造技术[M]. 北京:机械工业出版社,2002.

[46]　武良臣. 先进制造技术[M]. 徐州:中国矿业大学出版社,2001.